U0388756

国家出版基金资助项目
湖北省学术著作出版专项资金资助项目
数字制造科学与技术前沿研究丛书

数字孪生与智能制造

周祖德　娄　平　萧　筝　编著

武汉理工大学出版社
·武　汉·

内 容 提 要

本书立足前沿，注重实践，充分阐述了数字孪生的概念、产生背景及其内涵，综合探讨了数字孪生与智能制造的关联、理论与方法，阐述了基于数字孪生的制造过程规划，基于数字孪生的制造过程建模与优化，基于数字孪生的监测、诊断与维护。本书旨在为从事制造科学和技术研究及产品开发的科技工作者、老师和学生提供一本有益的专著，同时也为智能制造过程中产品全生命周期的监测、诊断与维护提供指导。

图书在版编目(CIP)数据

数字孪生与智能制造/周祖德，娄平，萧筝编著. —武汉：武汉理工大学出版社，2020.4
(2023.7 重印)
ISBN 978-7-5629-6236-6

Ⅰ.①数… Ⅱ.①周… ②娄… ③萧… Ⅲ.①智能制造系统—研究 Ⅳ.①TH166

中国版本图书馆 CIP 数据核字(2019)第 297725 号

项目负责人：田 高 王兆国　　**责 任 编 辑**：雷红娟
责 任 校 对：王兆国　　**排 版 设 计**：正风图文
出版发行：武汉理工大学出版社(武汉市洪山区珞狮路 122 号 邮编：430070)
http://www.wutp.com.cn
经 销 者：各地新华书店
印 刷 者：武汉乐生印刷有限公司
开 本：787×1092 1/16
印 张：14
字 数：358 千字
版 次：2020 年 4 月第 1 版
印 次：2023 年 7 月第 2 次印刷
定 价：86.00 元

数字制造科学与技术前沿研究丛书
编审委员会

总　序

当前，中国制造2025和德国工业4.0以信息技术与制造技术深度融合为核心，以数字化、网络化、智能化为主线，将互联网＋与先进制造业结合，正在兴起全球新一轮数字化制造的浪潮。发达国家特别是美、德、英、日等制造技术领先的国家，面对近年来制造业竞争力的下降，最近大力倡导"再工业化、再制造化"的战略，明确提出智能机器人、人工智能、3D打印、数字孪生是实现数字化制造的关键技术，并希望通过这几大数字化制造技术的突破，打造数字化设计与制造的高地，巩固和提升制造业的主导权。近年来，随着我国制造业信息化的推广和深入，数字车间、数字企业和数字化服务等数字技术已成为企业技术进步的重要标志，同时也是提高企业核心竞争力的重要手段。由此可见，在知识经济时代的今天，随着第三次工业革命的深入开展，数字化制造作为新的制造技术和制造模式，同时作为第三次工业革命的一个重要标志性内容，已成为推动21世纪制造业向前发展的强大动力，数字化制造的相关技术已逐步融入制造产品的全生命周期，成为制造业产品全生命周期中不可缺少的驱动因素。

数字制造科学与技术是以数字制造系统的基本理论和关键技术为主要研究内容，以信息科学和系统工程科学的方法论为主要研究方法，以制造系统的优化运行为主要研究目标的一门科学。它是一门新兴的交叉学科，是在数字科学与技术、网络信息技术及其他（如自动化技术、新材料科学、管理科学和系统科学等）与制造科学与技术不断融合、发展和广泛交叉应用的基础上诞生的，也是制造企业、制造系统和制造过程不断实现数字化的必然结果。其研究内容涉及产品需求、产品设计与仿真、产品生产过程优化、产品生产装备的运行控制、产品质量管理、产品销售与维护、产品全生命周期的信息化与服务化等各个环节的数字化分析、设计与规划、运行与管理，以及整个产品全生命周期所依托的运行环境数字化实现。数字化制造的研究已经从一种技术性研究演变成为包含基础理论和系统技术的系统科学研究。

作为一门新兴学科，其科学问题与关键技术包括：制造产品的数字化描述与创新设计，加工对象的物体形位空间和旋量空间的数字表示，几何计算和几何推理、加工过程多物理场的交互作用规律及其数字表示，几何约束、物理约束和产品性能约束的相容性及混合约束问题求解，制造系统中的模糊信息、不确定信息、不完整信息以及经验与技能的形式化和数字化表示，异构制造环境下的信息融合、信息集成和信息共享，制造装备与过程的数字化智能控制、制造能力与制造全生命周期的服务优化等。本系列丛书试图从数字制造的基本理论和关键技术、数字制造计算几何学、数字制造信息学、数字制造机械动力学、数字制造可靠性基础、数字制造智能控制理论、数字制造误差理论与数据处理、数字制造资源智能管控等多个视角构成数字制造科学的完整学科体系。在此基础上，根据数字化制造技术的特点，从不同的角度介绍数字化制造的广泛应用和学术成果，包括产品数字化协同设计、机械系统数字化建模与分析、机械装置数字监测与诊断、动力学建模与应用、基于数字样机的维修技术与方法、磁悬浮转子机电耦合动力学、汽车信息物理融合系统、动力学与振动的数值模拟、压电换能器设计原理、复杂多环耦合机构构型综合及应用、大数据时代的产品智能配置理论与方法等。

围绕上述内容，以丁汉院士为代表的一批我国制造领域的教授、专家为此系列丛书的初步形成，提供了他们宝贵的经验和知识，付出了他们辛勤的劳动成果，在此谨表示最衷心的感谢！

《数字制造科学与技术前沿研究丛书》的出版得到了湖北省学术著作出版专项资金项目的资助。对于该丛书，经与闻邦椿、徐滨士、熊有伦、赵淳生、高金吉、郭东明和雷源忠等我国制造领域资深专家及编委会讨论，拟将其分为基础篇、技术篇和应用篇 3 个部分。上述专家和编委会成员对该系列丛书提出了许多宝贵意见，在此一并表示由衷的感谢！

数字制造科学与技术是一个内涵十分丰富、内容非常广泛的领域，而且还在不断地深化和发展之中，因此本丛书对数字制造科学的阐述只是一个初步的探索。可以预见，随着数字制造理论和方法的不断充实和发展，尤其是随着数字制造科学与技术在制造企业的广泛推广和应用，本系列丛书的内容将会得到不断的充实和完善。

《数字制造科学与技术前沿研究丛书》编审委员会

前　言

在智能制造大数据、工业4.0等新一轮创新制造浪潮的推动下，新技术与制造业的融合与落地应用，是世界各国发展智能制造的核心战略。数字孪生技术近几年得到了高度关注，推动制造领域快速发展。全球最具权威的IT研究与顾问咨询公司Gartner在2018年将数字孪生技术列为十大战略科技发展趋势之一，认为2019年数字孪生已成为主流应用，并预测约75%部署物联网的企业和组织将在5年内将数字孪生投入实际工程应用。500强科技企业已经开始探索数字孪生技术在产品设计、制造和服务等方面的应用。在制造领域，数字孪生技术的基础是数字制造，但又革命性地突破了数字制造的范畴，旨在与智能制造实现共生演进。鉴于此，编者从制造产品全生命周期制造的基本理论和关键技术出发，通过分析数字制造到智能制造技术的发展，以及数字孪生技术的发展背景和应用前景，研究了数字孪生技术在智能制造领域深度融合的可行性和共生进化的相关科学基础及关键技术，以及智能制造科学的完整体系。

本书根据智能制造的发展模式，结合数字孪生技术的特点，从不同的角度全面介绍了数字孪生技术在智能制造领域中的理论推广和工程应用。试图深入、全面、广泛地向读者介绍数字孪生的概念、背景、理论基础和应用技术，以及数字孪生和数字制造及智能制造的关联，这正是本书的独到之处。本书始终注重学术思想的新颖性和结构体系的完整性。

全书的写作从介绍数字孪生技术开始(第1章)，沿着制造过程产品全生命周期展开，阐述了数字孪生与数字化产品设计的联系(第2～4章)，研究了基于数字孪生的制造过程规划方法(第5章)，进而介绍了基于数字孪生的制造过程建模与优化方法(第6章)、基于数字孪生技术的监测、诊断与维护(第7章)，最后演示了基于数字孪生技术的系统应用案例(第8章)，讨论了数字孪生技术与制造自治系统、CPS系统、制造大数据的关联性，并提出了孪生制造的基本构想。本书不仅全面介绍了数字孪生的概念及其背景，而且深入分析了数字孪生的理论基础和应用技术，以及与数字制造和智能制造的关系，这对于“中国制造2025”和智能制造具有重要的理论意义和工程应用价值。

全书不仅全面介绍了数字孪生的概念及其背景，而且深入分析了数字孪生的理论基础和应用技术，以及与数字制造和智能制造的关系及推动作用，对于“中国制造2025”和智能制造具有重要的理论意义和工程应用价值。

编著者

2019年10月

目　录

1 绪论

1.1 数字孪生制造的产生背景

制造业对一个国家的经济和政治地位至关重要，由于它在21世纪工业生产中的决定性的地位和作用，很多国家，尤其是美国等西方发达国家，都把制造业发展战略列为重中之重。继德国提出“工业4.0”之后，我国于2015年提出了“中国制造2025”的国家战略计划，进一步推动了全球制造业的快速发展。

1.1.1 新一轮数字化制造浪潮的兴起

当前，在全球制造业的激烈竞争中，正在兴起新一轮数字化制造浪潮。发达国家特别是美、英、德、日等先进制造技术发达的国家，面对近年来制造业竞争力的下降，大力倡导“再工业化、再制造化”战略，结合大数据、人工智能、3D打印等，开展数字化制造关键技术的研究、开发和应用，并希望通过制造技术的突破，巩固和提升制造业的主导权。随着制造业信息化的推广和深入，我国也在大力推进数字化制造，并以数字制造作为企业技术进步的重要标志。数字化制造作为新的制造技术和制造模式，同时作为第三次工业革命的一个重要标志性内容，已成为推动21世纪制造业向前发展的强大动力。数字制造的相关技术已逐步融入制造产品的全生命周期，并成为制造业产品全生命周期中不可缺少的驱动因素。与此同时，数字化制造的内涵不断丰富，数字化制造的研究不断深入。

数字化制造是在数字化科学和技术、网络信息技术及其他(如自动化、新材料、管理和系统科学等)科学和技术与制造科学和技术不断融合、发展和广泛交叉应用的基础上诞生的，也是制造企业、制造系统和制造过程不断实现数字化的必然结果。数字化制造的研究内容涉及数字产品需求、产品设计与仿真的数字化、产品生产制造过程数字化、产品生产装备运行控制数字化、产品质量管理数字化、产品销售与维护数字化、产品全生命周期的服务数字化等。数字化制造的研究已经从一种技术性的研究演变成为包含基础理论和系统技术的系统科学研究，已经逐步成为全球一致认可和推广应用的新制造模式。

随着各种数字化制造技术与软件系统产生、研究与实践的不断深入，“数字化工厂”技术与系统也就应运而生了，“数字化工厂”技术与系统作为新型制造技术与系统，是制造业迎接21世纪挑战的有效手段，有助于解决目前存在的以下一些问题，如：制造系统投资较大，在系统正式建立与运行之前，难以对这些系统建立后所取得的效益及风险进行确实有效的评估；不能在产品设计开发的各个阶段把握产品制造过程各个阶段的实况，不能确实有效地协调设计与制造各阶段的关系，以寻求企业最优全局效益；难以在产品正式投产与上市之前，完成产品的设计与生产规划,模拟出产品的制造、使用等未来全过程,发现可能存在的问题(可制造性、成本、效益与风险等);难以准确评估工厂的制造潜能;等等。

除了上述问题,在当前的制造领域,仍然存在大量采用数字化制造还无法解决的问题:例如工艺规划手段陈旧落后,产品的制造规划基本上以人工手段为主,所有的策划过程如工艺规划、工时分析、工位布局、生产线行为分析、物流性能分析、焊接管理、工程图解、产品配置管理、产品变更管理、工程成本分析等都以传统的方式进行;各制造过程的人员各自进行设计,再经过协调综合形成最后方案,各个制造过程极易造成孤立,特别是相关工艺信息的查询、传输,基本上以纸样、磁盘为媒介,没有统一的数据平台;同时,不具备完善的项目风险控制机制,项目的立项、实施过程中没有很好的仿真手段来对工程风险进行预测,在多项目方案优选时不能对特定参数进行量化的精确对比;另外,项目协同能力差,同一制造项目所涉及的各个专业间的联系、协调、信息沟通,协作水平只有依靠协调人员的经验来决定,而且很难对以往的工艺、工装设备进行重复利用和标准化储备;没有成熟的协同工艺规划系统和协同工艺规划数据平台;另外对复杂的制造体系不能进行快速建模(如汽车车身线、总装线、发动机线等),不能对生产线的制造能力进行准确评估、分析和优化,找出瓶颈点后再制定最佳的物流控制策略、定义精确的制造系统参数,如生产线实际需要多少工人、设备、控制器等,以及如何通过系统集成,使数字化制造工厂可以与企业层和设备控制层实时交换数据,形成制造决策、执行和控制等信息流的闭环。

另外,长期以来,还有五大问题制约着制造领域快速发展:一是如何实现产品开发周期和成本的最小化,二是如何达到产品设计质量的最优化,三是如何做到制造过程的生产效率最高化,四是如何做到响应用户需求快速化,五是如何实现制造产品全生命周期的服务优化。在制造领域研究和发展的过程中,围绕上述问题,先后有三大突出进展,取得了三大标志性成果:一是快速成型技术,其突出的成就是产品无需任何模具,直接接受产品设计数据,快速制造出新产品的样件、模具或模型,大大缩短新产品的开发周期,降低产品开发成本;二是虚拟制造技术,即在计算机里实现制造的过程,通过虚拟环境验证产品设计思想和工艺路线的正确性,无须对产品生产的每一个环节都进行实际验证,同样大大缩短了产品的开发和生产周期,降低了产品开发成本,这一思想首先在飞机制造业实现;三是数字样机技术,数字样机与真实物理产品之间具有1∶1的比例,用于验证物理样机的功能和性能。所有这些制造领域的创新和变革,都使制造领域发生了巨大的变化,引领了制造技术的进步。然而所有这些创新,仍然无法实现整个产品全生命周期的数字化概念,无法实现现实世界和虚拟世界的无缝连接,只是能够解决制造过程的阶段性问题。

为了解决这些问题,全球高水平制造的研究单位和制造企业,以及制造领域的科学家们,一直都在努力寻求更好的解决方案。美国GE公司和德国西门子公司最先提出了数字孪生的概念,即在当前数字化制造的基础上,将数字化制造和智能制造融合。数字孪生的出现,将为数字化制造和智能制造带来崭新的制造理念和制造模式,将为制造领域带来一场深刻的革命。

1.1.2 数字孪生的产生背景

“双胞胎”即数字孪生这一概念的使用,最早可追溯到美国国家航空航天局的阿波罗计划。该计划中建立了两个相同的航天飞行器模型。在发射期间,工程师们将留在地球上的镜像飞行器称为空间飞行器的双胞胎。该双胞胎被广泛用于训练期间的飞行准备。在执行飞行任务期间，地面的模型被用于模拟替代空中飞行器，飞行过程中的可用飞行数据作为镜像数据，从而协助宇航员及时并有效地解决在轨道上出现的危急情况。从这个意义上说，用于镜像实际运行条件的模拟原型装备和实际运行的装备，就可以看作一对双胞胎。这也是数字孪生模型的由来。

数字孪生(Digital Twin)，亦被称为数字化双胞胎，主要包含虚拟空间、物理空间以及虚拟空间与物理空间的互联三部分。数字孪生是一个集成了多物理量、多尺度的仿真过程，基于物理模型构建其完整映射的虚拟模型，利用历史数据以及传感器实时数据刻画物理对象的全生命周期过程。也就是说，数字孪生是实体物理模型的虚拟数字化映射对象，包括实体的高保真数字化建模、虚实双向动态链接及虚实孪生体的共生演化。其核心技术：一是虚拟的实体化，即通过建模实现虚拟数字化模型，进行仿真与分析；二是实体的虚拟化，实体在实际运作过程中，把状态映射到虚拟的孪生体中，通过数字化的仿真进行判断、分析、预测和优化。因此，根据数字孪生的概念和理论，可以得到其如下主要特点：

(1) 它对物理对象各类数据进行集成，是一个忠实的映射；

(2) 它存在于物理对象的全生命周期，并与其共同进化，不断积累相关知识；

(3) 它不仅对物理对象进行描述，而且能够基于模型对物理对象进行优化。

数字孪生已经开始在部分领域展开应用。例如，美国空军实验室的结构科学中心基于数字孪生建立了具有高保真度的飞行器模型，实现了对飞行器结构寿命的精准预测。哥伦比亚大学利用数字孪生的思想建立了动态仿真模型并实现了对复合材料的疲劳损伤预测。Grieves 等人通过将物理系统与其等效的虚拟系统相结合，研究了基于数字孪生的复杂系统故障预测与消除方法，并在 NASA 相关系统中开展应用验证。

当下对数字孪生的应用主要集中在航空航天领域的健康维护和寿命预测等方面，在制造领域的应用还处于萌芽阶段。但因其具有实时映射、持续优化等特点，数字孪生在制造领域拥有巨大的应用前景，并已成为当前一些知名公司的重要研究方向。如西门子提出的“数字化双胞胎”模型，该模型包括“产品数字化双胞胎”“生产工艺流程数字化双胞胎”和“设备数字化双胞胎”。达索公司针对复杂产品用户交互需求，建立了基于数字孪生的 3D 体验平台，通过实时同步更新在数字空间进行的预测分析来指导制造生产，并在法国船级社公司进行了初步验证。另外，数字孪生在车间及其产品设计、制造与服务等阶段的应用已得到初步的探讨。通过上述分析可以看出，数字孪生是大数据的一种特例，尽管目前相关研究主要集中在航空航天领域，但它在制造领域中的产品设计、过程规划、生产布局、制造执行、产量优化和过程验证等方面都有着广阔的应用潜力。

以制造车间为例，车间环境下的制造大数据，主要是利用车间生产过程中产生的海量数据，通过信息运算或深度学习方法从中挖掘有用信息，进而深刻理解或预测车间运行规律。作为大数据的一种特殊形式，数字孪生不仅可以建立与制造车间、制造企业等现场完全镜像的虚拟模型，同步刻画制造车间及制造企业物理世界和虚拟世界，还能实现虚实之间的交互操作与共同演化，从而反过来控制并优化制造车间和制造企业运行过程，让真正意义上的制造车间和制造企业物理-信息融合变成可能。因此，在现有数字化制造研究的基础上，引入数字孪生理论，并结合服务理论将其概念进行扩展，通过构建全互联的物理产品、物理车间乃至物理工厂和全镜像的虚拟产品、虚拟车间乃至虚拟工厂，研究产品、车间及工厂物理-信息数据融合理论及其驱动的服务融合与应用理论，为同步刻画产品、车间和工厂的物理世界与信息空间，同步反映产品、车间乃至工厂的物理-信息数据的集成、交互、迭代、演化等融合规律提供了一种新的可行思路与方法，从而能够指导产品、车间及工厂的运行优化并实现其智能生产与精准管理目标。

由此可见，数字孪生就是在全球制造业快速发展、数字化制造和智能制造不断取得新的进展、制造业需要不断创新这样一种背景下产生的。

1.2 数字孪生制造的概念

如前所述，美国国防部最早提出利用 Digital Twin(数字孪生)技术，用于航空航天飞行器的健康维护与保障。首先在数字空间建立真实飞机的模型，并通过传感器实现与飞机真实状态完全同步，这样每次飞行后，根据结构现有情况和过往载荷，及时分析评估是否需要维修，确认能否承受下次的任务载荷等。

这一概念显然是在现有的虚拟制造、数字样机(包括几何样机、功能样机、性能样机)等技术基础上发展而来的。现有的虚拟制造或数字样机也是建立在真实物理产品数字化表达的基础上的。然而现有的数字样机建立的目的就是描述产品设计者对这一产品的理想定义，用于指导产品的制造、性能分析(理想状态下的)。而真实产品在制造中由于加工、装配误差和使用、维护、修理等因素，并不能与数字化模型完全保持一致。数字样机并不能反映真实产品系统的准确情况，这些数字化模型上的仿真分析，其有效性也受到了明显的限制。

1.2.1 数字孪生的概念

数字孪生是充分利用物理模型、传感器更新、运行历史等数据，集成多学科、多物理量、多尺度、多概率的仿真过程，在虚拟空间中完成映射，从而反映相对应的实体装备的全生命周期过程。图 1.1 为数字孪生的概念图。

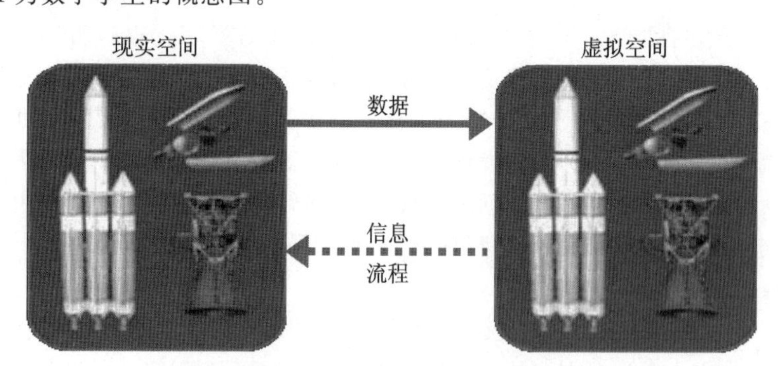

图 1.1 数字孪生的概念图

数字孪生系统是一种超越现实的概念，可以被视为一个或多个重要的、彼此依赖的装备系统的数字映射系统。以飞行器为例，可以包含机身、推进系统、能量存储系统、生命支持系统、航电系统以及热保护系统等。它将物理世界的参数反馈到数字世界，从而完成仿真验证和动态调整。GE 公司预见，“到 2035 年，当航空公司接收一架飞机的时候，将同时还验收另外一套数字模型。每个飞机尾号，都伴随着一套高度详细的数字模型。”也就是说，每一特定架次的飞机都不再孤独。因为它有一个忠诚的影子伴随它一生——这就是数字孪生。

数字孪生应用于制造，有时候也用来指代将一个工厂的厂房及生产线在建造之前，就完成数字化建模。从而在虚拟的信息物理融合系统(CPS)中对工厂进行仿真和模拟，并将真实参数传给工厂。而厂房和生产线建成之后，在日常的运维中二者继续进行信息交互。

通过建立数字孪生的全生命周期过程模型，这些模型与实际的数字化和智能化的制造系统和数字化测量检测系统进一步与嵌入式的信息物理融合系统进行无缝集成和同步，从而使我们能够在数字世界和物理世界同时看到实际物理产品运行时发生的情况。图 1.2 是数字孪生制造系统框图。

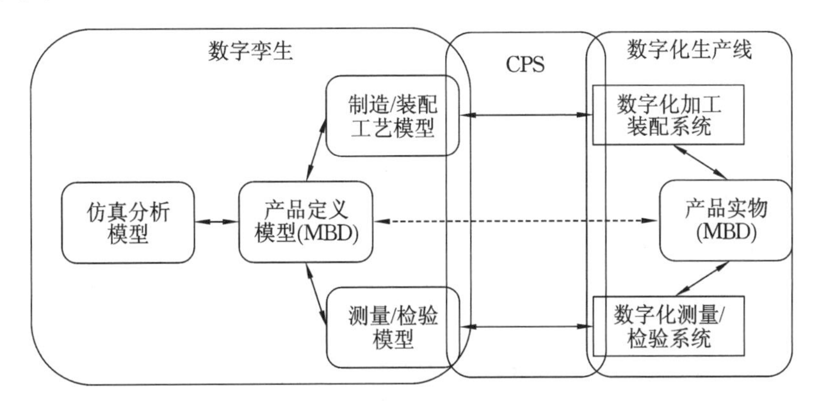

图 1.2 数字孪生制造系统框图

数字孪生制造系统可以持续地预测装备或系统的健康状况、剩余使用寿命以及任务执行成功的概率，也可以预见关键安全事件的系统响应，通过与实体的系统响应进行对比，揭示装备研制中存在的未知问题。Digital Twin 可能通过激活自愈的机制或者建议更改任务参数，来减轻损害或进行系统的降级，从而提高寿命和任务执行成功的概率。

1.2.2 从不同角度看数字孪生

数字孪生的概念被提出以后，立即引起了制造业的高度重视和广泛关注。伴随着 Digital Twin 概念的出现，与其相关的一些概念和设想也应运而生。为了更深刻地理解和掌握数字孪生的概念和内涵，我们可以从不同的角度来了解数字孪生。

(1) 从 Digital Thread(数字线)看数字孪生

数字孪生是与 Digital Thread 既相互关联，又有所区别的一个概念。

数字孪生是一个物理产品的数字化表达，便于我们能够在这个数字化产品上看到实际物理产品可能发生的情况，与此相关的技术包括增强现实和虚拟现实。

Digital Thread 是指在设计与生产的过程中仿真分析模型的参数，可以传递到产品定义的全三维几何模型，再传递到数字化生产线加工成真实的物理产品，然后通过在线的数字化检测/测量系统反映到产品定义模型中，进而反馈到仿真分析模型中。

依靠 Digital Thread，所有数据模型都能够双向沟通，因此真实物理产品的状态和参数将通过与数字化智能生产系统集成的信息物理融合系统(CPS)向数字化模型反馈，致使生命周期各个环节的数字化模型保持一致，从而能够实现动态、实时地评估系统当前及未来的功能和性能。而装备在运行的过程中,又通过将收集的数据进行解释利用,将后期产品生产制造和运营维护的需求融入早期的产品设计过程中,形成设计改进的智能闭环。

数字孪生从 Digital Thread 的角度看,必须在生产中把所有真实制造尺寸反馈到模型,再用 PHM(健康预测管理)实时搜集制造产品实际运行情况,再反馈回模型。数字孪生描述的是通过 Digital Thread 连接的各具体环节的模型。可以说 Digital Thread 是把各环节集成,再配合智能的制造系统、数字化测量检验系统以及信息物理融合系统的结果。

通过 Digital Thread 集成了生命周期全过程的模型,这些模型与实际的智能制造系统和数字化测量检测系统进一步与嵌入式的信息物理融合系统(CPS)进行无缝集成和同步,从而使我们能够在这个数字化产品上看到实际物理产品可能发生的情况。

换言之,Digital Thread 贯穿了整个产品生命周期,尤其是产品设计、生产、运维的无缝集成;而数字孪生更像是智能产品的概念,它强调的是从产品运维到产品设计的回馈。它是物理产品的数字化影子,通过与外界传感器的集成,反映对象从微观到宏观的所有特性,展示产品生命周期的演进过程。当然,不止产品,生产产品的系统(生产设备、生产线)和使用维护中的系统也要按需建立数字孪生模型。

(2) 从仿真的角度看数字孪生

数字孪生涉及完整的制造产品的组件,其中包括全生命周期阶段的所有信息。这单纯从技术角度来看好像并不可行,因为全生命周期的数据量太大,而且数据有多样化和完全非结构化的特点。此外,在产品的后续应用中,往往还和前几个阶段特定数据和信息密切相关,因此数字孪生必须有一个特定的模型和体系结构。

在讨论这个问题之前,我们将从仿真的视角来描述数字孪生。数字孪生涉及所描述的组件、产品或系统,以及具有以下特点且能够很好地将上述内容结合起来的可执行模型,这也是数字孪生和一般仿真系统的重要区别。

① 数字孪生模型收集有关数字制品包括工程数据、操作数据,通过各种仿真模型进行行为描述。仿真模型使数字孪生模型适用于特定用途和应用,同时可精准地解决问题。

② 数字孪生模型应包含真实系统及其整个生命周期的演变,并能集成当前有关所有可用的知识,这些演变来自信息物理融合系统(CPS)。

③ 数字孪生模型不只用来描述行为,也能获取有关实际系统的解决方案,即它提供相关辅助系统功能,如优化操作和服务功能。因此,数字孪生涵盖从工程和制造到操作和服务的各个阶段。

由此可见,数字孪生的每一步都离不开仿真,但常规的仿真并不能解决数字孪生的动态过程和全生命周期的制造行为。常规的仿真往往是针对一个特定的对象或过程建模再仿真,而数字孪生则是针对一个动态的对象或过程。可以说,数字孪生与数字仿真既有密切的关联,又有严格的区别,它们的共同点是都离不开精准的数字模型。

数字孪生的核心和关键:一是高写实仿真,数字孪生的数字模型具备超写实性,产品虚拟模型的高精度性使孪生结果更准确、更接近真实的工况;二是高实时交互,由于数字孪生技术是基于全要素、全生命周期的海量数据,涉及先进传感器技术、自适应感知、精确控制与执行技术等;三是高可靠分析决策,通过实时传输,物理产品的数据动态实时反映在数字孪生体系中,数字孪生基于感知的大数据进行分析决策,进而控制物理产品。

(3) 从数字孪生模型看数字孪生

1) 数字孪生模型的原理方法与效益

数字孪生模型来自多个开发工具和制造资源(如 CAD 的应用程序、制造过程的各类数据、产品的运行、维护数据等),需要广泛使用这些过程数据的信息,并能为其他过程数据和仿真模型共享。因此,数字孪生模型不仅包括产品开发阶段具体仿真任务的所有相关数据,同时它还包含后续产品应用阶段所需的相关基本信息。显然,这就要求数字孪生模型很全面,它不仅要考虑提高产品全生命周期的生产效率和效益,在辅助系统和服务应用的过程中还可能会导致新的产品出现,异常模型还应包括对新产品的更新或修订,以及对设计和制造过程中数据的进化和完善。

这就是说,数字孪生模型是高度动态的概念,伴随产品应用的全生命周期,其模型不断完善。往往一个具体的产品销售出去之前,数字孪生模型就首先被移交。而在运行过程中,它是模拟驱动的辅助系统,以及智能化数据获取的组合控制及服务决策的基础。数字孪生模型伴随制造产品全生命周期,它是动态的、进化的、虚实融合的。

2)数字孪生模型的结构

数字孪生模型的目标是为不同的问题提供解决方案。这些问题可以出现在生命周期的所有阶段。例如在设计阶段,数字孪生模型是产品特征,即从早期设计阶段就需要详细地制订计划。它的基本用途不只是定义和解决具体问题,还要求数字孪生的模型结构派生自定义任务的这一目标,能够解决产品全生命周期由于设计考虑不周而可能产生的问题。当然数字孪生模型也需要有一个具体的应用程序的体系结构和一套制造过程所需的数据和仿真模型规范。

数字孪生模型仍然是一个抽象的概念,一般来说,其基本内涵基于两个方面。一方面基于模型的开发,信息交互不只是侧重于文件,更偏重于实际的数据;使用过的模型可以更新和取代,这种模型的更新与取代之间,形成一种信息动态交互和相互依存关系。另一个方面是可以在不同工况状态下使用模型,同时模型具有模块化和标准化的接口,而模型管理系统可以确保模型的唯一性,直到数据发生更改而修改模型。此外,模型管理系统支持不同的模型以不同的精确度共存,并允许选择适当应用程序的正确模型更换。所谓选择正确的模型,是指选择具有较好粒度级别的模型,可以较好地去回答和解决初期设计中可能存在的问题,但当模型不够好时,可采用进一步的算法分析实时和历史数据。

(4) 从制造全生命周期看数字孪生

数字孪生的实现,必须与被执行的制造系统的物理实现和系统开发并行协同设计。如前所述,制造系统结构和所有的制造系统仿真模型都必须包含数字孪生的通用接口。该接口可结合一个具体的数字产品和一个综合的功能及物理描述。这种接口结构还需要将数字孪生的模型和概念扩展到基于全生命周期预期的应用领域,随着制造过程的进展不断充实初始模型及相关数据的结构,数字孪生才能最后成为物理产品的一部分。此过程是由 MBSE(基于模型的系统工程) 技术随后的不断使用来激活的。

数字孪生模型是制造全生命周期不可或缺的一部分,其包含的所有信息和模型都需要在各个制造阶段应用并不断丰富,以创造新的价值,如制造系统运营商、用户和维修人员都在不断创造价值。数字孪生的价值体现在设计和工程制造即维护服务各个阶段。根据特定模型的组件,可以以不同的方式将模型转换到系统的操作或使用阶段。数字孪生模型在产品运行和服务阶段会不断采集和存储数据。数字孪生的特别功能和某些内容将成为实际系统的一部分,例如可执行仿真模型作为自动化软件协助系统模块的一部分。这就是说,数字孪生模型能够真正实现数字世界与物理系统的连接。

(5) 从制造价值链看数字孪生

如前所述,将数字孪生模型可以编制到制造产品的组件、产品生产线、装备和系统中。就价值链来看,这意味着数字孪生模型可能重叠在特定点的不同价值链。生产系统是一个很好的例子。生产系统的设备组成不同的生产单元,而单元的装备可能是来自其他公司的产品。数字孪生的这些产品可以是有用的(或虚拟的)生产系统,也可能是用于维护计划的生产运行系统。从技术角度看,在许多情况下,数字孪生必须越过实体边界与专有数据格式之间的桥梁。类似的挑战和机遇在生产现场随处可见。生产者需要零部件、半成品和其他的货物交付给客户,客户使用该产品,作为最终用户或为其他用户生产。数字孪生模型或数字孪生体将终生与这些产品为伴,服务于整个制造价值链。于是可得出一个结论,即数字孪生模型必须采用模块化。这种模块化用于向其他数字孪生体转换数据和信息。尤其是在制造过程的后期阶段(生产、经营),在数字孪生已经获得了大量可用数据之后,模块化的结构更加体现其优势。例如,产品设计数据可以用于服务寿命计算和用于优化组装生产的产品结构,无论是单个组件,或者是一个大型系统,模块化的结构能更好地应用。

相同的数据和信息结构可以存在于几种并行的模型中,作为部分模型,模块化结构不一定总是完整的,取决于个案的情况。每个数字的孪生体(从现有的 IT 系统)涉及的现有数据和信息的基本组成部分,都可用于其特定的目的。

1.2.3 产品生命周期不同阶段的数字孪生

在本节中我们将说明从简单的机械或机电组件实现机电一体化系统的变化是如何发生的,以及综合的数字孪生体如何影响这一转变。作为说明的例子,一台电动机作为机电组件和电机,驱动电子和软件组合成一个机电一体化系统。

(1) 设计阶段

模型定义技术(MBD)能够实现高效、标准的产品全生命周期各阶段的数据定义及数字化表达,是实现数字孪生体构建的关键技术。MBD 技术充分体现了产品的并行协同设计理念和单一数据源思想,而这也正是数字孪生体的本质之一。

产品定义模型主要包括两类数据:一类是几何信息,也就是产品的设计模型;另一类是非几何信息,存放于规范树中,与三维设计软件配套的 PDM 软件负责存储和管理该数据。

为了确保仿真及优化结果的准确性,至少需要保证以下三点:

① 产品虚拟模型的高精确度/超写实性。通过使用人工智能、机器学习等方法,基于同类产品组的历史数据实现对现有模型的不断优化,使得产品虚拟模型更接近于现实世界物理产品的功能和特性。

② 仿真的准确性和实时性。可以采用先进的仿真平台和仿真软件,例如仿真商业软件 ANSYS、ABAQUS 等。

③ 模型轻量化技术。轻量化的模型降低了系统之间的信息传输时间、成本和速度,促进了价值链端到端的集成、供应链上下游企业间的信息共享、业务流程集成以及产品协同设计与开发。

(2) 产品制造阶段

在制造阶段,除了基于产品模型的生产实测数据监控和生产过程监控,还包括基于生产实测数据、智能化的预测与分析、智能决策模块预测与分析,实现对实体产品的动态控制与优化,达到虚实融合、以虚控实的目的。

因此,多源异构数据实时准确采集、有效信息提取与可靠传输是实现数字孪生体的前提条件。

① 实体空间的动态数据实时采集:利用条码技术、RFID、传感器等物联网技术,进行制造资源信息标识,实现对制造资源的实时感知。

② 虚拟空间的数字孪生体演化:通过统一的数据服务驱动三维模型,实现数字孪生体与真实空间的装配生产线、实体产品进行关联。

③ 基于数字孪生体的状态监控和过程优化反馈控制:通过实时数据和设计数据、计划数据的比对实现对产品技术状态和质量特性的比对、实时监控、质量预测与分析、提前预警、生产动态调度优化等,从而实现产品生产过程的闭环反馈控制以及虚实之间的双向连接。

(3) 产品服务阶段

在产品服务(即产品使用和维护)阶段,仍然需要对产品的状态进行实时跟踪和监控,并根据产品实际状态、实时数据、使用和维护记录数据,对产品的健康状况、寿命、功能和性能进行预测与分析,并对产品质量问题进行提前预警。

① 在物理空间,采用物联网、传感技术、移动互联技术将与物理产品相关的实测数据(最新的传感数据、位置数据、外部环境感知数据等)、产品使用数据和维护数据等关联映射至虚拟空间的产品数字孪生体上。

② 在虚拟空间,采用模型可视化技术实现对物理产品使用过程的实时监控,并结合历史使用数据、历史维护数据、同类型产品相关历史数据等,采用动态贝叶斯、机器学习等数据挖掘方法和优化算法实现对产品模型、结构分析模型、热力学模型、产品故障和寿命预测与分析模型的持续优化,使产品数字孪生体和预测分析模型更为精确,仿真预测结果更加符合实际情况。

③ 对于已发生故障和质量问题的物理产品,采用追溯技术、仿真技术实现质量问题的快速定位、原因分析、解决方案生成及可行性验证等,最后将生成的最终结果反馈给物理空间,指导产品质量排除故障和追溯等。

(4) 运行的模型重用阶段

设计过程中创建的信息也可用于系统运行阶段的评估。这点常常容易被忽视,因为设计和运行涉及产品全生命周期所有的数据点。一个明显的例子是模型重用性可供产品不断改良。

数字孪生模型从设计开始,就配置有与实际数据进行交互的合适接口,这些真实的数据可以用作仿真模型验证输入,并促使制造产品持续改进。

对于制造过程或制造系统,在线状态感知和监测越来越重要,数字孪生应用于越来越多的机电产品和系统。然而,过分依赖传感器数据往往是不行的。特别是,某些产品的特殊结构或特殊过程无法直接访问或直接测量。在这种情况下,数字模拟的模型可以通过虚实结合和融合的方式进行完善和修改。基于实际的传感器数据的仿真模型扩展到“软传感器”,也可以获取虚拟传感器数据,并不断进行修改和完善。通过使用仿真模型,并复制实际测量信号,虚实结合,将模拟与实测信号进行比较,进而帮助识别失效模式。

1.3 数字孪生模型的组成

如前所述，所谓数字孪生模型，是以数字化方式为物理对象创建虚拟模型，来模拟其在现实环境中的行为。制造企业通过搭建、整合制造流程的生产系统数字孪生模型，能实现从产品设计、生产计划到制造执行的全过程数字化。

数字孪生模型主要包括产品设计模型（product design）、过程规划模型（process planning）、生产布局模型（layout）、过程仿真模型（process simulate）、产量优化模型（throughput optimization）、维护保障管理（maintain security management）等。

1.3.1 产品设计：Product Design

模型定义：用一个集成的三维实体模型来完整地表达产品定义信息，将制造信息和设计信息（三维尺寸标注、各种制造信息和产品结构信息）共同定义到产品的三维数字化模型中，保证设计和制造流程中数据的唯一性。

模型定义的解决方案：西门子公司提供了基于 Teamcenter＋NX 集成一体化平台解决方案，Teamcenter 工程协同管理环境提供了对 MBD 模型数据及其创建过程的有效管理，包括 MBD 模型中的部分属性数据控制，例如 MBD 数据的版本控制、审批发放记录等。这些数据虽然最终是在 MBD 模型中表现，但其输入是在 Teamcenter 环境中完成和控制的。其主要模块有 6 大块，即：

① 基于知识工程的产品快速设计。由于其三维设计软件 NX 中内置了知识工程引擎，从而可帮助设计人员和企业获取、转化、构建、保存和重用工程知识，实现基于知识工程的产品研发。这些知识是企业宝贵的智力资源，包括标准与规范、典型流程和产品模板、过程向导和重用库等。

② 产品的重用库——提高效率，NX 软件系统提供了重用库的功能。该重用库能将各种标准件库、用户自定义特征库、符号库等无缝地集成在 NX 界面中，从而使之具有很好的开放性和可维护性，便于用户使用和维护。其支持的对象包括行业标准零部件和零部件族、典型结构模板零部件、管线布置组件、用户定义特征制图定制符号等。

③ 产品的设计模板。该模板建立了相似产品或者零部件的模型，设计师可通过修改已有的零部件来完成新的零部件产品设计，从而大幅度提升设计效率。

④ 过程向导工具。该工具是指对产品开发中的专家知识进行总结，并以相应的工具表达，进而形成专用的工具，供设计人员使用。主要包括对典型流程的总结和评审、过程向导开发工具、过程向导开发说明、过程向导测试等。

⑤ 基于 Check-Mate 的一致性质量检查。NX 软件系统提供了 Check-Mate 工具，可通过可视化的方式，对 MBD 模型进行计算机的自动检查。其检查内容包括建模的合规性、装备的合规性、几何对象的合规性以及文件结构的合规性等。

⑥ NX PMI 完整三维注释环境。NX PMI 把三维标注的功能集中在有关菜单下，该菜单提供了三维模型知识库必需的所有工具，为创建、编辑和查询实体设计上的 PMI 提供了一个统一的界面。另外 NX 零部件导航器还提供了管理和组织 PMI 的工具，包括在模型视图节点中可观察 PMI 对象、PMI 节点显示关联对象、PMI 装配过滤器等。

1.3.2　过程规划:Process Planning

利用数字孪生模型对需要制造的产品、制造的方式、所需资源以及制造的地点等各个方面进行规划,并将各个方面关联起来,进而实现设计人员和制造人员的协同。Process Designer 是一个数字化解决方案,主要用于三维环境中进行制造过程规划,促进了设计者和企业从概念设计到详细设计并一直到生产规划的完整制造过程的设计和验证。其主要过程包括:

① 用于制造过程规划的功能强大的虚拟环境。通过利用二维/三维数据、捕捉和维护制造过程知识,Process Designer 为制造商提供了在一个三维虚拟环境中开发和验证最佳制造战略的企业级应用平台。

② 生产线设计、制造过程建模和生产线平衡。为全面提高生产线设计和制造过程建模功能,Process Designer 基于从分类库中捕捉的制造资源对过程进行建模。这样一来,使用者只需把合适的资源对象拖曳到规划树中,并根据实际产出目标调整各制造环节的顺序,并检查瓶颈即可。

③ 变更管理和规划方案甄别。该过程规划可以无缝地引入过程变更,并对工程变更实施的结果进行判别,进而采取相应措施即可。

④ 利用前期的成本估计来支持业务。Process Designer 把成本信息、资源信息以及制造过程信息结合在一起,能够实现在前期即对过程规划进行经济分析,在必要时能够采用更经济的替代规划方案。

⑤ 支持客户和行业工作流程。Process Designer 支持根据行业特定需求开发独特的客户工作流程。

⑥ 捕捉并重新使用最佳实践。Process Designer 在引进一个新项目时,可以重新使用最佳实践知识库,从而使工程师能够利用结构化知识来加速生产投放。

1.3.3　生产布局:Layout

生产布局指的是用来设置生产设备、生产系统的二维原理图和纸质平面图。其愿景是设计出包含所有细节信息的生产布局、生产系统,包括机械、自动化、工具、资源甚至操作员等各种详细信息,同时将之与制造生态系统中的产品设计进行无缝关联。其主要模块包括:

① 在 NX 里面进行生产布局,可以提供 NX 里面的参数化引擎,高效处理生产中的问题,轻易实施变更。

② 可视化报告与文件。用户可以提供“生产线设计工具”,直接访问 Teamcenter 里面的信息。生产线设计工具可以显示每个零部件的相关信息,包括类型、设计变更、供应商、投资成本、生产日期等。

1.3.4　过程仿真:Process Simulate

过程仿真是一个利用三维环境进行制造过程验证的数字化制造解决方案。利用过程仿真能够对制造过程和早期的制造方法和手段进行虚拟验证和分步验证。

① 装配过程仿真。它使制造工程师能够决定最高效的装配顺序,满足冲突间隙并识别最短的周期时间。

② 人员过程仿真。提供强大的功能,用以分析和优化人工操作的人机工程,从而确保根

据行业标准实现人机工程的安全过程。

③ 特殊电弧过程仿真。用户能够在一个三维图形的仿真环境中设计和验证电弧过程。

④ 机器人过程仿真。用户能够设计和仿真高度复杂的机器人工作区域,优化机器人工作路径和时间。

⑤ 试运行过程仿真。该软件提供了一个试运行的生产过程仿真,完全模拟产品、生产线或制造系统的运行过程。

1.3.5 产量优化:Throughput Optimization

利用产量仿真来优化决定生产系统产能的参数,可以快速开发和分析多个生产方案,从而消除瓶颈、提高效率并增加产量。包括有一系列模块:

① 实现生产线、生产物流的仿真模拟,包括各种生产设备和输送设备,也包括特定的工艺过程、生产控制和生产计划。它是面向对象的、图形化的、集成的建模、仿真工具。采用层次化的结构,可以逼真地表现一个完整的工厂、一个复杂的配送中心或者一个国家铁路网络、交通枢纽。同时通过使用继承,可以很快地对仿真模型或模型版本进行修改,且不会产生错误。其仿真模块概念是独一无二的,用户可以基于图形和交互方式,用一套完整的基本工厂仿真对象来创建特定的用户对象。随着设计的不断改进,需要更改相关信息和数据。因此需要保证模型能够不断变更和维护。该仿真软件里面有一个工具,用来快速创建简单的用户自定义对话框,集成多种语言设置和一个 HTML 浏览器界面,可以直接把用户的模型文件化。同时,还提供了一个对全厂进行三维可视化处理的工具,让三维表现与仿真模型紧密地集成在一起。另外,还提供了一个集成式、功能强大、易用的控制语言,叫作“SimTalk”,用户通过它能够对任何真实系统进行建模并生成仿真和相关业务结果。

② 为了提高创建模型的速度,该仿真还提供了应用对象库以及行业领域内特定的用户定义的对象。工厂仿真的应用对象库有个特征就是“用户柔性”,用户可以提供相关对象的结构。此外,该仿真完全可以按照工艺流程来建模,而且可以把各种对生产线有影响的因素都放进模型中,从而构建一个较精确的、符合实际物理情况的仿真模型。该仿真模型无论是建模的特点,还是建模使用的对象以及建模中的图片和图形,都有广泛的适应性,定义非常简单且快速,从而为定制化的工作带来方便。

1.3.6 维护保障管理:Maintain Security Management

该软件主要提供维护保障规划、维护 BOM 管理、维护保障执行、维护保障知识库管理等,包括:服务规划,支持对保障过程进行规范化的操作;服务手册管理,支持多人协同工作、版本管理和权限控制、自动化审批和发布;维护 BOM 管理,捕捉和管理实物资产的实际维护/实际服务、实际设计和实际制造配置以及相关文件,促进全面的产品和资产可见性;维护保障执行,实现有效的管理维护保障服务请求;服务调度和执行,根据维护保障服务规划和请求,制定维护保障执行作业和任务计划,分配维护保障服务资源,估算服务工作量等;另外,还有维护保障知识库管理、FRACAS 管理、维护保障报告和分析、维护物料管理等,构成一个完整的维护保障管理体系。

1.4 数字孪生与数字制造

在制造业发展过程中，先进的制造理念、技术、系统及制造模式具有重要地位和关键作用。美国、日本、德国、韩国、西欧以及我国都曾先后提出有关的研究计划，并将先进制造系统技术领域上升到国家战略高度。通过这些计划项目的研究发展，众多先进的制造系统、模式和方法被提了出来，如美国提出的敏捷制造模式、日本采用的智能和仿生制造系统、德国提出的分形制造系统，其他各国先后提出的网络制造、快速制造、虚拟制造、绿色制造及现代集成制造系统模式等。这些制造系统模式及理论方法的研究为数字制造科学与技术的发展和制造战略的建立提供了理论依据和技术支持。

1.4.1 数字制造的产生背景及概念

随着全球化加速和信息化的不断深入，现有的工业生产模式正发生着深刻的变化。《经济学人》于 2012 年发表的《第三次工业革命》中描述了制造业数字化将引领第三次工业革命，在后续报道中更进一步指出智能软件、新材料、灵敏机器人、新型制造方法和基于网络的制造业服务模式将形成合力，产生促进人类经济社会进程变革的巨大力量。

数字制造，它的革命性在什么地方？它将会取代传统的制造业所采用的各种各样的机械，颠覆性地改变制造业的生产方式。《经济学人》认为，数字化革命正在我们身边发生——软件更加智能、机器人更加灵巧、网络服务更加便捷。制造业正在发生巨大的变革，它将改变制造商品的方式，并改变制造业的格局。

所谓数字制造，指的是在虚拟现实、计算机网络、快速原型、数据库和多媒体等支撑技术的支持下，根据用户的需求，迅速收集制造资源信息，对制造产品信息、工艺信息和资源信息进行分析、建模、规划和重组，实现对产品设计和功能的仿真、评估以及原型制造，进而通过数字化技术快速生产出达到用户要求性能的产品的整个制造过程。也就是说，数字制造实际上就是在对制造过程进行数字化的描述而建立起的数字空间中完成产品的全生命周期的制造过程。

数字制造支持产品全生命周期和企业的全局优化运作，以制造过程的知识融合为基础，以数字化建模仿真与优化为特征。我们可以从不同的视角来描述数字化制造，如：从控制的视角看，有以控制为中心的数字化制造，即 NC—CNC—DNC—FMC—FMS(FTL)，也就是以数字量实现加工过程的物料流、加工流、控制流的表征、存储和控制；从设计的视角看，有基于产品设计的数字化制造观，即 CAD—VD—CAPP—CAM，也就是以数据库为核心，以交互式图形系统为手段，以工程分析计算为主体的计算机辅助设计；将 CAD 产品设计信息转换为产品制造、工程规则，使机械加工按规定的工序和工步组合和排序，选择刀具、夹具、量具，确定切削用量等，将包括制造、检测、装配等信息以及面向产品设计、制造、工艺、管理、成本核算等全部实现数字化；从制造过程管理的视角看，有基于管理的数字化制造观，即 MRP/MIS/PDM /ERP，也就是从市场需求、研究开发、产品设计、工程制造、销售、服务、维护的清单文档、服务体系、物料需求、管理系统等实现以“产品”和“供需链”、“市场”和“投资决策”等为核心的数字化过程集成；从制造过程的视角看，有基于制造的数字制造观，即 MPM/MPP/MCC/IIR，也就是对制造环境和制造设备中各制造单元和制造装备实施制造过程建模、工艺规划、协调控制、可靠运行。根据制造过程优化和产品性能最优指标运用工艺优化方法、数字调度方法、系统优化运行算法等，实现产品制造过程的数字化和最优化。运用智能理论与智能感测技术来获取信息，建立相关的智能模型，以便于分析、处理、优化、控制数字制造的全过程。

数字化制造与相关先进制造理念既相关，又有着自身的特点。如：网络制造，是为制造业内部的信息交流和共享，及外部网络应用服务；智能制造，是为不确定性和不完全信息下的制造问题求解；虚拟制造，则是用虚拟原型代替物理原型，达到可制造性的设计；数字制造，则是从不同角度综合上述制造技术和制造理念的部分属性，更多关注制造产品全生命周期的数字建模、数字加工、数字装备、数字资源、数字维护乃至数字工厂的研究。

从技术进步趋势看，数字制造是一种"增量创新"。虽然在未来相当长的时间内，3D 打印机、工业机器人都不会完全取代传统的数控机床、自动化生产线，但增量部分足以成为经济增长、产业升级的关键。随着个性化需求在工业产品消费需求中的比例不断上升，与数字制造相关的装备制造、材料合成以及信息技术服务，都具有广阔的发展前景。随着全球化加速和信息化的不断深入，现有的工业生产模式正发生着深刻的变化。

1.4.2 数字孪生与数字制造

我们可以这样认为，数字孪生是数字制造发展的最高形式，而数字制造是数字孪生制造的基础。

如上所述，数字制造专注于制造物理世界本身的数字化，其中包括：数字化设计，即产品设计信息的数字化；数字化工艺，即制造过程工艺数据与信息的数字化；数字化控制，即制造过程的数字化控制；数字化产品，即制造产品的数字化描述；数字化加工，即加工过程的数字化描述与处理；数字化营销与管理，即市场信息与企业决策管理的数字化信息集成；数字资源，即整个制造活动一切制造资源的数字化处理；数字设备，即制造设备的几何与数字化建模；数字维修，即制造产品的售后服务数字化；数字工厂，即通过数据指挥有形工厂的运作，实现企业的数字化运行。

数字孪生不仅关注制造物理世界本身的数字化，同时还建立了与制造物理世界对应的数字化世界。数字孪生的数字化世界实际上是一个真实物理世界的映射。它充分利用真实世界的物理模型、传感器监测所获取的数据、运行历史过程中的所有相关数据，同时集成多学科、多物理量、多尺度、多概率的仿真和模拟过程，在虚拟的数字空间中完成对真实物理世界的映射，从而真实反映相对应的实体世界的全生命周期过程。

数字孪生最为重要的启发意义在于，它实现了现实物理系统向 CPS 空间数字化模型的反馈。这是一次工业领域中实现数字化与智能化、逆向思维的壮举。

一直以来，人们试图将物理世界发生的一切在数字空间中完全重现。只有带有全面的测量反馈回路和全生命周期的跟踪，才能真正实现全生命周期重现的概念；也只有这样，才可以真正在全生命周期范围内，保证数字世界与物理世界的协调一致。

各种基于数字化模型进行的各类仿真、分析、数据积累、挖掘，甚至人工智能的应用，都能确保它与现实物理系统的适用性。这就是数字孪生对数字制造的意义所在。

这个听上去十分神奇的数字孪生过程可以高度概括为以下几个步骤：准确地将现实世界

以数字化的方式表达出来;创造一个产品/流程/设备的数字孪生模型;模拟/仿真/分析/虚拟调试现实世界中发生的问题或未知的领域,利用数字化使得现实和虚拟世界无缝连接;回到过去,解决问题;预测未来,减少失败;将产品创新以及制造的效率和有效性提升至全新的高度。在这里有两点十分关键:一是数字孪生模型,这就需要准确地将现实世界以数字化的方式刻画和表达出来,这一点离不开数字化技术的支持,这也充分说明为什么数字化是数字孪生的基础;二是现实和虚拟世界无缝连接,这就需要很多崭新的技术支持,包括数字化技术、网络技术、自动化技术、虚拟技术等,这也说明数字孪生制造是数字制造的一个新的高度,一个革命性的飞跃。

数字孪生已经被应用在了西门子工业设备 Nanobox PC 的生产流程里。用这台神奇的时光机器实现了从产品设计直到制造执行的全过程数字化,并且创造了一条数字线程,关联所有步骤。图 1.3 所示为数字孪生的制造执行全过程数字化流程图。

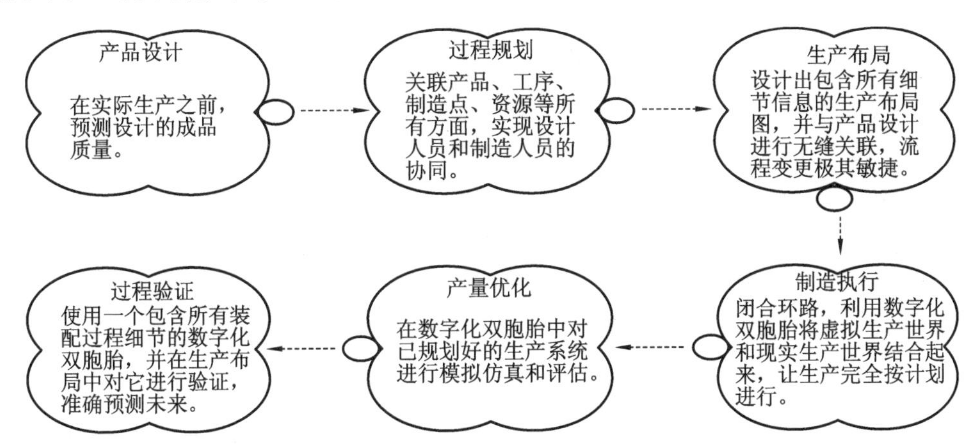

图 1.3 数字孪生的制造执行全过程数字化流程图

1.5 数字孪生与智能制造

谈起智能制造,首先应该追溯到日本在 1990 年 4 月所倡导的"智能制造系统 IMS"国际合作研究计划。当时许多发达国家如美国、欧洲共同体、加拿大、澳大利亚等参加了该项计划。该计划共计划投资 10 亿美元,对 100 个项目实施前期科研计划,通过该计划的实施,智能制造概念和智能制造技术即智能制造系统的定义得以初步确定并逐步在制造领域推广应用。一般认为智能是知识和智力的总和,前者是智能的基础,后者是指获取和运用知识求解的能力。智能制造应当包含智能制造技术和智能制造系统,智能制造系统不仅能够在实践中不断地充实知识库,具有自学功能,还有搜集与理解环境信息和自身的信息,并进行分析判断和规划自身行为的能力。

1.5.1 智能制造的内涵

随着智能制造技术与智能制造系统的深入研究和逐步推进,人们进一步认为,智能制造(Intelligent Manufacturing,IM)应该是一种由智能机器和人类专家共同组成的人机一体化智能系统,它在制造过程中能进行智能活动,诸如分析、推理、判断、构思和决策等。通过人与智能机器的合作共事,去扩大、延伸和部分取代人类专家在制造过程中的脑力劳动。它更新了制造自动化的概念,扩展到柔性化、智能化和高度集成化。智能制造将专家的知识和经验融入感知、决策、执行等制造活动中,赋予产品制造在线学习和知识进化的能力,涉及产品全生命周期中的设计、生产、管理和服务等制造活动。

德国学术界和产业界认为,正在广泛推进的“工业 4.0”概念即以智能制造为主导的第四次工业革命,或革命性的生产方法。其简便思想是通过充分利用信息通信技术和网络空间虚拟系统与信息物理系统(Cyber-Physical System)相结合的手段,将制造业向智能化转型。其核心包括三大主题,即智能工厂、智能生产、智能物流。智能工厂重点研究智能化生产系统及过程,以及网络化分布式生产设施的实现;智能生产主要涉及整个企业的生产物流管理、人机互动以及 3D 技术在工业生产过程中的应用等;智能物流主要通过互联网、物联网、务联网整合物流资源,充分发挥现有物流资源效率。智能制造涵盖智能制造技术、智能制造装备、智能制造系统和智能制造服务等,衍生出了各种各样的智能制造产品。

智能制造系统最终要从以人为主要决策核心的人机和谐系统向以机器为主体的自主运行系统转变。图 1.4 说明了智能制造的三个层面。

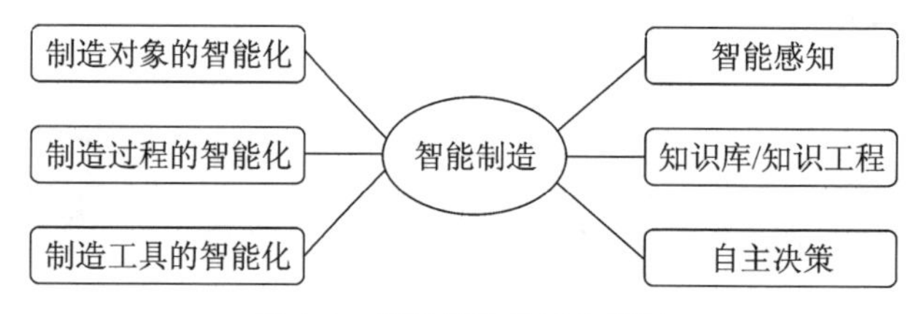

图 1.4 智能制造的三个层面

可以这样认为,数字孪生的理论和技术是智能制造系统的基础,它使智能制造上升到一个崭新的高度,智能是数字孪生的核心内容。

智能制造系统首先要对制造装备、制造单元、制造系统进行感知、建模,然后才进行分析推理。如果没有数字孪生模型对现实生产体系的准确模型化描述,所谓的智能制造系统就是无源之水,无法落实。

数字孪生技术不仅能根据复杂环境的变化,通过动态仿真与假设分析,预测制造物理装备状态和行为,而且能在感知数据的驱动下及历史数据与知识的支持下不断学习、共生演进,使其镜像仿真过程能更准确地预测制造物理装备的状态和行为,即“以实驱虚”。这种“以虚控实”和“以实驱虚”的孪生互动共生,使智能制造上升到一个崭新的高度。

1.5.2 智能制造装备与数字孪生

智能制造系统中的智能制造装备主要包括下述关键技术,这些关键技术都是数字孪生技术的核心内容:

(1) 虚实交互的统一语义建模技术

构建虚实交互的统一语义建模技术是实现智能装备数字孪生的前提条件,通过对装备几何属性、物理属性和动力学属性的描述,以及装备零部件间装配关系的抽象描述,构建蕴含装备零部件之间约束和规则的描述模型。

语义模型是准确获取系统信息含义，并对系统数据进行组织、抽象和概念化表达而形成的各种概念的形式化描述。它定义了在特定环境下真实世界中的特征与对应形式化表达之间的关系，具有抽象性、精确性和灵活性等特点。目前的语义建模主要包括面向数据、面向过程和面向对象三种方式：面向数据的语义建模侧重于数据结构的描述，建立于实体、关系和属性之上，没有表示过程或动态行为特征的机制；面向过程的语义建模用来描述应用的动态过程，例如 Petri 网、进程代数 CCS 等；面向对象的语义建模可以描述对象的结构、行为和封装等特征，它支持对象、对象间联系和对象演变的建模，具有一定动态特征。

(2) 面向几何实例的轻量级快速数字建模与可视化技术

数字几何实例建模技术以数字几何模型为主要研究对象，通过分析模型语义化部件之间的关系，将三维模型分析、变异、组装等多种高层数字几何处理技术进行有机结合，并以结构感知为核心对三维模型进行表示，使得模型的造型和结构更加贴近用户的日常习惯，避免了面向底层网格的复杂操作，大大提高了建模效率，适合大众用户依照自身的创意建模。此外，实例建模技术还为发挥大量可共享数字几何模型资源的重用效能和拓展模型创作过程中创新思维的作用空间提供了更加有效的技术手段。总的来说，实例建模技术融合了模型分析与综合，不仅顺应了数字几何处理语义化生成与应用的发展趋势，还为数字几何处理领域提供了新的研究思路和技术途径，满足了实际应用资源重用的需求，因而促进了数字几何处理技术在工业造型、数字娱乐和艺术创作等多领域的应用。

(3) 物理对象与所处环境的智能感知技术

物理对象智能感知技术是保障数字孪生智能装备运行的基础，为孪生装备提供“血液”。

智能感知分为环境感知和智能分析两部分。环境感知是指获取外界状态的数据，如物理实体的尺寸、运行机理，外部环境的温度、液体流速、压差等。依托各类仪器和传感技术，如 RFID 阅读器、温湿度传感器、视频捕捉技术和 GPS 等，采集数据并将蕴含在物理实体背后的数据不断传递到信息空间，使其变为显性数据。智能分析是对显性数据的进一步理解，是将感知的数据转化成认知的信息的过程。大量的显性数据并不一定能够直观体现出物理实体的内在联系，这就需要经过实时分析环节，利用数据融合、数据挖掘、聚类分析等数据处理分析技术对数据进一步进行分析估计，将显性化的数据进一步转化为直观可理解的信息。

(4) 基于感知数据的多物理场、多尺度高保真仿真与集成技术

现如今的系统仿真面临许多复杂的问题和挑战，其功能和机理复杂，具有多自由度、多变量、非线性、强耦合、参数时变等综合特性，而且涉及多个学科和专业领域的相互作用、高度耦合。传统的各学科独立设计与仿真验证的模式难以体现各学科之间的耦合关系，须开展多物理场耦合过程的仿真，以验证各学科耦合关系下的更接近于真实情况的实际性能。

多物理场的高保真仿真涵盖运动学仿真、动力学仿真、流体力学仿真、电磁学仿真、结构力学仿真、温度场仿真等多个方面，彼此之间相互作用、共同影响。开展多物理场耦合仿真，需要对多物理场的耦合数据进行迭代交换，逐步迭代推进，最终完成仿真过程。通过对系统的多物理场的综合仿真，得到更接近实际的分析结果，更加精准地反映实际过程。

多物理场高保真仿真技术中涉及的主要问题有物理场间的自动数据交换、物理场间的耦

合关系计算、耦合关系的适用范围和稳定性问题等，通过多层快速多极子算法和有限元数值算法的联合应用，突破模型关联技术、网格共享技术、多物理场协同仿真控制等关键技术。

（5）面向工业大数据的智能分析与决策技术

面向装备与环境的感知大数据具有多模态、高通量以及强关联的特征。工业大数据分析与消费互联网领域里的数据分析是有相当大的差别的。消费互联网大数据的分析对象更多的是以互联网为支撑的交互，工业大数据实际上是以物理实体和物理实体所处的环境为分析对象，物理实体就是我们的生产设备以及生产出来的智能装备及复杂装备。在商业数据里面应关注数据的相关性，但是在工业领域里面一定要强调数据因果性，以及模型的可靠性，一定要提升分析结果的准确率才能把分析结果反馈到真正的工业控制过程中。

综上所述，智能制造系统装备的感知、决策、执行、学习、互联特征，是先进制造技术、信息技术和人工智能技术的集成和深度融合。数字孪生技术的关键就是构建虚实一体，以虚控实，共生演进的新型智能装备，用以支撑制造物理装备全生命周期运作的分析与决策，这是智能制造系统中装备智能化发展的一大趋势。

2 现代机械产品的数字化设计与制造

2.1 现代机械产品设计

现代机械产品设计技术经历了几十年的发展历程，正在不断地产生变革。机械产品需求的多样化、复杂化，产品生命周期的缩短以及产品市场的全球化，迫切要求产品设计和制造以最快的速度、最高的质量、最低的成本和最好的服务来适应当今的市场需求。在此背景下，现代机械产品设计体现出数字化、网络化、智能化、绿色化的发展趋势。产品设计是将概念转化为数据的过程，因此数字化设计是现代机械产品设计技术发展的主要方向，Pro/ENGINEER、ADAMS、ANSYS、SolidWorks、UG等软件的广泛应用，促使制造企业在机械产品设计阶段积累了海量数据，为数字孪生体模型的构建奠定了基础。随着数字孪生技术的发展和应用，数字化产品设计将出现一次新的革命。

2.1.1 现代机械产品设计的发展历程

近三十年来，现代机械产品设计的发展可以归纳为六个阶段：

第一阶段，数字化设计。随着信息技术的发展和CAD软件的进步，数字化已成为产品设计的基本特征。计算机辅助设计除了能完成机械产品设计过程的数据处理、结构强度分析与设计、动态仿真和系统优化，还可以依托其动态三维图形可视化和虚拟现实增强等新技术，实现产品方案设计、产品分析评价、产品工艺过程仿真、产品全生命周期质量管控等，使现代机械产品研发的周期大幅缩短，同时也降低了成本。以波音公司为例，20世纪90年代其率先在777客机的开发中运用了无纸化设计和虚拟设计，随后该设计方法扩展至其他机型。随着信息技术和CAD技术的进一步发展，数字化设计必将成为现代机械产品设计的基本形式。

第二阶段，网络化协同设计。随着计算机网络技术的高速发展，其高速度、大带宽、广覆盖的优点，使协同设计、动态区域联盟、虚拟企业联盟等新的设计思想与制造模式得以涌现。可以为了一个共同的设计任务把不同部门、企业、地区甚至是国家的设计人员组织起来，共同合作、交互协同，实现资源共享，减少重复工作，最大限度地发挥各方优势，实现低成本、高效率、优质量的机械产品设计模式。

第三阶段，模块化设计。现代机械产品设计的复杂性，导致单一部门或人员很难独立胜任整个产品的设计全过程，而模块化设计的思想是将机械产品划分为若干子模块，“分而治之”来降低产品设计的复杂性。同时，随着市场竞争的加剧，客户需求逐渐多样化，机械产品的生命周期日益缩短，企业必须改变原有的大批量生产方式，转而采用与市场相适应的多品种、小批量生产模式，从以产品为单位的设计转变为以模块为单位的设计。

第四阶段，智能化设计。随着人工智能(Artificial Intelligence,AI)技术的快速发展，与AI相关的技术在机械产品设计领域得到广泛的应用，并相继产生了专家系统(Expert System,ES)、智能CAD和基于知识的工程(Knowledge-based Engineering,KBE)等技术。这些技术能够有效利用领域知识完成产品设计，提高其智能化与敏捷化，降低工程造价成本。KBE技术是针对现代工程设计的智能化技术，其本质是通过AI与CAx系统有效结合，重用设计知识，以实现机械产品设计智能化。

第五阶段，绿色设计。随着生产的发展和技术的进步，人类的生存环境遭到大量破坏，许多不可再生资源的储量急剧减少。于是，环境因素成为产品设计中不得不考虑的因素。绿色设计是指在产品整个生命周期内，在充分考虑产品的功能、质量、开发周期和成本的同时，优化各种相关因素，使产品及其制造过程对环境的总体影响减到最小，并使产品的各项指标符合绿色环保的要求。其基本思想是：在设计阶段将环境因素和预防污染的措施纳入产品设计之中，将环境性能作为产品的设计目标和出发点，力求使产品对环境的影响降至最小。可以预见，绿色设计将是未来的机械产品设计必备的设计方法之一。

第六阶段，基于模型的系统工程(Model-Based System Engineering,MBSE)设计。区别于传统系统工程(Traditional Systems Engineering,TSE),MBSE强调统一的中央型系统模型，同时获取系统需求以及满足需求的设计决策。MBSE可以对系统模型进行仿真来验证其性能，并做出最优选择。目前，由于复杂机械系统和CPS之间的融合受到了高度关注，机械产品设计过程会朝着MBSE与CPS整合的方向不断发展，由此衍生出了数字孪生体模型以及数字孪生技术。

通过建立数字孪生体模型，零部件在被实际制造出来之前就可以预测其成品质量，识别其是否存在设计缺陷，并找出产生设计缺陷的原因。然后，在数字孪生模型中直接修改设计，并重新进行制造仿真。从原料采购、订单管理、生产制造到质量管理的每一个环节都可以收集数据，并互相打通。之后这些生产过程中的数据又可以回到虚拟的数字世界，进一步优化产品性能和生产效率。由此可见，通过建立数字孪生模型，基于模型定义(MBD)技术能够实现高效、标准的产品全生命周期各阶段数据定义及数字化表达，是实现基于模型设计的关键技术。MBD技术充分体现了产品的并行协同设计理念和单一数据源思想，这将使现代机械设计上一个新的台阶。

2.1.2 现代机械产品的可视化概念设计

可视化技术应用于产品设计中最常见的做法，是在计算机辅助设计(Computer Aided Design,CAD)系统中搭建可视环境，增加可视化人机交互接口，从而为设计者提供可视化设计平台。在设计中，可视化具体体现在三个方面：设计过程的可视化、设计过程中辅助信息的可视化、设计产品的可视化。

设计过程的可视化是指在设计过程从开始到结束的整个流程内，设计者可以观察到相应的可视化设计结果，包括修改、控制等操作后的实时跟踪显示；可以通过融入创新设计、创新推理等方法拓宽思路，增大创新的概率；可以记录和重阅设计流程信息和中间设计成果；可以回溯到前面的任一阶段。

设计过程中辅助信息的可视化是指概念设计过程中将会用到的数据库支持、设计公式、功能属性信息、设计参数说明、实例演示等多种信息，这些信息的载体介质形式一般为文本、图片、图表、动画、三维静态模型、三维可交互动态模型等,这些信息对辅助设计人员快速获取设计信息、提高设计效率具有重要的作用。

设计产品的可视化是指所设计的产品从概念图或抽象图、框架模型到具体三维结构。

当前,大数据时代下的信息生产以几何级数突飞猛进,如何快捷地处理信息和更好地利用信息,成为各行各业所面临的问题。就现代机械产品设计行业而言,如何进行用户调研数据采集、数据存储和数据分析,如何把海量数据转化为有用的设计信息,如何帮助设计师更明智地制定决策以及更清晰地传达设计理念,已经成为大数据时代产品设计面临的基本问题。现代机械产品的可视化设计可以归纳如下:

(1) 设计数据可视化

设计数据可视化是利用数据分析与可视化软件将产品数据转化为生动形象且易于理解的静态图表、动态图表、可交互式图表或其他可视化的表现形式,帮助产品设计师解读用户需求和制定设计方案,提高数据处理的体验效果。在当今大数据时代下的产品设计中,对数据可视化的需求变得越来越强烈,数据可视化对现代机械产品设计具有深刻的意义。

首先,由于用户调研所得的数据是抽象杂乱的,将这些数据进行可视化,能够清除、过滤不必要的信息,从而简明扼要地传达有用信息,使用户数据化繁为简。其次,在对用户数据集进行可视化设计的过程中,需要先对数据进行分析,再进行数据可视化。在整个过程中,进一步挖掘数据之间隐藏的关系,揭示深层现象,使产品设计师对产品概念设计有全方位、多角度的理解。由此加强产品设计师的认知,从而对产品概念设计进行全新的整合。

随着数据可视化重要性的日益突出,有关用户研究数据的分析与可视化软件越来越丰富。常用的可视化工具主要分为交互性图表类工具、基于时间顺序的时间线类工具和数据地图类工具。除此之外,用于网络分析、社交媒体可视化和文本可视化的相关工具也日益盛行。在这些在线数据可视化工具中,交互性图表类工具有 google chart API、D3(Data Driven Documents)、Flot,数据地图类工具有 Modest maps、Leaflet、OpenLayers,较为复杂的桌面应用和编程工具有 Processing、NodeBox,还有专家级数据分析工具 Weka、Gephi 等。

(2) 产品概念设计

从产品全生命周期考虑,一般产品设计可分为产品需求分析、概念设计、详细设计、工艺设计、样品试制、生产制造、销售与售后服务等阶段。产品概念设计是由分析用户需求到概念产品生成的一系列有序的、可组织的、有目标的设计活动,是由粗到精、由模糊到清晰、由抽象到具体的不断进化的过程。产品概念设计是设计过程的早期阶段,其过程是产品设计过程中最重要、最富于创造性,同时也是最活跃、最复杂的设计阶段。因此,产品概念设计往往与试验研究结合。

概念设计的地位和作用如图 2.1 所示。

图 2.1 概念设计的地位和作用

可见,概念设计是设计过程的初步阶段,其目的是获得足够多的有关产品的基本形式或形状的信息。

针对用户产品的研究是产品需求分析阶段所需数据的主要来源。产品需求分析是进行产品概念设计首先要解决的问题。在产品全生命周期的最初阶段，对用户的研究和理解是各种产品决策的依据，因而产品需求分析与产品概念设计之间存在反馈和迭代的关系。用户研究数据从表现形式上包括数字数据、文字描述、图画信息、声音和视频记录，用户数据的呈现形式直接影响用户需求转化为产品概念设计的准确性和效率，而用户数据分析又恰好是设计过程中用户调查最难以实施的阶段，因为很多不确定的因素都会影响到数据的准确性，因此对数据的定性分析和定量分析进行可视化的呈现显得尤为重要。

(3) 从用户研究到产品概念设计的数据可视化

从用户研究到产品概念设计，创建数据可视化的主要步骤是量化和转化。量化是通过提出问题来获得数据。转化是指采用数据分析和可视化软件对数据进行可视化处理。

1) 用户调研数据的收集

由于准确地获取所需的数据是一个非常困难的任务，因此可以从现有的有效原始数据着手，比如很多网站提供了可访问的数据。一旦获得了原始的数据，便可以尝试使用多种方式对数据进行分组和排序来进行数据再加工——数据的解析、组织、分组和修改，以分析和获取数据之间的内在联系。这个过程就是现在时常提到的数据再加工的过程。

2) 制定问题

首先对数据要有深刻理解，然后确定提出问题。随着所收集数据的增多，可以考虑从某个主题切入，专注于数据搜索和问题提炼。在初始阶段并不要求提出非常完整的、明确的问题。在为创建数据可视化而提出问题时，应该尽可能地关注以数据为中心的问题，通常可以以“在哪里”“什么时间”“多少”或者是“频繁度”为切入点，这样不仅可以在特定的参数集合内查找数据，而且更有利于找到适用于可视化的数据。

3) 收集数据

用户调研的方法很多，比如观察法、询问法、实验法和用户图片日记法等形式，以及深度访谈、影像故事、对比法、过滤法和回想法等方法。应根据制定的具体问题来选定相对应的数据收集方法。

4) 用户调研数据的可视化方法

首先，把重要数据信息放大是减少干扰且清楚传递信息的关键。其次，通过简单扼要的方式呈现信息，“清晰信号”就会增强。简单可视的信息会让人们比较专心地注意传递信息的意义。假如没有用正确的可视化方法来表达某一特定的信息，可能会从根本上曲解信息的意义，所以在一开始就选择正确的数据可视化方法是很重要的。

① 确认用户需求的分析方法和步骤。通过数据分析，将调研过程中收集到的各种原始数据进行适当分类处理，找出不同数据之间的关系。首先，将初步整理的数据呈现在表格或者是图表里，再按照流程解读和整理数据；其次，选择合适的统计分析方法来判断问题，找到解决问题的统计指标；最后，将数据可视化呈现。

② 把原始数据处理成客户需求的信息。通过用户调研所得的数据包含大量信息，应先对这些信息进行分析整理，明确用户需求，才能获得正确的解读方向。将原始数据进行分类处理，采用具有直观、生动等视觉效果的图表来表现，可以从中快速直观地直击重点。因此，要尽量把所发现的数据内容转化成表格或其他视觉图案，用视频、照片等方式展示研究的结果，才能使枯燥难记的数据变得易于掌握。下面具体介绍几种实现调研数据可视化的方法。

一是产品角色构建法的视觉化。产品角色构建是用户研究的常用方法，在进行用户描述时，描述用户的特征、认知和使用环境，便可以列出产品角色的基本要点，即尺寸、形状、性能特征和颜色等。在表达产品角色的意见、需求和疑问时，要做到使产品描述具体、准确，要得到更为准确的用户感受和期望，还需要到用户使用产品的环境中去了解产品，这样既可以获得产品的关键特征与性能方面的信息，也能更深刻认知产品的内涵、外形，从而能够更好地实现产品的初步设计。产品图标的尺寸和颜色是最常用的数据可视化展现方式，可以通过图标的大小和颜色快速获得各部分信息。通过产品角色模型（图 2.2）的视觉化处理，设计师可以将所有资料放在一起进行综合分析，避免了片面的统计结果导致的片面决策或以自己的兴趣来取舍资料的缺陷。除此之外，只有将产品角色的信息进行合理、精心地分类组装，才能使用户研究的数据便于理解、使用和记忆，实现设计团队之间的沟通，方便设计团队对信息的认可和掌握，提高最重要的数据的影响力。

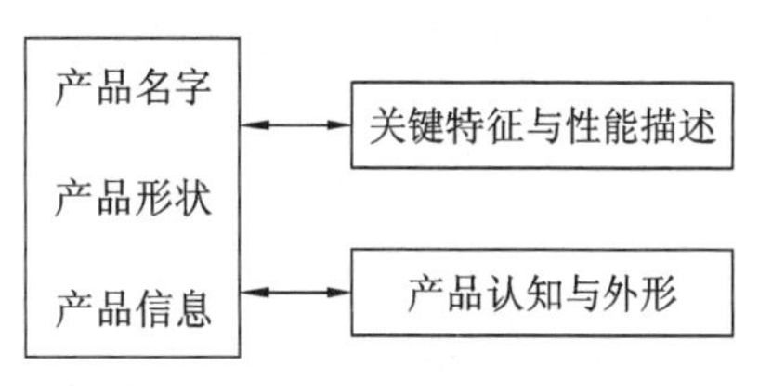

图 2.2 产品角色模型

二是竞争产品分析的数据可视化。产品竞争分析，是通过将竞争产品的图片放在二维坐标上进行展示，从而可以直观地发现产品的机会空间，使设计工作变得更加有目标、有计划、有效率。同时，透过分析竞争产品图还可以获得更多的优化方向，让设计师发现很多不容易发现的创意。

三是产品色彩设计分析的可视化。在大数据时代，色彩是一种优秀的展现形式。不同的色系、明度和纯度都可以用来表现不同的数据，色彩渐渐成为展现宏观趋势的必然选择。色彩分类，可以清晰地给人们带来特定印象。

四是产品造型风格设计分析的可视化。设计风格和设计语言可以通过风格定位图和产品意象拼图分析等方式进行，把产品的风格用易于理解的词语在图中进行定位，方便设计师做出相关联想，从而获得符合用户需求的造型。

2.1.3 产品概念设计信息可视化

信息可视化的目的是有效地传达信息，通过对海量的复杂信息进行分析，并以直观的视觉手段来表达美学形式和功能需要。准确的可视信息是产品概念设计的基础，而不是为了功能而设计的功能性图表，更不是为了美学形式而设计的炫目的画面。

（1）概念产生。产品概念是从用户的角度对产品进行构思，以满足用户的需求和期望为出发点，将用户信息具体化，以描述产品的性能、功能、造型和优点等，通过发散思维形成很多个概念。

（2）概念选择。在新产品开发的概念设计阶段提出了很多个产品概念，不可能对每个概念都以详细的定性、定量研究方法进行测试，应采取概念筛选测试方法来快速筛选出几个有潜力的产品概念。

① 概念评分。通过对所选取的每个概念方案的设计优点和权重的设置，计算出每一个概念方案的综合得分，对排名靠前的概念方案进行深入设计。同时，其余概念方案的突出优点和缺点可作为设计参考。

② 概念吸引力测试。通过概念评分筛选出概念方案后，采用定性研究来测试这些概念的吸引力，进一步选出其中吸引力较大的概念方案，然后再对它们进行定量的概念吸引力测试，

从而选定最终的方案。定性吸引力测试问卷的主要内容包括对产品的购买兴趣、对产品的总体评价和对产品的喜欢程度等。

有关这方面的设计工具，国内外很多都可以参考和应用。Teamcenter® Visualization Concept 软件是由 Desktop 和 Showroom 模块组成。有了 Concept Desktop 模块，用户可以直接在桌面上利用现有的数据来使数字样机和场景更加逼真，从而生动、实时地传达设计意图。Concept Showroom 模块将其提升到另一层次，支持高级虚拟现实环境，以 1∶1 的比例对产品进行逼真的交互式操作。通过实时互操作“体验”设计，Concept 利用实时的互操作提供了做出有效决策所需的高度真实性，而这是传统的照片渲染效果软件所无法做到的。即使在大型装配上，Concept 也能提供真实的互操作控制，创建一个逼真的数字样机环境。与 Concept Showroom 合并在一起之后，几乎无所不能。有了 Concept Showroom，可以在逼真的虚拟环境中以 1∶1 的比例对虚拟产品进行评审。人们可以走到投影显示仪跟前，切身“感受”一下产品的实际大小。

Concept Showroom 可提供很高的产品真实性，而这恰恰是传统设计评审所缺乏的。通常各类评审小组对 CAD 图形没有多少了解，通过提供逼真的产品评估环境，使得他们能够根据“客户的声音”来衡量真实需求，建立新的评审理念。Concept Showroom 可以说是验证汽车内部以及飞机驾驶舱里手触和视线范围的理想软件。

另外，通过仿真的互操作和全比例的场景，可以在使用昂贵价值的产品之前进行维护人员的培训。消费品设计依靠产品的美学元素来吸引消费者的注意。成功的制造商用 Concept Desktop 来提高整个开发过程的真实性，使得开发团队能够在一个真实的产品环境中做出决策。设计人员可以减少数百个外观原型，节约大量成本，大幅缩短新产品的上市时间。如医疗设备制造商与医生及其他保健专业人士密切合作，开发在要求最严格的条件下使用的产品。屏幕须看得见，人机界面须清楚、直观。Concept 使这成为评审过程的一部分，以便更多的人能够看到并且提供反馈。甚至有些零售公司也用 Concept 来验证其店面显示和商品推销理念。制作一个实体货架需要花较长时间，而如果有了 Concept，则只需要花远少于制作一个实体货架所需时间就能够评估很多种店面布局的概念。

产品的可视化设计还可以和基于模型定义技术(MBD)结合，进而实现高效、标准的产品全生命周期各阶段数据定义及数字化表达与可视化，这也是实现数字孪生体构建的关键技术。

2.2 产品设计质量和验证

2.2.1 产品设计质量控制定义

在介绍设计质量控制的定义前，先介绍几个与设计质量控制有关的概念。设计质量控制的定义如下：设计质量控制是以保证设计的结果符合人类社会的需要为目的，对设计的整个技术运作过程进行分析、处理、判断、决策和修正的管理行为。产品质量的内涵则更广泛，产品质量控制就是采取一定的方法使产品的质量特征在规定的标准范围内，而产品规划过程中的质量控制是指在产品的需求分析以及功能结构设计和工艺设计过程中的质量性能指标的制定、保证和控制。另外，ISO9000 标准对质量控制下了一个很简明的定义：质量管理的一部分，致力于满足质量要求,即质量控制是指为达到质量要求所采取的作业技术和活动。作业技术包括为确保达到质量要求所采取的专业技术和管理技术,是质量控制的主要手段和方法的总称。质量控制应贯彻预防为主的原则,并和检验把关相结合,使每一个质量环节的作业技术和活动都处于有效的受控状态。我国对质量控制的定义为:为保持某一产品、过程或服务质量,满足规定的质量要求所采取的作业技术活动。国际上定义质量控制为满足质量要求所采取的作业技术和活动。

根据上述质量定义,我们不难得到如下结论:设计质量控制应贯穿于设计质量形成的全过程,设计质量控制的对象是产品设计全过程。综合上面的定义,设计质量控制就是致力于满足设计质量要求所进行的控制活动,从明确设计任务开始,到完成图样和技术文件为止的这一设计过程。

根据上述内容,产品设计质量控制的概念可定义为:从产品设计质量需求出发,在调研、规划、实施和检验 4 个阶段所采取的作业技术和活动。

2.2.2 产品设计质量影响因素分析

产品设计质量是在产品设计过程中形成的,产品的质量特征是在设计深化过程中逐渐清晰的,影响产品设计质量的因素散布于产品设计的全过程。随着设计过程的深入,质量特征逐渐细化,并反映到设计方案的每一个细节,最终形成产品设计的整体质量。然而,由于设计过程的多样性和多阶段性,人们对设计过程中质量影响因素的分析角度也有所不同。

Hobka 根据他对设计过程的理解,系统地分析了设计过程中 9 种质量影响因素,即顾客产品需求、产品技术系统的完整描述、设计过程、工程设计师、供设计者使用的工具、设计过程管理、适宜的环境、设计师所采用的步骤与设计技术。

Hobka 的分析比较全面地体现了技术系统、管理系统和环境等因素。根据 Hobka 的分析法,可以从人员、信息、方法、环境等方面对质量影响因素做进一步的分析。

(1) 人员

设计过程的人员包括设计决策者、设计管理者和设计操作者。所有这些人员的文化水平、技术水平、决策能力、管理能力、组织能力、作业能力、控制能力以及职业道德等,都会对设计过程的质量产生直接或间接的影响。对人员的质量控制可以采用以下方法:通过教育、培训使设计操作者掌握并使用先进的设计方法和工具,通过网络平台或直接沟通的方式,为人员及时、准确地传达设计相关信息,调动每个人的积极性、创造性,增强责任感,树立质量观念,培养团队协作精神。

(2) 信息

设计信息是指设计过程中所用到的信息。这些信息涉及顾客对产品的需求信息以及设计过程中产生的各项质量信息,如产品设计技术指标、产品设计质量计划、总体方案设计、产品结构图纸、零部件设计图纸等。如何准确地确定顾客的需求信息,并转化和传递这些信息是产品设计的起点。这一问题可以通过与 CAD、CAM、CAE、PDM 的集成运用来解决。

(3) 方法

方法指设计过程中所用到的设计技术和工具。合适的设计技术和工具的选取对设计质量的形成有着重要影响。当前已涌现出大量的现代设计方法、质量设计技术、设计分析工具和质量保证方法，合理地选取这些技术和工具是设计质量的重要保证。

(4) 环境

环境是指开展设计工作的氛围。适宜的设计环境和氛围有助于设计人员能力的发挥，从而保证设计质量。

2.2.3 产品设计质量控制

设计质量控制将主要依靠人的控制转向依靠相应设计过程的控制来实现，建立设计过程质量控制模式，通过对设计过程的有效控制来保证设计过程的输出结果符合顾客需要、满足市场要求，即通过过程保证结果。

设计质量控制的思路：在明确设计要求并生成设计任务书后，运用质量保证体系的设计与开发要求，以及项目管理手段，把质量保证和控制措施与设计过程有机结合，加强设计过程的质量控制；及时运用各项设计质量技术，对所完成的各阶段产品设计结果进行评审，将矛盾和可能出现的错误消除在设计阶段；对产生的质量问题进行统计分析，实施质量追踪、持续改进，从而减少由于设计质量问题带来的反复修改所造成的人力、物力和时间上的巨大浪费。提高产品质量、缩短开发时间、降低成本，建立一个持续改进的设计质量控制系统，是公司发展和获得长远利益的基础。

为了控制产品质量，使所设计的产品尽可能地满足需求，必须在设计过程中按照一定的方法和程序，最大限度地实现顾客需求和质量特征在各个设计阶段的合理映射和转化。随着设计的深入，质量特征逐渐细化，并反映到设计的每一细节，最终形成产品设计的整体质量。具体体现在：在产品设计调研阶段，确定用户需求，将用户需求转化为产品质量特征；在产品设计规划阶段，明确规划的过程，在设计过程中根据情况变化，随时重新修改或完善产品设计规划；在产品设计实施阶段，根据用户需求确定产品质量功能要素和性能要素，实现功能与性能要求；在产品质量检验阶段，通过理论评价、样机试验、用户使用和专家系统 4 个方面检验产品设计质量。

目前制造企业在产品设计开发中主要存在如下问题：

(1) 不能准确地了解顾客需求。开发一个新产品最重要的前提是了解顾客的需求，对顾客的需求了解得越多、越全面，企业就越能主动地满足顾客对产品功能、性能、可靠性、成本、交货期等多方面的要求。只有全面了解顾客的需求，才能确定新的产品开发任务，即进行完善的产品定义。完善的产品定义是在产品开发中取得竞争优势的源泉。在一般情况下，设计开发人员对产品功能、性能的认识和顾客的认识是不一样的，仅靠设计开发人员的知识，不可能做出完善的产品定义，当然也就设计不出高质量的产品。

(2) 缺乏系统化的设计控制方法和技术。系统化设计把产品设计过程分为 4 个阶段，即调研阶段、规划阶段、实施阶段和检验阶段。这 4 个阶段组成一个互相关联的有机整体。产品设计是一个不断改进、优化的渐进过程。在此过程中，从宏观和微观两方面来控制产品设计，落实到每一阶段，还需要深入分析。

2.3 设计和制造的高效协同

随着产品制造过程越来越复杂，制造过程须进行完善的规划和预见。目前，一般产品的制造过程规划是设计人员和制造人员基于不同的系统独立进行的。设计人员将产品创意提交给制造部门，由他们去思考如何制造。显而易见，这样容易导致产品信息流失，使得制造人员很难看到制造的产品是否符合实际状况，增大了出错的概率。一旦设计发生变更，制造过程很难实现同步更新。

在数字孪生模型中，可以将需要制造的产品、制造的方式、资源以及地点等各个方面进行系统的规划，将各方面关联起来，实现设计人员和制造人员的协同。一旦发生设计变更，可以在数字孪生模型中方便地更新，包括更新面向制造的物料清单、创建新的工序、为工序分配新的操作人员，在此基础上进一步将完成各项任务所需的时间以及所有不同的工序整合在一起，进行分析和规划，直到产生满意的制造过程方案。

2.3.1 设计和制造高效协同的基本内容

一般机械制造加工过程主要涵盖如下四个阶段：结构方案设计阶段、结构详细设计阶段、工程图设计阶段、试制加工阶段。传统的研制过程一般按阶段顺序进行序列化设计研制。制造业务流程中从方案设计、工艺设计到加工制造，一般采用串行工作方式，过程中的信息往往只能单向传递。其弊端是每个环节局限于自身，设计部门只考虑其产品的设计性能，而设计出的产品可能存在可生产性差甚至难以生产的现象。带着问题的设计方案传递到生产制造部门，生产制造部门在生产过程中，往往都是按工作流程将问题层层反馈到设计部门，再由设计部门进行图纸修改，修改后再按原流程逐步进行，这样不仅消耗了大量制造资源，而且延迟了制造时间，浪费了人力和物力；另一方面，制造部门也同样只考虑自身条件局限性，要求降低产品设计技术要求，迫使设计被动更改，更改后再重新按流程进行。诸多因素导致对设计方案反复更改，每次修改后又一次从方案设计、工艺设计到加工制造的串行工作方式进行，产生了设计—制造—加工的大循环，严重地影响了研制周期，且工艺部门不能提前进行工艺准备工作，也是导致进一步延长研制周期、提高研制成本的因素。

协同制造是现代制造的一种崭新的制造模式，它是敏捷制造、协同商务、智能制造、云制造的核心内容。在机械试制加工中，研制过程涉及毛坯设计订货、模具设计、加工工艺、零组件、相关新型结构形式、新工艺、新材料产品等。通过组建协同工作组，利用产品数据管理、科研管理平台等集成统一的信息化手段，使制造部门能够提前参与，共享产品设计阶段的相关信息，提前完成对设计的工艺审查。通过协同使设计的产品具有可制造性、工艺可达性、产品可维护性，避免后期出现不必要的返工，同时可对新型结构形式、新工艺、新材料的利用提前开展研究工作，减少由于制造工艺性问题所造成的设计与制造协调时间，促进新技术、新材料、新工艺应用水平的提高。通过面向工艺的设计、面向生产的设计、面向成本的设计，最终实现产品设计水平和可制造性提升、产品研制周期缩短、质量提高、成本降低的目标。

设计部门根据接收的设计任务和生产策划部门发出的设计制造协同任务，开展设计工作。在协同流程中将在设计与制造协同工作流程中产生的反馈结果纳入设计中，进行设计优化，完成设计方案定型。试制加工部门将接到的设计制造协同任务列入本部门工作计划。依据专业分工、技术团队、任务平衡等完成内部分工，组织专业技术人员，按相关制度要求落实工艺技术研究。在设计阶段进行工艺性审查，以便减少设计错误；在产品设计阶段考虑加工装配和工艺等问题，提高设计的可生产性。在协同过程中，试制加工部门按阶段进行工艺准备，从而缩短研制周期。

加工过程的设计与制造协同业务工作流程一般分为四个阶段，即结构方案设计阶段、结构详细设计阶段、工程图设计阶段、试制加工阶段，其中定义 M0 为初始方案设计阶段、M1 为方案设计阶段、M2 为技术设计阶段、M3 为详细设计阶段，再根据这 4 个阶段不同的要求和特点制定设计和制造协同工作流程。在不同的阶段，原材料供应部门、工艺部门和生产部门通过适时的参与和信息交互达到协同的目的。生产策划部门根据年度计划，确定由制造部门试制加工的项目，同时下达设计制造协同任务给设计部门、试制加工部门。设计部门接收生产策划部门下达的设计任务和设计制造协同任务，开展设计工作。在 M0 设计阶段(初步完成结构设计方案，包含项目总体结构、材料等概貌信息)，向试制加工部门提出协同要求(工艺咨询、方案评审、节点等)；生产部门根据工艺技术难点，按相关要求落实工艺技术研究，并行开展相关工作。在 M1 设计阶段，设计部门完成方案设计，工艺技术人员对相关数据进行确认，按试制加工工作流程进行毛料准备(锻铸件、毛料尺寸等)；设计部门向生产策划部门提出毛料准备任务申请。在 M2 设计阶段，设计部门发起协同要求并将工艺反馈结果纳入设计中。生产部门针对设计协同要求，开展项目相关工作。在 M3 设计阶段，生产部门将前期得到的结果反馈给设计人员并适时对设计进行工艺性审查，设计部门向生产策划部门提出试制加工任务，申请生产图纸(M1 设计)发放；生产策划部门依据设计部门提交的项目试制加工任务申请和生产图(详细设计)向生产部门和原材料供应部门下达正式试制加工任务，最终完成试制产品的生产加工。

机械加工过程的设计与制造协同的另一个重要内容是协同数据管理，按数据产生过程分为四个阶段。第一阶段数据(M0 版本)是结构方案设计图等项目概貌性信息，是设计制造协同的基础性信息；第二阶段数据(M1 版本)是制造单位进行原材料毛料订货及毛坯设计生产的依据性文件；第三阶段数据(M2 版本)是制造单位进行工艺工装设计的依据性文件；第四阶段数据(M3 版本)是制造单位编制工艺规程、安排生产等制造过程使用的依据性文件。各阶段的数据统一采用产品数据管理系统协同管理。第一阶段需发放的数据不需走审签流程；第二阶段需发放的数据为经设计单位、制造单位共同协商确认的数据，应经工艺会签；第三阶段需发放的数据应包括第二阶段确定的数据和第三阶段共同协商确认的数据，该类数据应履行审签手续，以保证相关工艺工作顺利开展；第四阶段需发放的数据应经工艺会签，完整、准确，以保证产品制造和装配需要。

为确保机械加工过程的设计与制造的协同，需要建立和运用协同工作平台，按照上述试制加工过程的设计与制造协同业务流程，通过多个项目的运行，使制造部门提前参与，共享毛坯设计、模具设计、加工工艺、零组件以及新型结构形式、新工艺、新材料等产品设计阶段的相关信息，提前进行工艺研究，完成对设计的工艺审查，完成设计过程的并行，及时发现设计缺陷，提高产品的可制造性、工艺可达性、产品可维护性，避免后期出现不必要的返工。同时并行准备工艺、工装和材料，精简设计过程，使制造系统与产品开发设计不构成大的循环，从而缩短开发周期，提高产品质量。整个协同过程成功实现了对工作过程的监控和管理，流程优化，设计、生产的柔性提高，完成快速响应，真正实现协同。

综上所述，机械制造过程具有系统规模庞大、系统任务复杂、研制周期长等特点，设计与制造协同将随着机械制造工业的发展，逐渐成为主要工作模式和控制方法。机械加工过程的设计与制造协同的高效协作工作模式也将日渐趋于成熟，成为制造行业不断提升创新力和核心竞争力的重要途径。而数字孪生模型和数字孪生体的智能制造，将为设计和制造的协同提供更加完善的技术和手段。

2.3.2　基于 MBD 的设计和制造的高效协同

MBD(Model Based Definition)技术是以三维数字化模型为核心的设计制造信息统一模式，它将三维设计信息、三维制造信息和产品管理形成统一模式，进而建立产品的设计与制造协同关联平台。MBD 也是数字孪生模型的重要基础。

设计与制造协同关联平台是基于 3D MBD PPR(产品工艺资源)统一数据模型而建立的。在关联平台中，以产品型号 MBD 模型为单一数据源，建立实时的 3D PPR 动态数字样机，将设计数据、工艺数据、工装数据及检验数据进行基于模型的关联，并且将 MBD 唯一数据源从产品设计开始贯穿于设计、制造、服务的全过程，真正做到基于产品单一数据源的产品全生命周期管理。MBD 技术能更好地表达设计思想，以 MBD 技术为基础建立的设计制造关联协同环境，能有效地解决全三维设计数据管理、设计各专业并行、设计与制造并行协同、技术状态管理等问题，实现了各职能专业人员在同一个未完成的产品模型上协同工作，使工艺、工装和产品设计同时开展产品设计、制造工艺、装配、工装和使用维护等工作，打破了设计制造的壁垒，从而在产品设计阶段提前发现和解决问题，提高了产品的可制造性、可装配性和可维护性，提高了制造产品的质量，缩短了制造产品的研制和生产周期。基于 MBD 的设计制造协同流程如图 2.3 所示。

设计与设计协同	设计与制造协同	制造与制造协同	
产品设计 MBD模型	工艺设计 MBD工艺模型	制造 MBD制造模型	装配 MBD装配模型
零件设计 强度设计 结构设计	工艺性评价　工艺规划 工艺设计　工装设计 制造工艺仿真	NC编程　几何仿真 物理仿真　后置处理 NC程序发布	装配规划 装配工艺设计 装配过程仿真

图 2.3　基于 MBD 的设计制造协同流程

目前我国制造企业的产品研制中，已经开始不同程度地应用了 MBD 技术，但还有待于进一步提高应用的深度和广度，克服目前存在的工作内容定义不清晰、关联度弱、对“并行”理解错误等问题。主要应该解决的问题包括：一是在传统的制造企业中，由于长期以来存在着设计单位和制造单位分离的局面，导致了产品、工艺、工装、生产和检验等方面不能有效协同和融合。MBD 中同时包含了设计、工艺、制造、检验等数据，模糊了传统的设计单位和制造单位之间的分工界限，这就要求必须树立“大设计”的概念。“大设计”包含的内容不仅是产品设计，同时还包含工艺设计、工装设计等概念。二是数据更新非常频繁，目前基于 MBD 的协同关联设计的优势没有从设计端延伸到工艺/工装设计领域。今后可以通过 MBD 技术、设计制造协同技术以及关联(大)设计技术的应用,探讨解决现有飞机研制中以及传统机械制造过程中暴露的设计与制造分离的问题,力图在数字化设计制造的基础上,实现设计与制造的协同与关联。

协同的过程中实现两个目标:一是实现所谓DFM,即面向制造的设计,减少因制造技术等原因带来的设计更改,提高设计的可制造性。二是实现工艺、工装设计与产品设计的协同与关联。随着产品设计成熟度的成长,工艺设计和工装设计也在成长,产品设计完成的同时,工艺设计和工装设计基本完成,工装制造和零件生产的准备也基本完成。

基于MBD的设计制造协同关联应用于机械制造中,可在统一的3D PPR关联数据模型的支撑下,定义和关联基于3D数模的设计构型(As-design)和制造构型(As-Plan,As-Built),形成制造产品的单一数据源,设计、工艺和工装能在一致的集成的数字化平台中并行和协同,保证设计构型和制造构型的同步和一致。从3D PPR关联模型中输出一致的设计构型和制造构型数据集,最终达到缩短研制周期,提高研制质量的目标。基于模型的3D工艺设计直接基于3D产品工程模型,定义、管理和验证从部装到总装完整的装配工艺流程,建立和管理装配单元,可视化地验证3D产品设计的可装配性,优化模块定义。在装配工艺流程关联环境和约束下验证和优化工装设计,提供稳健的机制协调、管理和控制设计与制造之间的更改流程。

基于3D模型设计制造关联平台的集成框架包含基于3D模型的设计制造协同关联平台、制造厂的PDM/ERP系统、分厂或车间的PDM/ERP系统和制造厂数字化装配生产线4大部分。MBD数据流在设计单位PDM系统和制造单位PDM系统中进行传输,制造单位PDM系统与上游设计单位定期进行产品数据同步,保证制造单位及时获得最新的产品设计数据;与下游三维工艺系统紧密集成,实时开展产品工艺设计、三维装配工艺仿真验证等;同时,在制造单位PDM系统平台上,开展基于MBD的工装关联设计,开展与产品MBD模型关联的工艺派生模型设计。制造厂基于3D模型的设计制造协同关联平台保证产品设计、工艺设计、工装设计在集成一致的平台中开展工作。产品设计员利用3D设计平台工具进行设计构型的全三维数字化定义,形成3D产品模型;工艺员根据3D产品模型在3D制造平台中开展3D工艺设计、装配流程定义等;工装设计员开展3D工装全三维数字化定义。

基于模型的产品、工艺、工装协同关联设计PPR数据模型允许在PPR对象之间定义大量的关联。这些关联包含产品和产品的关联、工艺与工艺的关联、资源与资源的关联,以及产品、工艺、资源之间的关联。这些关联关系定义了产品的工艺构型,以及何时制造、在哪里制造、用什么制造等问题。并行的3D研制方式要定义和管理任何两个零件之间的几何特征之间的关联,几何特征与工艺、检验、资源的关联。PPR数据模型以3D特征的方式捕捉设计和制造意图。特征不仅包含物理(几何)特征,也包含功能特征。例如,定义在特征中的智能信息可以代表几何特征,增加相关的描述属性和控制公式。另外,包括的智能信息也可能是刀具路径、关键尺寸约束和刀具选择规则等。PPR数据模型背后的逻辑非常简单——每个零件与至少一个制造流程和一个资源关联。因此,PPR对象之间的关系在任何时候都能获取,这些关系在数据库中被清晰地定义和管理,工程人员能够直接看到一类对象的更改对另一类对象的影响。

产品设计模型描述产品组成以及产品与工艺、产品与工装之间的关系等内容,如产品包括结构件(梁、框、肋、桁条)、系统件(管路、电缆)等。全3D数字化定义方法要求将装配连接的技术要求(配合要求、表面粗糙度以及紧固件等)表达在ERM零件里。产品通过层次、替换、装配、引用等关系进行产品之间的关联。层次关系表示零部件的组成结构,可以通过部件对象的属性或关系对象来建立关联。

产品工艺关联的主要目的是确保所有的工程设计能够在制造工艺里进行消耗或分配。PFPP (Process First Processes Product)关联用于定义执行一份装配时所需要安装的零组件，会触发系统建立 MBOM(制造物理清单)并输出给制造业务系统。PPP(Process Processes Product)关联用于引用已经分配到某个工序的零件，表明为了完成装配需要的其他指令。PRP (Process Removed Product)关联用于定义一个零件需要从制造产品临时或永久地被拆卸下来。产品工艺和工装间基于 PPR 关联，使基于知识的工程、关联设计和面向生命周期的产品建模都在一个统一 3D 研制环境里。层次化的带构型的 3D PPR 数据模型中包含 3D 产品数据、EBOM、装配单元/MBOM、工艺路线、工装需求、3D 工装模型和装配指令等。3D PPR 数据模型为产品研制提供了一个完整、实时、面向生命周期的框架模型，保证了设计制造之间数据的一致性和可追溯性。

产品、工艺、工装设计主要的业务模式如下：

(1) 产品设计与工艺/工装设计的协同

设计数据模型达到一定成熟度后，开始进行工艺设计、工装设计，通过 PMD 同步机制，将产品设计模型从设计单位 PMD 协同环境中同步到制造单位 PMD 协同环境中，工艺员和工装设计员应用各自的工具软件进行工艺规划、工艺设计、工装设计和相关验证工作。

(2) 工装部门内部的协同设计

在制造厂的 PMD 协同环境的支持下，工装设计员应用飞机设计数据模型或工艺数据模型开展工装设计工作，包括生成工装骨架模型、进行工装详细设计等。当产品设计数据发生变化时，工装设计数据可以实现更新，保证产品设计与工装设计的关联和协同。

(3) 基于成熟度的设计、工艺、工装协同机制

采用成熟度的机制，来制定与设计、工艺、工装相关的协同业务和工作内容。基于成熟度的协同工作可参考如下场景：产品设计到某一成熟度时，开始进行工装设计；基于设计数据模型或工艺数据模型，进行工装的详细设计；上游数据发生变化时，下游模型可以进行更新。

如上所述，基于 MBD 的设计和制造的高效协同可进一步拓展到网络化协同设计与制造，其内容涉及制造企业从产品设计、制造、供销、服务、管理等各个环节的改造调整，以现代信息处理技术、网络技术以及自动控制技术和设备，对制造企业进行全方位、多角度、高效和安全的改造，同时由系统集成而产生的新的先进制造技术又促进制造技术本身的发展。网络化协同设计与制造可以实现制造的敏捷、优质、高效、低耗、清洁，是现代制造业的一项前沿技术。该技术与数字孪生技术结合将使制造领域发生一次深刻的革命。

2.3.3 基于 CoE 的组织协同

要实现智能化的设计与制造协同，首先必须实现协同研制过程的组织集成。通过革新协同组织模式实现多学科协同优化设计、设计/制造协同、制造/制造协同和基于项目管理的综合管控协同。

CoE(Center of Excellence)指的是一种正式指定或公众认可的在某一学科领域具有知识和经验的实体或能力中心。GE 公司按发动机部件划分成立了叶片 CoE、结构 CoE、旋转零件 CoE 和燃烧室制造 CoE 等。Rolls-Royce 公司设立了宽弦风扇叶片 CoE、宇航材料 CoE、计算流体力学 CoE 以及环境评估 CoE 等。空中客车公司根据“Power8”重组计划，于 2007 年建立

了4个跨国CoE,即机身与客舱CoE、机翼与吊架CoE、后机身与尾翼CoE以及飞机结构CoE。这些中心不仅从事核心技术的研发,而且往往与生产CoE是一个实体,通常有各自的责任和决策链,统一负责该部件领域的产品开发和生产工作,在这种组织形式下,研发、生产完全一体化。

我国航空发动机行业从顶层平台到部件设计制造,结合航空发动机研制进行了基于CoE模式的组织集成。技术体系架构以CoE管理体制为依托,形成一个平台,若干单元体CoE应用系统、总装试车基地、若干数据中心通过集成实现与集团的有机集成。通过项目牵引、总体设计推动、总装拉动模式实现数字化协同研发。研究院承担总体设计,部件的方案设计、技术设计,试车试验等。部件的详细设计与关键零部件制造单元融合形成设计、制造、装配、试验一体化集成的单元体CoE,通过供应链管理系统,形成贯通零部件制造单元—单元体CoE—总装试车基地供应链集成体系。

协同研发平台具备分布式数字产品定义功能,在整个产品生命周期(总体方案设计、总体技术设计、总体详细设计、工艺设计、工装设计、数控编程等)中能够有效组织所产生的各种产品定义数据(包括全部3D、2D图样数据,相应的技术文件和BOM数据),并能够进行产品数据共享、转换、管理和控制,支持基于产品生命周期的成熟度驱动的MBD模型技术应用。

在协同工作平台环境中,处于异地的总体设计人员与CoE设计、工艺和制造人员可以利用协同研发平台中的协同社区,在有效的访问权限控制下共享基于MBD模型的单一数据源,实现对各种异构产品数据的可视化协作。

协同研发平台提供研究院与各单元体CoE、关键零件制造单元、总装试车基地之间跨地域、跨企业异地流程管理能力,可以让处于异地、使用异构平台的用户在一个流程中执行,实现技术状态管理。同时提供相应的应用系统集成接口,中间件实现异构应用系统的信息集成、过程集成和业务集成,确保研究院与各单元体CoE、关键零件制造单元、总装试车基地的业务整合。

2.3.4 工业大数据驱动下的过程协同

随着物联网技术的发展,在发动机协同研制过程中,设计、制造、装配、试验、生产和运维都会产生大量的数据,包括设计过程数据、制造工艺数据、制造工况数据、设备机群数据、流程质量数据、装配过程数据、试车数据、物流数据、生产过程数据和运行维护数据,这些数据通过传感器形成的物联网进行汇聚、感知,在特定的语义场景下进行挖掘、监控和决策。这种协同已经超越了单纯的设计制造协同,是工业大数据驱动的人、物、系统的过程协同。协同设计制造过程是一种包含多学科领域设计制造活动的复杂过程,会产生知识数据和智力数据。知识数据是指可以数据化或信息化的有序、系统的资源,知识资源是智力资源的基础,也是其衍生的资源,包括经验总结、历史数据和设计规范标准等。智力数据是参与协同设计制造的人员所具有的知识。这些数据必须通过集成、共享、封装来支持协同设计制造,通过云计算技术进行存储从而形成集中资源和分散管理的协同资源管理模式。真正实现可预测自适应的智能协同制造需要向组成系统的若干要素提供智能化的交互手段和智能化的交互界面形成人机一体化和物物一体化接口,通过接口实现多传感器下的异构信息融合,从而实现状态感知,在此基础上提供智能化的软件和分析服务对各种活动数据进行统计分析、特征提取、关联挖掘、模式识别和进化学习。这种认知和预测分布于加工过程、设备健康状态、生产计划乃至整个生产系统状态的实时分析和自主决策中，进而实现整个复杂产品制造系统的可预测和可修复，最终降低成本、提高运营效率和产品质量，这就是工业大数据的精髓所在。

基于数字孪生的工业大数据分析，简单来说，是把物理实体中的业务问题抽象成问题的图谱，抽象成一个可求解的问题。这样的问题体系形成后，通过数字孪生体内的智能融合体系对问题进行求解。工业数字孪生体与大数据分析的研究侧重于四个方面——装备、制造、试验、施工。

针对数字孪生制造，装配生产线可分为如下几个步骤：

第一步，建立制造装备生产线的虚拟仿真模型，模拟生产线的生产能力、生产节拍、生产瓶颈、设备利用率、物流优化等，指导生产线的设计、建立和初步运行，获取生产线运行数据并进行实时监测和可视化管控。

第二步，发现制造装配过程中出现的质量问题，反向追溯质量问题的来源，建立质量问题分析模型。

最后，把分析模型部署到不同计算集群上，构建面向不同类型的应用，提升应用效果，提高产品合格率。

目前，工业互联网平台的发展依然面临诸多挑战，工业大数据分析能力不足，特别是缺乏高水平的数据模型，以及工业机理模型等等。因此，工业大数据分析建模技术和方法等方面还需要积极创新，以加速工业大数据的发展，真正实现工业大数据驱动下的设计与制造过程协同。

2.3.5　基于 CPS 的协同优化

信息物理融合系统（Cybe Physical Systems，CPS）定义为集成了计算、通信和存储能力，并对物理世界的实体进行可靠、安全、高效和实时的监测和（或）控制的系统。通过 CPS，能够计算资源间的紧密集成与深度协作。CPS 是制造企业从数字化迈向智能化的必由之路。

通过 CPS 能够构建由智能设备、智能物流和智能生产设施组成的智能生产系统。在这个智能生产系统中，所有的网络节点、计算、通信模块和人都被视为系统中的组成要素，通过信息物理融合及人机交互技术，建立集多源异构信息分布式感知、无线射频识别与传输、直接标刻识别技术、实时数据处理等于一体的制造过程主动感知物理信息融合系统，实现制造系统的物联感知、控制与仿真优化。

基于信息物理融合的制造系统通过有线或无线方式实现系统内制造单元的互联互通，形成实时分布式的制造系统网络，将具有环境感知能力的各种类型终端、移动通信、信息获取、智能软件与人机交互等技术进行深度集成，建立充满计算和通信能力的、人机和谐的制造环境。其信息采集和处理的对象不仅包括制造过程中的工艺参数、设备状态、业务流程等结构化数据，同时还将与声、像、图、文等多媒体信息处理实现高度的集成与融合，实现物理制造空间与信息空间在多维度感知信息上的无缝对接，从而更加高效地指导现实世界的生产制造过程，实现产品流程、工艺流程、制造过程信息流的集成。

信息物理融合系统可以分为感控层、通信层、决策层 3 个层次。

感控层即可感控的物理层，由若干个感控节点组成，一方面，负责感知受关注的物理设备/设施的某些物理属性，例如定位夹具的位姿、工件的尺寸、受力、变形、温度等状态参数，或者发生的某一特定事件，例如加工过程中需要更换刀具；另一方面，根据接收到的监测命令或控制指令执行相应的操作,例如启动某一加工任务或开始测量某一物理属性,采集到的原始信息数据经融合后传输至决策层。

通信层即网络计算层,包括根据实际需要建立的各种网络,例如有线宽带、Wi-Fi、ZigBee、3G/4G 等,若干个通信基站和网络节点,以及分布式存在的相关数据库、知识库服务器和信息处理服务器,负责多传感器数据的融合处理和网络存储,以及相关数据的网络传输和交换。

决策层由终端用户直接与系统打交道,包括仿真控制中心与决策控制单元 2 大功能模块。仿真控制中心在虚拟制造环境的支持下建立各制造元素的几何实体模型、集成信息模型和感控行为模型,基于完整的数字化仿真模型和物理属性的理论数据来实现制造元素之间的感控操作过程仿真,生成初始的控制方案,进而通过利用物理感知得到的实际数据来验证和完善数字化仿真模型。通过这种离线与在线仿真相结合的方式得到的控制方案,是经过仿真实验验证的可行方案。

基于 CPS 的协同优化,主要体现在信息的集成与信息的交互两方面。CPS 使设计和制造信息能够及时交互与共享,从而更有效地实现设计与制造的协同。

2.4 设计与制造的准确执行

产品设计阶段的数字孪生体,是一种作为物理产品在虚拟空间中的超写实动态模型。为了实现产品数字孪生体,首先要有一种自然(便于理解)、准确、高效,且能够支持产品设计、工艺设计、加工、装配、使用和维修等产品全生命周期各个阶段的数据定义和传递的数字化表达方法。近年来兴起的 MBD 技术是解决这一难题的有效途径,因此成为实现产品数字孪生体的重要手段之一。MBD 是指将产品的所有相关设计定义、工艺描述、属性和管理等信息都附在产品三维模型中的数字化定义方法。MBD 技术使得产品的定义数据能够驱动整个制造过程下游的各个环节,充分体现了产品的并行协同设计理念和单一数据源思想,这正是数字孪生体的本质之一。产品定义模型主要包括两类数据:

① 几何信息,即产品的设计模型;

② 非几何信息,存放于规范树中,与三维设计软件配套的 PDM 软件一起负责存储和管理该数据。

在实现基于三维模型的产品定义后,需要基于该模型进行工艺设计、工装设计、生产制造,甚至产品功能测试与验证过程的仿真和优化。为了确保仿真及优化结果的准确性,至少需要保证以下三点:

① 产品虚拟模型的高精确度/超写实性。产品的建模不仅需要关注几何特征信息(形状、尺寸和公差),还需要关注产品的物理特性(如应力分析模型、动力学模型、热力学模型,以及材料的刚度、塑性、柔性、弹性、疲劳强度等)。通过使用人工智能、机器学习等方法,基于同类产品组的历史数据实现对现有模型的不断优化,使得产品虚拟模型更接近于现实世界物理产品的功能和特性。

② 仿真的准确性和实时性。可以采用先进的仿真平台和仿真软件,例如仿真商业软件 ANSYS 和 ABAQUS 等。

③ 轻量化模型。模型轻量化技术是实现数字孪生体的关键技术之一。首先,模型轻量化技术大大降低了模型的存储大小,使得产品工艺设计和仿真所需要的几何信息、特征信息和属

性信息可以直接从三维模型中提取，而不需要附带其他不必要的冗余信息。其次，模型轻量化技术使得产品可视化仿真、复杂系统仿真、生产线仿真以及基于实时数据的产品仿真成为可能。最后，轻量化的模型减少了系统之间的信息传输时间和成本，促进了价值链端到端的集成、供应链上下游企业间的信息共享、业务流程集成以及产品协同设计与开发。

2.4.1 设计与制造系统的桥梁

如果制造系统中的所有流程都准确无误，生产便可以顺利开展，但万一生产进展不顺利，由于整个过程非常复杂，很难找出问题所在。最简单的方法是在生产系统中尝试用一种全新的生产策略，但是面对众多不同的材料和设备，清楚地知道哪些选择将带来最佳效果又是一个难题。

针对这种情况，可以在数字孪生模型中对不同的生产策略进行模拟仿真和评价。调整策略后，再模拟整个生产系统的绩效，进一步优化，实现所有资源利用率的最大化，确保所有工序上的所有人都尽其所能，实现盈利能力的最大化。

为了实现卓越的制造，必须清楚了解市场规划以及执行情况。企业通常难以确保规划和执行都准确无误，并满足所有设计需求，这是因为如何在规划与执行之间实现关联，如何将生产环节收集到的有效信息反馈到产品设计环节，是一个很大的挑战。

20 世纪 60 年代以后，以 MRPⅠ(Material Requirement Planning，物料需求计划)、MRPⅡ(Manufacturing Resource Planning，制造资源计划)为代表的各类信息管理系统相继在企业投入应用，之后又发展出 ERP(Enterprise Resource Planning，企业资源计划)。这些信息化工具将企业作为一个统一的研究对象，从计划的角度对各种生产资料进行调配，使得各种资源处于最优配比，从而为企业带来最大效益。随着时代的发展和业务模式的改进，使用 MRP/ERP 管理系统的企业又遇到了一些新的问题：首先基于 MRPⅠ/MRPⅡ系统制订的生产计划需要对各种资源进行考量，这其中既包括企业计划层的资源情况，也包括生产执行过程中的统计信息。然而由于 MRPⅡ与生产执行层面信息脱节，无法准确获取这些数据。其次基于 MRPⅡ系统制订的生产计划由于没有综合考虑各方面的因素，会发生生产计划与实际需求相脱节的情况，因而在计划下达到车间之后，经常需要根据外部因素的变化进行人工调整。除此之外，基于商业模式的 MRPⅡ难以维护制造执行层面所涉及的众多参数，也无法对这些信息做到即用即取。基于这些原因，作为沟通企业计划层与车间执行层纽带和桥梁的制造执行系统 MES 应运而生。

美国先进制造研究机构 AMR(Advanced Manufacturing Research)1990 年首次提出 MES 这一概念，将 MES 描述为连接计划和控制层的中间区域。1992 年由处于 MES 开发和应用前沿的公司组成的商业协会——MESA(Manufacturing Execution System Association，MESA)在美国成立。这是 MES 发展过程中里程碑式的事件，标志着 MES 从简单的应用实践迈向理论研究的高度，此后 MES 成为企业信息系统研究领域的新热点。

MES 为操作人员、管理人员提供计划的执行、跟踪以及所有资源(人、设备、物料、客户需求等方面)的实时状态信息。MES 提供从设计到订单下达到完成产品的生产活动优化所需的信息，运用准确的数据，指导、启动、响应并记录车间生产活动，对生产条件的变化做出迅速的响应，减少非增值活动，提高效率，使产品设计和制造之间的信息得以交互和沟通。

2.4.2 设计和制造执行系统的发展

设计和制造执行系统的发展，将随着数字孪生技术的应用而变得深入。从 MES 研究开发与应用的角度来看，它大致可以分为三类：专用 MES(point MES)、集成 MES(integrated MES)和可集成 MES(integratable MES)。大多数专用 MES 案例存在于早期的解决方案之中，用于解决特定企业、特定环境下的特定问题，应用范围较小，同时在设计上没有进行业务规划，不利于系统整合和后期扩展。集成 MES 是基于专用 MES，通过对特定行业的业务模式进行梳理的基础之上发展而来，规划了系统与上下游系统之间的数据接口，具有一定的通用性和可移植性，但是依然具有明显的行业特征，无法做到大规模推广。基于上述问题，国外某科研单位提出可集成 MES 的概念，借助软件开发中的消息传递机制和组件技术，试图为 MES 提供统一数据的标准，实现 MES 业务模块化和可配置性，以提高不同厂商之间系统的融合能力。目前只停留在探讨阶段，进展不大。

我国对 MES 的研究起步相对较晚，目前主要停留在 MES 的概念、体系以及有关单一技术方面的探索。部分科研院所在国家 863 项目的资助下对制造执行系统的应用实施方面进行了一些研究工作。近年以来随着工业 4.0 概念的提出，制造企业对于智能制造、柔性制造的刚性需求也促使越来越多的公司参与到 MES 的设计研发之中，MES 的应用开发已呈燎原之势。

随着中国制造 2025 规划的出台，如何将信息技术应用到企业生产，助力我国制造业升级成为时下热门话题，但是我们也应该看到，由于不同行业和企业之间的制造流程千差万别，信息化基础参差不齐，同时不同企业之间管理模式和关注点也各不相同。将 MES 成功地应用于我国的制造企业，实现中国制造业超车，还有很长一段路要走，但 MES 的推广和应用已经为我国很多企业所急需。

MES 的发展必将成为数字孪生制造不可或缺的一部分，只有将数字孪生的理念植入产品制造全生命周期，MES 才会体现出如下优势：

(1) 制造物联性

在量大面广的离散制造工厂，大多传统技术仅实现了对异构制造资源的单台离线管理；而利用传感网络、无线射频识别等物联技术可对制造多源信息及其制造过程进行智能感知、采集和预处理，以支持异构制造资源的虚拟描述与封装，进而实现虚拟制造资源间的物联及制造资源在云制造服务平台上的集成管控和分散服务。

(2) 信息开放性

可突破传统对生产制造信息的闭塞保护，将制造企业内部制造资源信息、机床装备运行状态、当前负荷状态、能耗监测信息、生产任务信息、进度信息、质量信息、物流信息和订单相关信息等共享于云制造公共服务平台，以便云用户实时了解该企业的生产情况，提供优质透明、可视化的制造服务。

(3) 服务多元性

结合现代服务理念，对制造企业生产过程进行服务化管理，可将制造企业闲置制造资源接入云制造服务平台，并提供机床装备进行网络化协同加工、生产运行状态远程实时监控、生产过程质量实时分析预警等生产过程云服务，支持企业从单纯的产品制造向多元的服务制造方向发展。

(4) 知识聚集性

在支持制造企业制造资源服务化，为需求企业提供相关云服务的同时，能积累来自网络的各类制造知识与经验，包括生产工艺知识、产品质量优化方案、机床装备维修经验等。

基于数字孪生的体系架构，主要由基础支撑层、物理资源层、资源感知层、虚拟化层、服务组件层、服务模型层、业务流程层和用户层等构成。其中基础支撑层和用户层分别提供网络运行支撑环境和用户交互接口，是通用的系统层次结构。

物理资源层由制造企业生产过程中的各类制造资源组成，包括机床装备、工模量具等制造硬资源，车间管理系统、仓储管理系统等制造软资源，制造工艺知识、数控程序代码、零部件标准库等制造能力资源。

资源感知层通过各类传感器、智能终端、软件集成接口和文件传输接口实现对制造硬资源、软资源及能力资源的信息感知、采集和预处理等。

虚拟化层根据资源感知层采集的资源信息，利用该层的虚拟化工具(虚拟描述工具、虚拟镜像工具、虚拟部署工具等)对各类制造资源进行标准化信息建模和管理，并形成相应的虚拟资源池。

服务组件层对生产制造过程中的原子业务进行定义和服务化封装，以实现虚拟资源与相应服务的映射。

服务模型层支持原子服务和复合服务的构建，实现对企业车间生产制造过程中的制造服务及与云制造服务平台对接的生产过程云服务。

业务流程层在服务模型层的支撑下，根据用户实际的生产过程云服务需求，编排和管理相应的业务流程，支持车间生产过程云服务的优化运行。

借助CPS模式将传统的制造设备升级成具有感知、决策和执行能力的智能制造资源，实现制造资源的主动感知和自主交互，可以在没有外部介入的条件下通过制造资源间的协作来完成生产制造任务，提高生产效率，促使制造系统从设计到制造都向着智能化、透明化、协同化的分布式方向发展，不仅提高了各制造单元的智能化程度、系统的可重组性和可扩展性，同时使系统能够适应变化的外界环境，提高生产过程柔性、动态适应性和鲁棒性。

3 数字化制造过程验证

3.1 制造过程虚实融合

在制造过程中，可以建立产品制造的各种数字孪生体，而制造数字孪生体的演化和完善是通过与产品实体制造过程不断交互开展的。这样不断交互的过程中，制造过程实现虚实融合，从而得到不断进化和验证。在产品制造阶段，现实世界中的制造设备不断传输被测数据（如测试数据、进度数据、物流数据等）。对虚拟世界中的数字孪生体（即虚拟产品）进行实时显示，从而实现对被测生产数据的监控、基于产品模型的生产过程监测和监控（包括设计值与加工测量值的比较、实际材料特性与设计材料特性的比较、计划完成过程与实际加工完成过程的比较等）。此外，根据加工过程的实测数据，通过对物流和进度的智能预测和分析，可以实现对质量、制造资源和生产进度的预测和分析。同时，智能决策模块根据预测和分析的结果制定相应的解决方案并反馈给物理世界，从而实现物理产品的动态控制和优化，并不断实现对制造过程和制造产品的完美验证，从而达到虚实融合和虚拟控制的目的。

3.1.1 基于数字孪生的虚实融合装配生产线

在现实的物理世界中，实现复杂和动态实体空间中多源异构数据的实时准确采集、有效的信息提取和可靠传输是实现数字孪生的前提条件。近年来，物联网、传感网、工业互联网、语义分析和识别技术的快速发展为虚拟世界的数字孪生体的建设提供了一套可行的解决方案。此外，人工智能、机器学习、数据挖掘、高性能计算等技术的快速发展也提供了重要的技术支持。下面以制造产品装配过程为例，建立面向制造过程的数字孪生模型驱动的复杂产品智能装配生产线。

如图 3.1 所示，鉴于装配生产线是实现产品装配的载体，该架构同时考虑了工艺过程由虚拟信息装配工艺过程向虚实结合的装配工艺过程转变，模型数据由理论设计模型数据向实际测量模型数据转变，要素形式由单一工艺要素向多维度工艺要素转变，装配过程由以数字化指导物理装配过程向物理虚拟装配过程共同进化转变。

该框架主要包括三个部分：

一是基于零件测量尺寸的产品模型重构方法，主要以产品模型重构的方法为基础，在产品数字孪生模型的帮助下，进行装配过程的设计和过程仿真优化。

二是在对孪生数据融合的装配精度分析和可装配性预测的基础上，主要研究装配过程中物理、虚拟数据的融合方法，建立装配零件的可装配性分析和精度预测方法，实现装配技术的动态调整和实时优化。

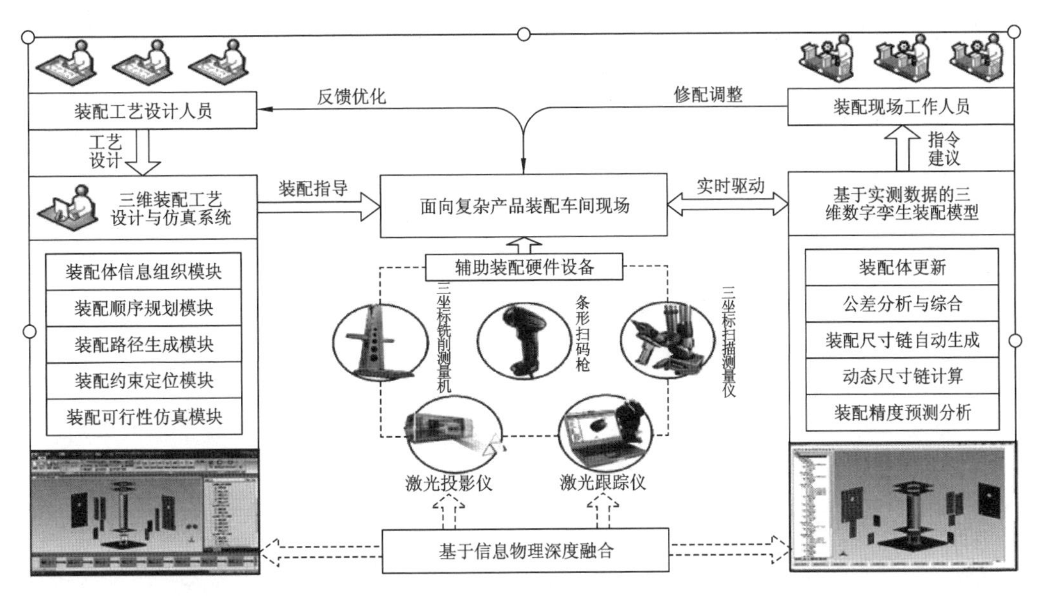

图 3.1 面向制造过程的数字孪生模型驱动的复杂产品智能装配生产线

三是研究了虚拟装配过程与真实装配过程的深度集成和工艺智能的应用，研究装配现场对象与装配模型之间的关联机制，深入集成装配工艺流程、制造执行系统和装配现场实际装配信息，完成装配工艺信息的智能推送。

这三个部分最终实现的功能包括：

(1) 实时采集产品在装配过程中产生的动态数据。动态数据可分为生产人员数据、仪器设备数据、工装工具数据、生产物流数据、生产进度数据、生产质量数据、实做工时数据、逆向问题数据八大类。针对制造资源[生产人员、仪器设备、工装工具、物料、自动导引小车(Automatic Guided Vehicle，AGV)、托盘]，结合产品生产现场的特点与需求，利用条码、无线射频识别(Radio Frequency Identification，RFID)、传感器等物联网技术进行制造资源信息标识，对制造过程感知的信息采集点进行设计，在生产车间构建一个制造物联网络，实现对制造资源的实时感知。将生产人员数据、仪器数据、模具数据、生产物流数据等生产资源相关数据归类为实时感知数据，将生产进度数据、实际工时数据、生产质量数据和逆向问题数据归类为过程数据。实时感知数据的采集将促进过程数据的生成。此外，针对大量的多源异构生产数据，在预先定义的制造信息处理和提取规则的基础上，定义了多源制造信息之间的关系，并对数据进行了识别和清理。最后，对数据进行标准化封装，形成统一的数据服务。

(2) 虚拟空间中数字孪生体的演化，通过统一的数据服务驱动装配生产线的三维虚拟模型和产品的三维模型，实现产品数字孪生体和装配线数字孪生实例的生成和连续更新，并将虚拟空间的数字孪生和产品数字孪生实例与真实空间和实体产品的装配线相关联。彼此通过一个统一的数据库来实现数据交互。

(3) 在数字孪生体状态监测和过程的优化反馈控制基础上，通过对装配线历史数据的挖掘、产品历史数据的挖掘和装配工艺评价技术的研究，实现产品生产过程、装配生产线和装配工作位置的实时监测、校正和优化。通过实时数据和设计数据，实现产品工艺状态和质量特性的比较、实时监测、质量预测分析、预警、生产动态优化等。从而实现产品生产过程的闭环反馈控制和虚拟与真实的双向连接。具体功能包括产品质量实时监控、产品质量分析、验证与优化、生产线实时监控、制造资源实时监控、生产调度优化、物料优化配送等。

3.1.2 基于数字孪生的虚拟样机

虚拟样机是在数字世界中建立的。该数字模型能够反映物理原型的真实性，通过多个领域的综合仿真和设备的性能衰减仿真，可以在物理样机制造前对设备的性能进行测试和评价，改进设计缺陷，缩短设计改进周期。基于数字孪生的虚拟样机以设备的机械系统、电气系统和液压系统的全面、真实的描述能力为基础，具有对物理设备全生命周期的映射能力和性能验证，为设备的设计、仿真和预测维护提供强有力的分析和决策支持。

为实现以上功能，需遵循以下原则：

① 综合原则。综合原则是在数字孪生虚拟样机的基础上，具备对物理实体的全面、综合的描述能力，是车间装备的机械、电、液压、气压等各单元的多领域联合建模适用的一种原则。

② 真实性原则。基于数字孪生虚拟样机和物理实体虚拟现实共生的真实性原则考虑各种线性和非线性、时变和非时变特性，真正实现物理实体的映射。

③ 动态更新原则。基于数字孪生的虚拟样机需要实现物理实体整个生命周期的映射，始终具有动态更新和验证物理实体各阶段的能力。

基于以上三个原则，可对基于数字孪生的虚拟样机进行设计。基于数字孪生的虚拟样机设计见图 3.2。

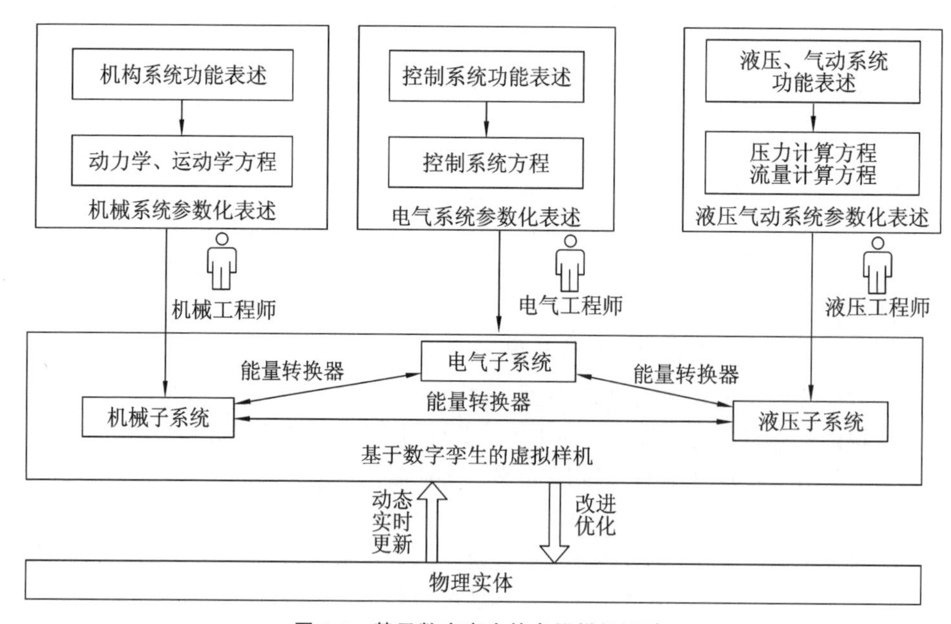

图 3.2 基于数字孪生的虚拟样机设计

基于数字孪生的虚拟样机具有以下优势：

① 面向对象的设计和模块间的交互机制提高了机械、电气、液压等领域复杂耦合仿真和性能分析的解耦能力和验证能力；

② 先进的虚实共生理念提升了其对物理实体的表述真实度；

③ 数字孪生对物理设备运行周期的实时映射能力延长了虚拟样机的使用周期，实现了对产品功能、性能衰减的预测。

基于数字孪生的虚拟样机亟须解决以下问题：

① 多域产品组成描述，即机械、电气、液压气动等车间设备技术领域的车间设备子系统和部件的统一描述方法；

② 虚实交换的动态实时更新，包括基于车间装备零部件参数化、模块化、数学方程化的模型实时更新与交互迭代；

③ 耦合仿真与解耦定位，包括基于多领域统一建模语言的零部件之间及各子系统之间的耦合仿真和对问题征候的定位解耦方法。

3.1.3　基于 VERICUT 的虚拟数控加工仿真验证

长期以来，传统的工艺设计方法缺乏工艺整合和验证的步骤。根据传统的方法，完成工艺设计之后，须将工艺设计转化为加工步骤。但是在这个问题上存在很大的缺陷，设计工艺经常没有得到验证，所以以前的工件加工通常必须试切，这导致大量的人力和机床资源浪费。一般一个零件只需要一个小时来加工处理，但是试切通常需要花费更多的时间。对于单件大批量生产，该方法通常是可接受的，然而，该方法对多品种定制生产并不适用。

VERICUT 软件是美国 CGTech 公司开发的基于 Windows 以及 UNIX 系统平台的程序验证、机床模拟和程序优化软件。VERICUT 软件能仿真机床行为和它的控制器，能够真实反映数控编程的刀具运动轨迹、工件过切情况和刀具、夹具运动干涉等错误，甚至可以直接代替验证实际加工中试切的全过程。同时，VERICUT 软件可以根据加工材料、机床参数对数控加工程序进行优化，大大提高机床加工效率，减少不适当参数对机床的损伤。

利用 VERICUT 软件，用虚拟数控仿真消除数控加工程序中的误差，能减少机床的加工时间，减少实际切割验证，从而实现对实际工件结构设计的跟踪和验证，减少浪费和重复的工作，可大大提高加工效率和加工质量，降低生产成本，对现代制造业的发展具有重要意义。

(1) 工艺整合与验证过程

在进行一个工件加工之前，首先需要熟悉加工工艺，如果将加工工艺导入 VERICUT，可以先进行工艺整合与验证。随着数字孪生的思想和 CPS(信息物理融合系统)的引入，这种整合和验证的过程更形象生动，而且可以跟踪工艺全过程。基于 VERICUT 软件，可以将真实机床物理系统以虚拟数字化信息形式导入以 VERICUT 为平台的 CPS 信息端中。形成真实数控机床物理端的数字孪生镜像，如图 3.3 所示，图中给出了在 CPS 环境下的数字孪生机床。通过数字孪生机床，信息端的虚拟机床所见即是物理端机床的实际工况，从而保证在虚拟机床上的工艺可以准确迅速地在物理机床得以实现和验证。这种验证过程直观形象，不仅实现了快速响应客户多品种定制需求，而且可大大提高企业的生产效益、降低生产成本。整个工艺整合和验证过程主要包括以下几方面：

1) 导入机床和控制系统

基于 VERICUT，可以导入实际机床及其控制系统进入虚拟机床端，从而在虚拟机床上仿真和验证加工工艺。

VERICUT 的优势是该系统自身携带大量虚拟机床样本供用户选用。另外，VERICUT

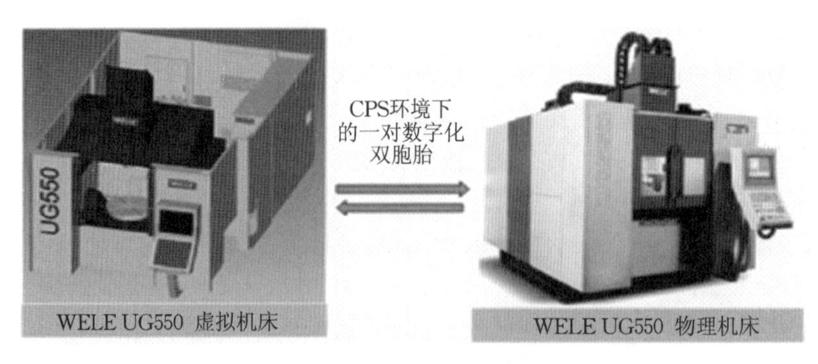

图 3.3 数字孪生机床

支持用户根据自身需求和实际加工机床，定制和实际物理机床同类型的虚拟机床。这项工作可由经过培训的用户自己完成。

注意，VERICUT 将一个工艺设计定义为一个项目。另外，项目名称最好与零件图样和项目开始时间关联，以方便时间追溯。如机床是 WELE UG550，控制系统是 fan30im，这些都是 VERICUT 自带的样本，可以直接调用。但是需要强调的是：即便同是 fan30im 控制系统，由于系统变量不同，机床对程序的要求也可能不同。在使用过程中，需要特别注意信息端虚拟机床和物理端真实机床系统变量的一致性。

2）导入夹具

夹具模型是自制车削夹具，来自三维设计模型，可从 MF001＋SJ001 文件中调用，再转换为 VERICUT 能够读取的 STL 格式，见图 3.4。

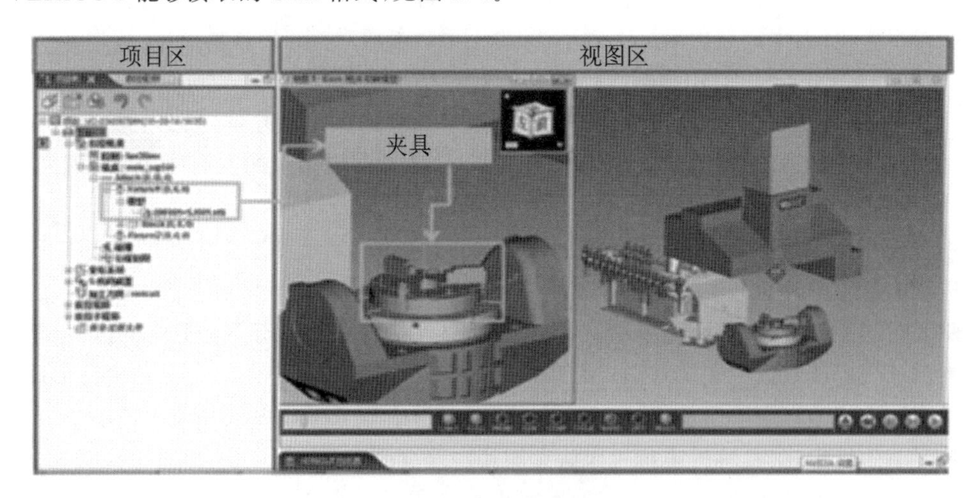

图 3.4 夹具模型图

注意，夹具卡盘和卡爪需要先在三维设计软件中装配好，然后加载到 VERICUT 中，夹具在 VERICUT 中的装配配合方法与通用三维设计软件的装配方法类似。

3）导入毛坯（待加工件）模型

毛坯模型是由设计部门设计的，如文件号是 WP-2345678＃A.A，则从该文件导入即可。毛坯模型图见图 3.5。注意，毛坯的装夹位置与实际加工装夹位置必须一致。

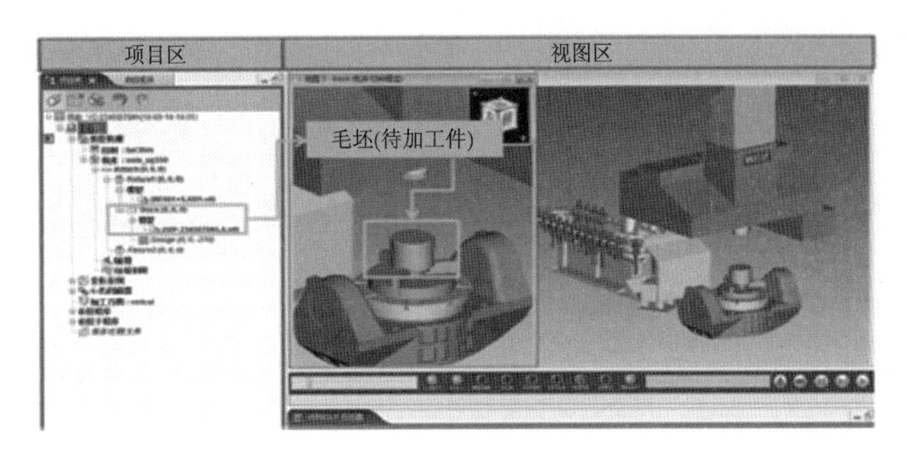

图 3.5 毛坯模型图

4）导入成品（设计加工件）模型（图 3.6）

成品模型是设计部门设计的机加工件三维模型。导入成品（设计加工件）模型的目的是在稍后的加工验证中，将成品（设计加工件）模型与 VERICUT 加工完成的机加工件进行验证比较。

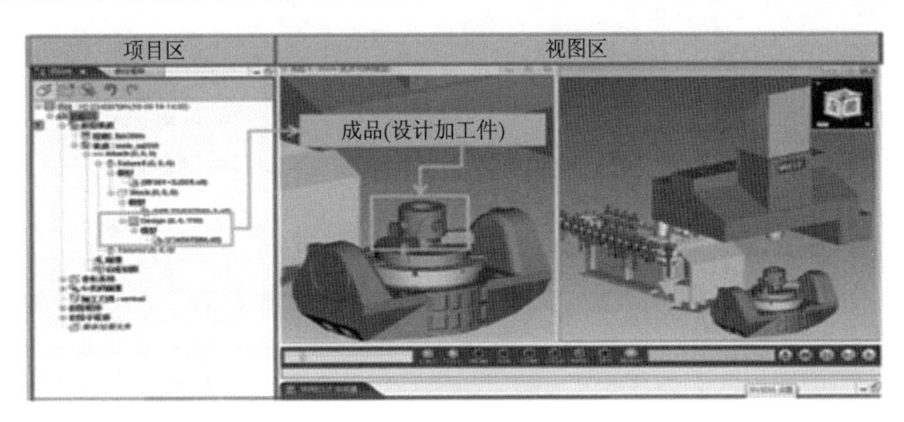

图 3.6 成品模型

注意，成品件（机加工件）模型的装夹位置与实际加工装夹位置必须一致。由于隐藏了毛坯模型，所以在图中的视图区能够看到成品件（机加工件）模型。

5）导入刀具模型

图 3.7 显示的是导入的刀具加载到 VERICUT 虚拟机床的刀具库中。

双击项目区中图标，能看到本项目所需要的刀具清单，从刀具清单中，打开 T3 刀具。从刀具信息中知道，刀具库中的 T3 号刀具对应 SANDVIK 刀具清单的 MT0005 号刀具。

从 VERICUT 刀具清单中看到，在 VERICUT 中 CPS 信息端的刀具清单中的每一把刀具应与 CPS 物理端 SANDVIK 的真实刀具一一对应，不能凭空捏造。

6）导入程序

VERICUT 提供灵活的程序设计和编辑方式。程序可以是手工编程，也可以是 CAM 编程。手工编程可以是通用编程，也可以是函数编程、参数编程或宏编程。VERICUT 可以对每一个工序的程序分别导入，验证后汇编成一个完整的程序。这样的好处是符合程序设计习惯，

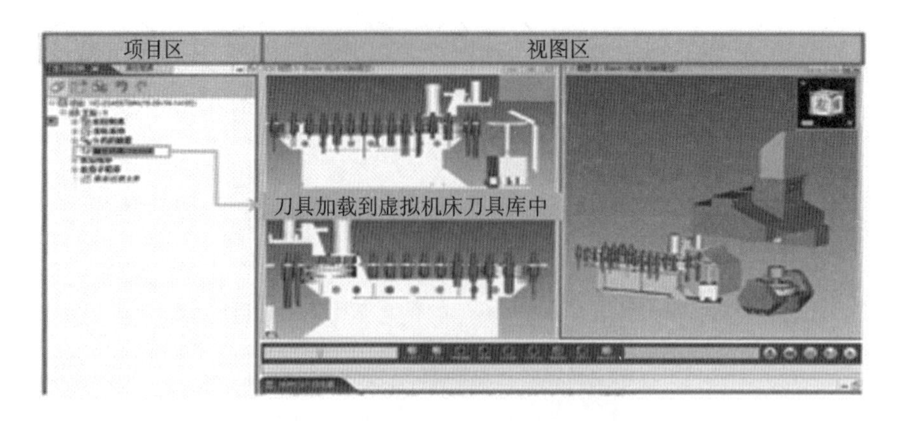

图 3.7　刀具模型

方便程序验证，使程序设计、编辑和验证更有条理和效率。图 3.8 显示了 VERICUT 项目区中的程序树。

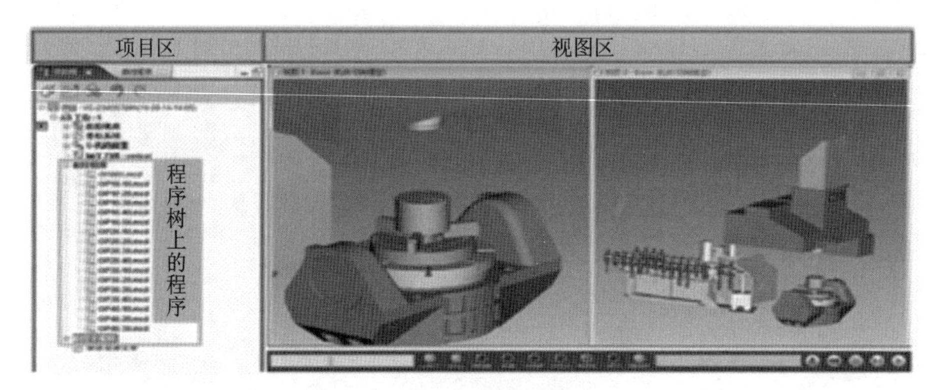

图 3.8　程序树

OP××-××是以工序名称命名的各工序程序。比如 OP10-10 是工序 OP10-10 的程序。O1001 是各工序程序汇编的总程序。

至此，工艺导入整合完成，相当于车间操作工完成了加工前的全部准备工作，可以开动物理端用真实机床进行加工。对于工艺工程师来说，则可以开动信息端虚拟机床进行工艺验证。

(2) 工艺验证

VERICUT 提供了多种工艺验证方法，目的就是在信息端完成工艺的纠错、验证，确保工艺在物理端执行时平稳、顺畅、准确无误。

1) 程序语法错误验证

VERICUT 可以发现程序语法错误。通过 VERICUT 数控程序预览发现语法错误，并在日志器中列出具体语法错误内容。

2) 加工干涉验证

在运行 VERICUT 虚拟加工程序过程中，VERICUT 会详细记录每一个干涉碰撞，图 3.9 详细说明了 VERICUT 是如何帮助工艺工程师分析判断干涉碰撞的。这是 VERICUT 与 CAM 软件的一个最大不同点。VERICUT 不是要替代 CAM，而是对 CAM 进行协同支持。

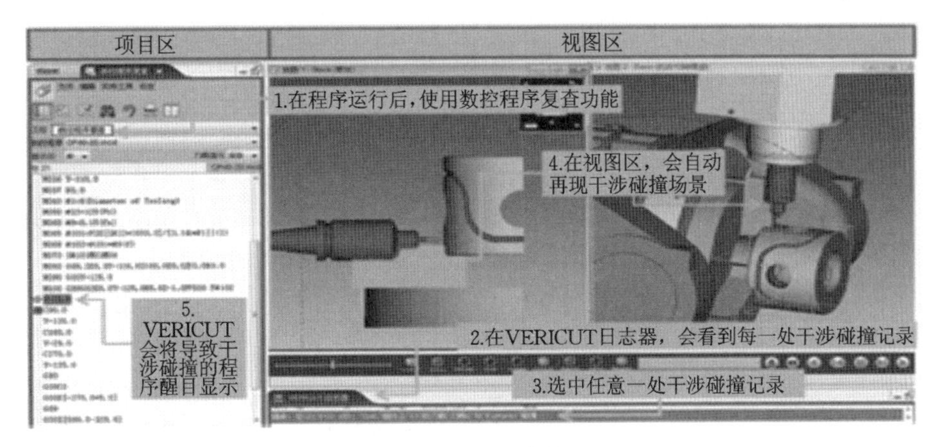

图 3.9 加工干涉验证

3）加工结果验证

即便是 1)和 2)的验证都没有问题，也不能说明工艺没有问题，第三个验证就是验证加工程序是否有过切和残留。

图 3.10 显示的是进行过切比较，拿虚拟加工过的零件模型与设计的机加工模型进行比较。在比较公差为 0.1 的情况下，结果没有区别。

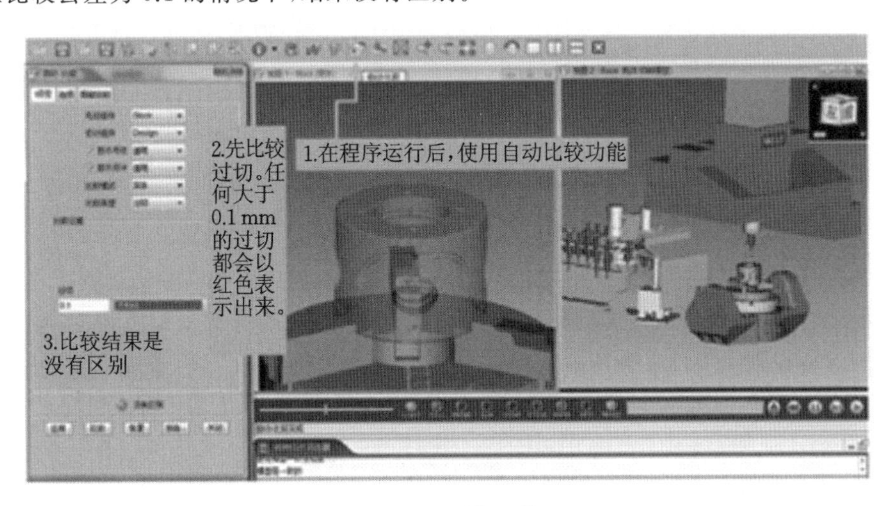

图 3.10 过切比较

看残余物报告，初看还有很多剩余的地方，但仔细分析后会发现，许多残留物是可以接受的，例如沿圆柱磨出的油槽，如果它们是基于过油的功能，则是可以接受的。

过切和残留检验功能为工艺工程师提供了一种较好的检验方法。我们既不能放过程序的缺陷，也不能简单复制检验报告，必须分析具体问题，结合报告提供的信息，认真检查程序，纠正错误程序。

至此，VERICUT 的第二步工艺整合与验证完成。这一步体现了信息化和工业化深度融合的过程，可以给车间机床操作工提供精准的支持。真正实现数字化工艺与数字化机床的“握手”，这就是数字孪生的巨大优势，将取代低效、落后的试切验证。

3.2 数控机床设计开发的验证

不同企业用户对于数控机床的个性化需求，不仅体现在产品规格、功能性能指标等基本参数方面，同时也体现在操作习惯、工艺惯例、维修维护、外观布局以及和工厂其他设施配套等方面。企业用户数控机床的应用水平处于不同层面，一般来说，在软硬件各层面均会提出个性化需求，以适应自身生产管理和加工制造的需要。机床用户个性化需求见图3.11。

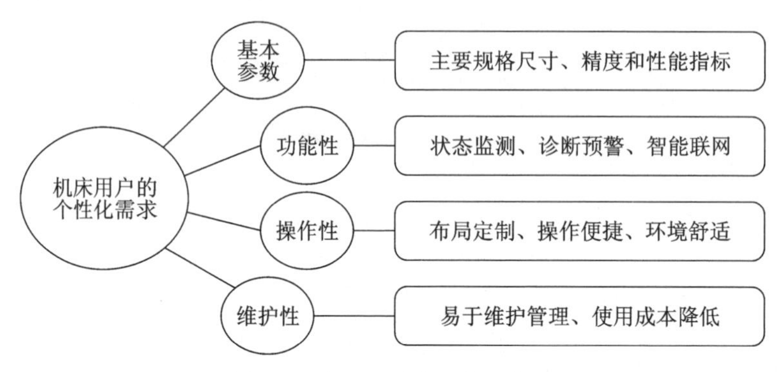

图3.11 机床用户个性化需求图

数控机床这些个性化需求在设计开发阶段必须予以完好实现，因此设计开发的验证也必不可少。正确的验证结果是决定设计是否可行的依据，同时也是影响产品设计质量的重要因素。在分析各种验证需求的基础上，选择合理、高效的验证方法，对于数控机床的设计和制造非常重要。

3.2.1 设计开发各阶段的需求验证

方案设计阶段是对数控机床产品需求进行不断细化以最终实现需求的过程。在此期间确定的各项参数、指标、规格尺寸，以及隐含的刚性、强度、寿命、响应等动静态特性，均须进行必要的设计验证，以确定设计方案是否可行，设计指标是否能够满足。

(1) 方案设计阶段的需求验证(表3.1)

表3.1 方案设计阶段的需求验证

设计阶段	设计内容	验证需求
初步方案设计	机床整体布局	整体布局尺寸
	机床主要参数	主轴、进给参数
详细方案设计	总体布局	部件主参数
	主要结构	结构件参数
	主轴传动	主轴传动参数
	坐标驱动	坐标驱动参数

方案设计可分为初步方案设计和详细方案设计两个阶段。初步方案设计通常是在制造企

业(即用户)需要数控机床后,对数控机床的总体情况进行描述,如技术标书、整体效果图、大纲尺寸图等,要使用户了解设备的总体情况,为用户的厂址和其他设施规划提供依据。

详细的方案设计是在确定用户需求和初步方案后,根据输入的指标进行具体可行的方案设计。以结构设计为例,包括总体布局、各构件的划分、主要构件的结构形式原理和表示、设计部件的初步分析等。

对于成熟的产品,需要在方案设计阶段对机床的主要参数进行验证,如整体尺寸布局、协调冲程和进给速度、主轴转速、功率和扭矩等。除了上述内容外,还需要对主要的结构部件和主要传动形式进行分析和校核,以便为主要的改造或新开发的产品制定可行的设计方案,为随后的详细设计奠定基础。

(2) 详细设计阶段的需求验证

详细设计是在最终设计方案确定后进行的具体设计,也称为工程设计,意味着设计和输出的结果(如图纸、图表、列表等)可进入材料采购和制造阶段。数控机床集机械、电气、液压、气动、润滑、冷却、保护等功能于一体,不同的设计内容,如机械结构设计、电气液压原理设计、管线布置、工程图纸、明细统计等,都需要进行校核,并根据结果对设计参数进行修改,以便达到预期的设计结果(表 3.2)。

表 3.2　详细设计阶段的需求验证

设计阶段	设计内容	需求验证
详细设计	功能部件设计	部件详细参数匹配
	部件接口协调	接口参数对应
	总体装配设计	虚拟及实物样机
	图纸输出	图纸校对审核
	文档编制	文档校对评审

3.2.2　验证内容的性质及分类

选择和使用合适的验证方法,对需要验证的内容进行分类,并分析这些内容的不同特点,是一个前提条件。在设计和开发过程中要验证的内容有不同的生产阶段、不同的验证层次和不同的验证程度,并且代表着不同的物理量。可按下列方式对其进行分类:

(1) 按照产生阶段可以分为方案设计阶段的验证和详细设计阶段的验证。方案设计阶段的验证重点是机床的主要参数和结构。详细设计阶段的验证涉及机床的参数和各项指标。

(2) 按照机床功能可分为结构验证、驱动验证、运动干涉验证、人机工程学验证等,不同的验证面向机床不同的功能特性。

(3) 按照物理量可分为尺寸验证、精度验证、速度与加速度验证、功率与扭矩验证、动态响应验证、发热与噪声验证等。

(4) 按照设计输出的内容形式可分为图纸验证、明细清单验证、文档资料验证、实物样机的验证等。

依据上述分类方法,将数控机床设计开发过程需验证的内容归类整理如图 3.12 所示。

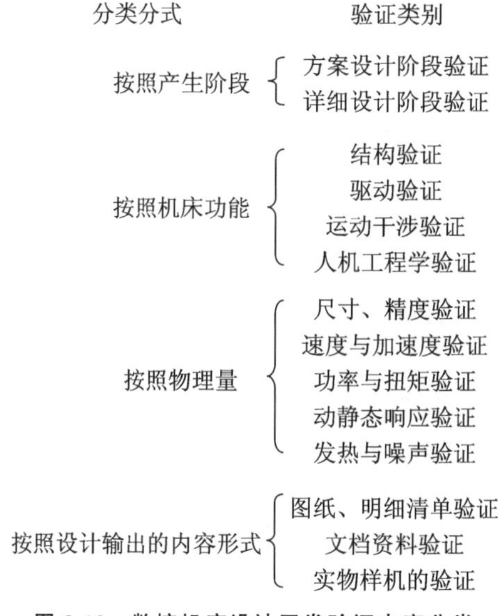

图 3.12 数控机床设计开发验证内容分类

3.2.3 验证方式的选择

设计和开发验证可采取多种方式，包括类比验证、变换方法重新计算、必要的试验、计算机模拟或仿真、检验、对设计图样和文件的校对、审核、标准化审查、工艺性审查、各阶段的评审、批准以及样机的试制等。具体验证方式的分类如表 3.3 所示。

表 3.3 验证方式分类

分类依据	验证方式	适用的验证内容
按照验证的级别	整机验证	机床的主参数、各项精度、部件间的接口尺寸和运动干涉
	部件验证	部件结构 驱动参数
按照验证的经济性	理论验证	各项参数
	实物验证	整机和主要部件
按照验证的精确性	原理验证	方案设计
	数据验证	详细设计阶段的各种参数尺寸、强度、寿命、变形等指标
按照验证的效率	手工验证	图纸、文档的校对审核
	自动验证	公式进行参数计算和动、静态的仿真分析

(1) 按照验证的级别可分为整机验证、部件验证。对于机床的主要参数，必须进行精度验证。各部件之间的接口尺寸和运动干涉也须在整机的水平上进行验证。构件本身的结构、驱动等都须进行相应的部件验证。

(2) 按照验证的经济性可以分为理论验证和实物验证。虽然整机和主要部件在实物完工后可以进行相应的验证工作，但为了避免设计风险，保证设计的成功率，在设计过程中还须进行相应的理论论证和校核。

(3) 按照验证的精确性可以分为原理验证和数据验证。不同的验证内容,具有不同的验证精度要求,在传动设计的方案阶段,论证原理是可行的,不需要提供正确的数值,在详细设计阶段,不仅需要验证各种参数尺寸,而且强度、寿命还有变形等指标也需要验证,这些指标中的任何一个都需要特定的数据来支撑。

(4) 按照验证的效率可以分为手工验证和自动验证。验证过程的自动化可以显著地提高验证效率,标准化的验证工具也有助于保证验证质量。公式用于参数计算和动、静态仿真分析,可通过计算机和相应的软件进行自动处理,但是无法进行自动校核,不过图纸可手工校核。

由于产品功能和指标的集成,验证过程通常在实际中集成上述特性。在详细设计中,对各部件的相关精度提出了具体而明确的要求,即要求同时运用各部件的精度类比和确定精度的分配数值。在对物理样机的检测中,有必要验证实际精度与设计指标的一致性。

3.2.4 验证实例

依据上述验证策略,在实际的数控机床产品设计开发项目中,采用多种验证方法,可进行分阶段、分内容的验证工作。举例如下:

(1) 五坐标加工中心工作台结构设计验证

在 AB 摆角五坐标立式加工中心中(图 3.13),工作台沿左右方向移动(X 坐标),立柱沿前后方向移动(Y 坐标),垂滑板沿上下方向移动(Z 坐标),同时包括分别绕 X 轴和 Y 轴摆动的 A、B 摆角,并可配备最高转速 4000～6000 r/min 的机械主轴,机床具有较高的刚性、精度及较大的主轴扭矩,适合加工以钛合金、合金钢、铝合金等材料制成的各种复杂型面工件。

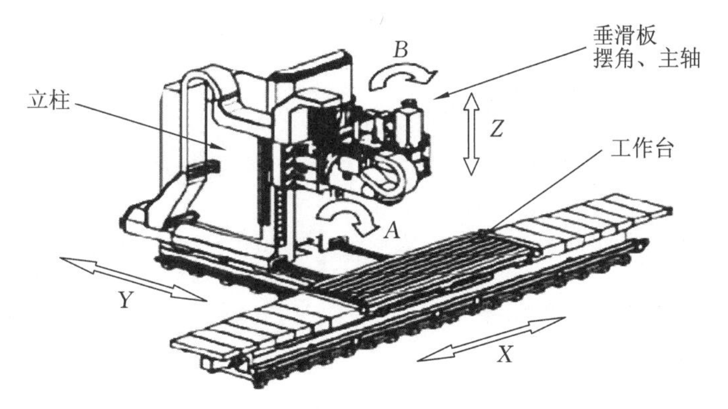

图 3.13 AB 摆角五坐标立式加工中心

工作台面的尺寸规格随 X 坐标和 Y 坐标行程的变化而变化,包括 1250 mm×4000 mm、1000 mm×3000 mm、800 mm×2000 mm 等。工作台采用铸造结构件,需满足工件质量、切削力等承载要求。同时,由于是 X 坐标的移动部件,工作台自身质量也受到 X 向驱动参数的限制,需要与电动机惯量相匹配。这就要求优化工作台内部结构,以期在承载能力(即刚性和应力)与质量之间达到平衡。

在 800 mm×2000 mm 的工作台设计过程中,首先采用类比方法,对照了现有的两个规格的工作台结构,并融入了固定龙门加工中心的移动工作台结构,建立了初步结构模型,利用面积与质量的经验数据(表 3.4),初步验证了新结构的可行性。

表 3.4 工作台面积与质量的经验数据表

机床型号	工作台尺寸/mm	工作台质量/kg	工作台面积/m^2	单位面积质量/(kg/m^2)
FG3-01	2000×4000	6566	8	820.8
FG3-02	2500×4000	7838	10	783.8
FG3-03	2500×6000	12000	15	800.0
V5-01	1000×3000	2533	3	844.3
V5-02	1250×4000	3164	5	632.8
* V5-03	800×2000	1228	1.6	767.5

其次，采用有限元分析的方法，利用 CAE 软件，设定相应的力和约束，并将工作台自身质量考虑在内，模拟实际情况下的应变与应力，以验证结构设计的合理性。

(2) 加工中心切削区域防护设计验证

机床整体防护作为五坐标立式加工中心的重要组成部分，针对用户对于机床在安全性、功能和外观等方面的相应要求，为机床操作者提供安全保障。

安全性方面，整体防护将机床加工区与非加工区分隔，防止加工过程中的切屑、冷却液任意飞溅，隔离机床噪声，保护操作者的人身安全，同时保证刀库、电气柜、液压站等功能部件正常工作。针对 AB 摆角加工中心的结构特点，分析切屑和冷却液飞溅区域，验证整体防护的相关尺寸是否适宜。

图 3.14 和图 3.15 分别为工作台应力与有限元变形分析和五坐标立式加工中心整体防护。

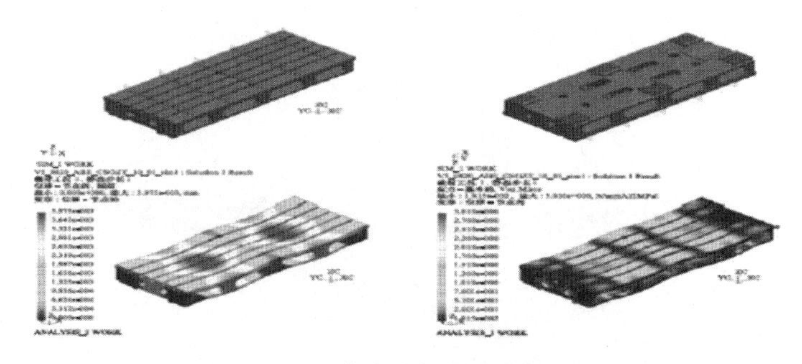

图 3.14 工作台应力与有限元变形分析

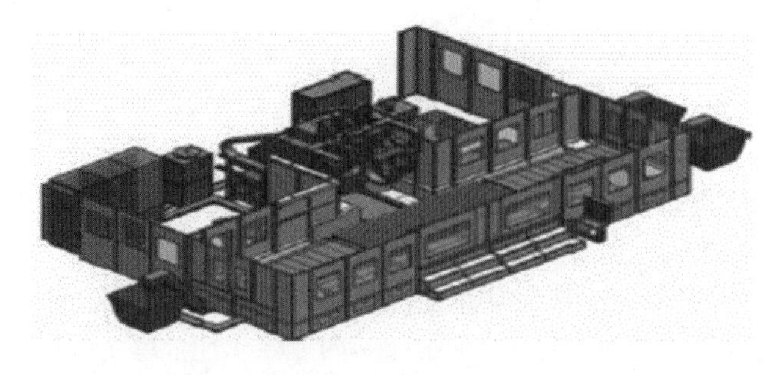

图 3.15 五坐标立式加工中心整体防护

首先依据机床的工作行程，利用三维 CAD 软件将机床各坐标移动至相应极限位置，在给定主轴转速和刀具参数的情况下，在 Excel 软件中利用公式计算切屑飞溅的轨迹参数(表 3.5)，得到切屑飞溅的轨迹曲线；再利用 CAD 软件中的曲线工具将轨迹与机床模型匹配，从而验证整体防护的结构合理性；同时利用 CAD 软件的人体建模功能模拟操作者的工作状态，验证整体防护的人机工程特性。切削区域防护设计验证如图 3.16 所示。

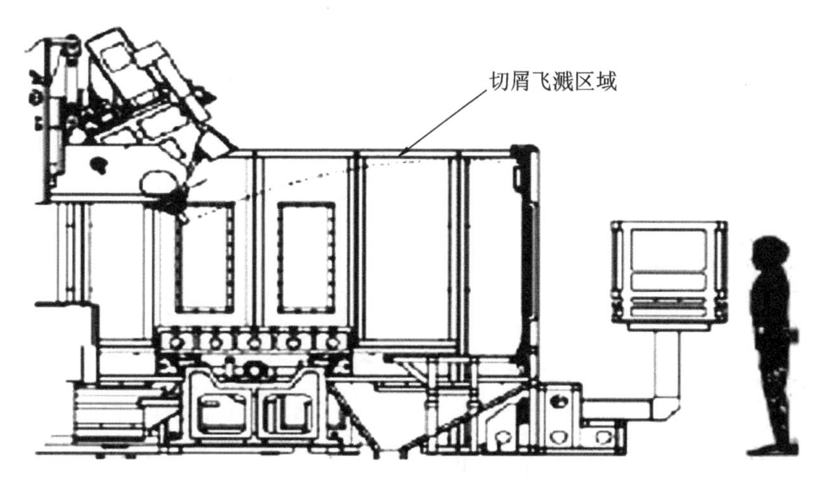

图 3.16　切削区域防护设计验证

该验证属于部件设计过程中与整体相关的验证，同时运用了理论计算、CAD 软件工具的装配建模、曲线拟合、人体建模等功能模块，实现了对切削区域的工况模拟。

表 3.5　切削飞溅轨迹参数

X/m	Z/m	T/s	刀具直径/mm	初始角/(°)	刀具转速/(r/min)
0.136	0.075	0.025	20	30	6000
0.272	0.145	0.050	20	30	6000
…	…	…	…	…	…
3.536	−0.030	0.650	20	30	6000
3.672	−0.114	0.675	20	30	6000

结合上述验证，根据数字孪生的概念，可以根据机床的实体模型在数字空间中建立物理机床的孪生机床，不仅能在虚拟空间中验证这些结构的合理性，而且可以在机床的整个生命周期中起作用。

3.2.5　实时数据驱动的加工过程动态仿真

随着仿真技术的发展，其地位和作用日益显著，智能思维活动在理论解析过程中起着决定性的作用。尽管有着许多辅助工具存在，理论解析—仿真计算以及理论解析—实验测量之间的交互在现阶段还很难实现完全自动化。根据一般系统理论，仿真计算和实验观测可以看作目标对象在不同层次的抽象，它们之间具有较强的相似性与关联性，改善它们之间的联系机制，在它们之间建立起动态的交互是提高研究效率的可行方法。

系统的动态适应性体现在以下几个方面：能够适应来自传感器或其他测量设备的动态数据变化；能够适应计算需求的变化；能够有效地进行优化决策，以调整系统结构或配置，并将仿真结果及时地反馈给实际系统。

（1）数控加工过程动态仿真

采用实体混合模式造型技术，建立整体数控机床（包括床身、夹具及刀具等）和加工零件毛坯的实体几何模型，采用真实感图形显示技术，把加工过程中的机床和零件动态地显示出来，同时根据指令对零件毛坯与刀具的几何模型之间的位置关系进行快速布尔运算，动态模拟零件的实际加工过程。其特点是仿真过程的真实感强，具有与实际切削加工相同的效果。加工过程仿真系统流程见图 3.17。

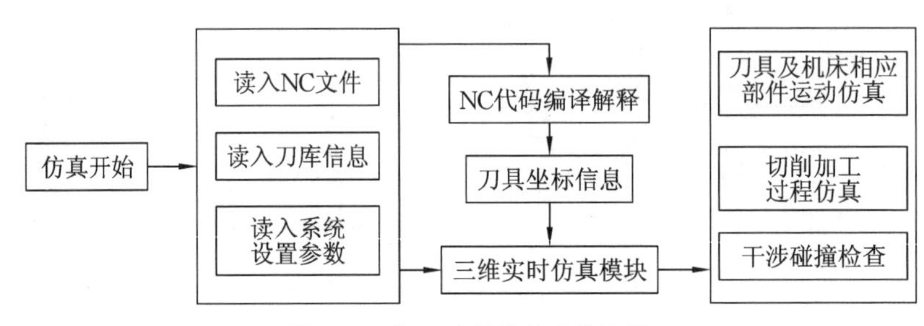

图 3.17　加工过程仿真系统流程

1）三维实时仿真

数控加工三维仿真是在工业图形标准应用程序接口 OpenGL 的基础上进行开发的，利用计算机图形技术，通过动画的形式形象、直观地模拟数控加工的切削过程。本系统的数控加工动态仿真采用过程动画技术。首先生成一个毛坯，然后根据数控加工指令（NC 代码），通过插补运算得到加工轨迹坐标来驱动刀具与工件相对运动生成动画，在屏幕上呈现数控加工的实时动态仿真，工件中被切除部分是通过重新涂色来实现的。另外，在实现动画的过程中采用了双缓存技术（或称虚屏技术）。在绘图前先分配前后两个缓存区，绘制时先将图形绘制到后台缓冲区（即虚屏）中，然后通过交换前后缓存区，将后台缓存区中已经绘制好的图形直接送到前台缓存区，由显示设备完成图像的屏幕显示。此时应用程序已经在后台缓存区中绘制下一幅图像了。如此反复，屏幕上总可以显示已经绘制好的图像，而看不到绘制的过程。

2）系统仿真运行实例

下面以车削一个零件为例，说明仿真系统的运行过程。

如图 3.18 所示，为一个车削加工的零件图。在选择了合适的装夹方式和毛坯并装刀之后，系统就为加工过程仿真做好了所有必要的准备。图 3.19 所示是加工设置完成之后的系统状况，其中包括毛坯、夹具和刀具的设置等。当加工设置完成以后，系统就可以读入 NC 程序，将其作为加工仿真过程的驱动数据，开始加工。图 3.20 所示是车削零件加工过程仿真瞬间。

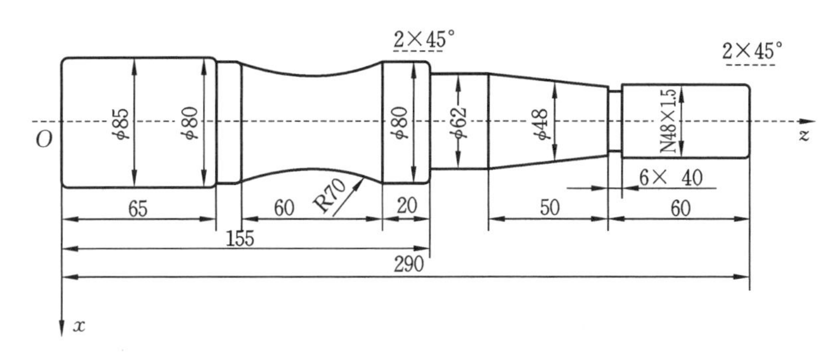

图 3.18 车削加工的零件图

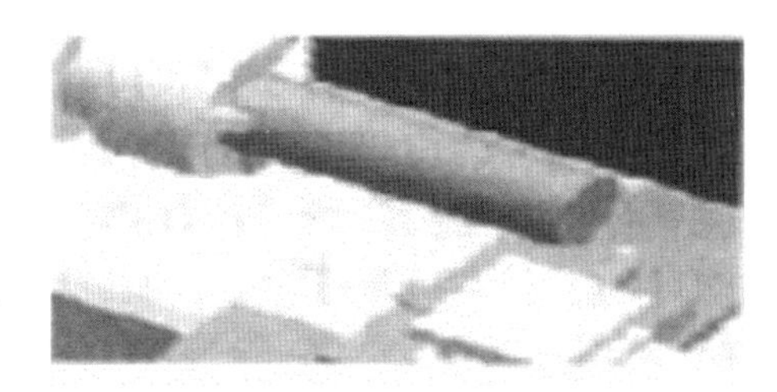

图 3.19 加工设置完成之后的系统状况

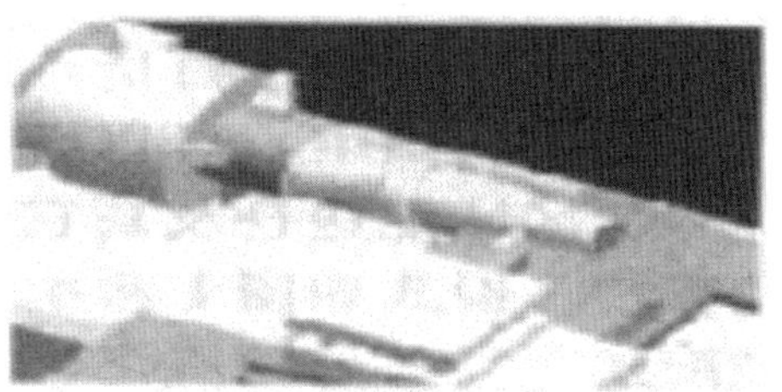

图 3.20 车削零件加工过程仿真瞬间

物理仿真是将切削过程中的各种物理因素的变化映射到虚拟制造系统中,在实际加工过程进行之前分析和预测各切削参数的变化及干扰因素对加工过程的影响,能够揭示加工过程的实质,分析具体工艺参数下的工艺规程质量及工件质量,辅助在线检测与在线控制,进行工艺规程的优化。加工过程物理仿真的核心内容包括切削过程中切削层形状、几何参数的确定;对瞬时切削力的变化进行预测与分析;对切削振动及其对工艺系统的影响的分析;对工件加工质量的分析。

根据金属切削原理,在刀具和工件的相互作用下,切削层金属沿滑移线移动,经过第一变形区和第二变形区后,沿前刀面流出,形成切屑,在脱离前刀面后,切屑流出。由于切屑的自然卷曲或切屑槽的作用,使得切屑层发生卷曲。由于切削条件的变化或者材料塑性变形机理的不同,切屑呈现出不同的形式,比如带状、发条屑等,依此建立切屑仿真模型。在实际仿真中,根据数控代码指令,通过插补计算可以得到相应的刀具参数和切削参数,代入有关公式计算得到每一时刻切屑的位置,图 3.21 是三维切屑仿真实例。

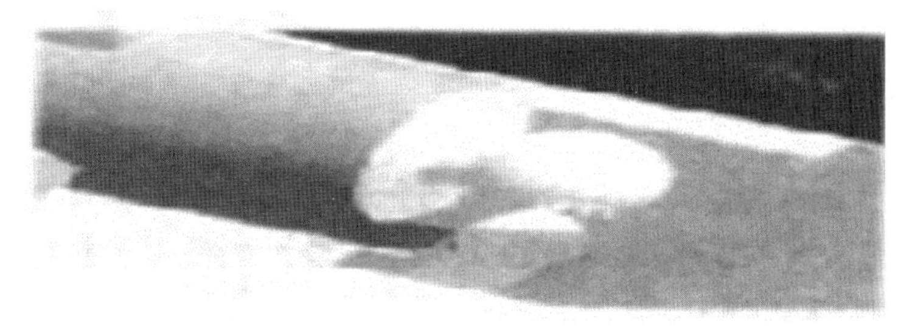

图 3.21 三维切屑仿真实例

3.3 制造验证过程的知识管理

在机械制造过程中，无论是产品设计、技术开发、过程验证、设备维护，还是售后服务、状态在线监测，都有大量知识管理的需求。制造企业为了保持自身的竞争优势，必须对制造过程中的各种知识加强管理。目前，知识管理在机械制造过程中的应用仍处于初级阶段，研究工作停留在一些支持知识共享和重用的技术上。

随着知识经济时代的到来，制造企业的发展方向与发展战略逐渐引起人们的关注。大多数现代制造企业对物资资本高度依赖，对自动化程度的要求也极高，往往不太重视制造过程知识的获取和知识的管理。实际上，制造知识是企业得以发展的重要基础，也是企业综合实力的标志。因此，各企业之间的竞争已经变成了知识的竞争，企业应不断加强自身的知识获取能力和知识管理能力，将知识获取和知识管理引入机械制造过程中来，从而帮助制造企业在激烈的市场竞争中取得优势地位。

3.3.1 制造验证过程知识管理简介

知识管理的定义比较广泛，不同的学者和组织对知识管理有不同的定义和看法。企业的竞争力和生存是紧密相关的，各种知识都需要提取、分类和集成，即进行知识管理。知识管理的实质是将现有信息技术提供的数据和信息能力与人类自身的发明和创造力结合起来。在管理过程中，主要思想是以人为本，资本、资源是知识，创新是不断提高自身竞争力的重要手段，创新为企业自身获取更多的利益，另一方面也可以实现资源共享。在知识管理中，知识的创造、共享和更新是企业生存的基础，也是企业参与市场竞争的关键内容。

（1）机械制造验证过程中知识管理的现状

目前，知识密集型机械制造验证过程中知识管理的研究程度不够深入，管理模式不完善，实际制造过程中知识管理的思想和模式发展还不够成熟。首先，知识型制造企业是在原有技术密集型制造企业的基础上逐步发展起来的。随着知识时代的到来，知识管理领域的研究在实践中取得了长足的进步和发展。因此，知识密集型企业越来越重视知识管理的手段，但由于在实际操作过程中缺乏实践经验，对一些较为复杂的问题的分析和理解还不够深入，知识管理长期停留在知识共享和重要技术方面，不能真正满足机械制造过程的需要。

（2）机械制造验证过程中知识管理的内涵

机械制造验证过程中的知识管理，主要包含如下三个方面的内容：

首先是现有技术和知识管理中心与 ERP 系统的融合。ERP 是企业资源计划的简称，其实现是基于 MRPⅠ软件系统，其主要内容是企业需求链的管理，以现代化的信息技术为辅助工具，融合当前的先进管理思想和方法。融合知识管理中心的 ERP 系统也不例外，对企业的全体资源都进行计划和控制，在企业的物质流、资金流等中形成一个动态的平衡；同时作为反馈系统，使企业一体化，进而往区域同步化的方向发展。该方式不仅可以灵活地提高企业的生产活动，而且对提高企业的业务管理水平也具有重要的意义，可以降低生产成本；提高产品质量和服务质量，使企业在激烈的市场竞争中更具优势。

其次，将现有技术和知识管理与 SPC 系统集成在一起。SPC 是统计过程控制的缩写，是一种利用数据统计方法进行过程控制的工具。在实际制造企业的生产过程中，为了区分生产过程中异常波动和正常波动，企业一般采用SPC技术对产品质量和数据进行统计分析。区分两者后，根据异常情况进行早期预警处理，以保证制造过程的正常运行，即保证制造过程的稳定性。在预警后，还应提醒技术人员消除异常，以提高工作效率。统计过程控制需要在多个步骤之后确定。其中，测量的确定是最严格和复杂的，必须基于大量的数据知识。

再次是设法实现知识共享功能。知识管理的核心内容是建立组织结构，根据自身情况促进沟通，营造有利于沟通的文化氛围，使员工之间的沟通更加方便，同时增加员工之间沟通的机会。在连续通信的过程中，知识可以在最大限度上升华和集成。对于彼此通信的员工来说，他们的知识水平也会得到提高。此外，它还有助于交流工作经验并提高集体凝聚力。知识共享的概念是在整个公司的经验和知识的基础上，使每个新项目运作。利用知识共享的概念，逐步提升公司全体员工的知识水平。

企业管理的最终目标是实现知识创新，在不断创新和实践的过程中将知识运用到实践中。对于一个优秀的组织来说，重要的是要有能力在充分利用现有知识的基础上创新出新知识，并不断更新自己的知识体系。在当今经济时代，企业之间的竞争主要是知识的竞争，从长期经验来看，知识创新能力和知识更新能力是企业成功的关键，能使企业进入知识创新的新状态。

3.3.2　面向制造车间制造验证过程的知识管理

随着产品种类和结构的多样化发展，制造车间对生产计划和调度的灵活性和适应性，以及对生产过程最优操作的要求也相应提高。为了提高车间制造过程的运作效率，实现网络化、知识型生产，以满足市场需求，本节结合对车间制造知识管理需求的分析，提出了一种基于知识生命周期的知识管理操作模式，对车间制造过程进行了验证。该模型的基本思想是从制造过程的要求出发，以知识生命周期为主线，集成知识获取、存储、表达和供应的技术和方法，对车间制造资源进行有效的管理，从而在知识层次上支持车间的生产组织和工艺操作，最终实现车间制造验证过程的优化。以知识生命周期为主线，车间制造验证过程知识管理的运作模式如下：

(1) 制造业务层

制造业务层涵盖了车间制造业务流程的具体实现，主要完成作业计划执行与控制。按照作业性质不同，制造流程可以划分为诸多单元。例如派工流程，下达工单—开工票—生成领料单—指定设备—加工—检验—生成转序单；质检流程，制造过程发现缺陷—在线质量评审—质量判定等。

(2) 知识资源层

知识存在的基本方式有显性和隐性两种。显性知识是可以被编码、结构化，进而存储在数据库中，可以通过计算机或者网络调用的知识，如制造车间用来制订作业计划和调度、安排工艺生产等环节所产生的大量技术数据和资料；在制造过程中新产生的诸如工装、设备、物料等新信息。隐性知识是难以编码和标准化的，需要通过直接交流或者由专门人员按照一定的方式或标准进行分析、管理的知识，如制造活动中出现的一些典型案例或者关键工序的操作技巧等。另外，还有一部分知识是来自供应商、竞争对手、客户以及行业和社会发展的相关外部知识。

(3) 知识生产层

从知识生命周期角度来看，知识生产层涵盖了知识生命周期的全部阶段——知识获取、知识存储、知识表达和知识应用。

3.4 制造产品质量跟踪验证与优化

3.4.1 产品质量的过程跟踪验证

产品质量的过程跟踪验证，是制造过程十分重要的问题。目前大多数的研究主要集中在利用产品批次记录来解决产品质量追溯的问题上。综合我国离散制造企业的现状和相关的研究，在产品质量管理和质量追溯方面主要存在以下四方面的问题：

① 在生产管理过程中，许多质量信息分散在各个部门，往往处于孤立状态。决策层需要很长的时间才能接收到这些信息，导致决策信息的延迟，不能为质量的提高提供及时准确的信息支持。

② 企业在产品可追溯性分析方面能力不足，未能准确找到影响质量问题的深层次因素，需要人工处理大量数据，效率较低，严重影响了质量跟踪的效率和水平。

③ 缺少高级质量流程数据采集工具。许多国内制造企业仍然使用传统的手工数据记录，不仅具有高的错误率，而且影响了数据的真实性，不能及时发现现有的质量问题。

④ 企业在质量管理过程中采用的质量管理方法过于落后。目前，许多企业尚未建立相应的质量可追溯性管理体系，只能依靠管理者的经验。

对于生产过程中的产品跟踪验证工作，跟踪获取的关键信息包括物料信息、工艺信息配置状态、设备使用信息、库存信息等。通过加工物料自动识别技术，可以随时跟踪产品的位置和工艺信息，获取每个产品的历史生产记录，最终为每个产品建立完整的信息档案。

以机械加工为主的离散制造业，在生产过程中的数据采集是信息追踪、生产过程管理和质量追溯的关键技术和核心。由于制造业生产过程以及产品自身的特点，数据采集工作有相当大的难度，主要表现在以下四个方面：

一是在加工过程中，物料生产车间加工工位不断变化，直到成品入库之前，物料都没有一个固定的位置，因此给数据采集工作带来了很大的困难。

二是由于生产车间工艺复杂，容易造成因操作人员人为的失误，导致产生产品质量问题。

三是由于生产现场环境复杂，容易引起标记的磨损、污染、脱落现象，降低了识别的可靠性和准确性。

四是在制品生产的各个环节，要进行信息实时采集与追踪比较困难。能否为企业提供及时、准确的信息反馈，已成为 MES 系统成功与否的关键。

MES 的主要功能之一就是产品生产过程跟踪验证，MES 中的生产跟踪模块是整个制造执行系统的基础，为其他功能模块提供生产现场的各项数据。这里的生产跟踪验证不是仅仅对生产线上的产品产量进行统计，而是要获得全面、系统的生产数据，包括工艺信息、人员信息、设备信息、原材信息等，并且还要对这些信息进行深层次的分析和利用。

由于产品在生产过程中形状发生变化，信息不断增加，这就要求我们以动态的思维去进行生产和跟踪验证。在企业生产制造过程中，随时改变产品加工过程中与生产过程有关的工位信息、状态信息、质量数据、人员和设备，实时掌握生产现场的动态生产条件，对产品进行生产跟踪，目的是通过有效的数据采集手段实现对产品的跟踪和管理，为MES系统提供及时准确的信息。

生产过程跟踪所面向的目标主要是产品的生产车间、生产工艺、生产工序、加工人员信息、起始加工时间、原材料信息、入库时间、质量检测结果等。生产过程跟踪将有关产品工艺、生产设备、操作人员等各方面的信息进行了全面的串联和记录。

如果生产过程跟踪验证是收集各种生产信息，那么产品质量可追溯性的特征就是利用这些信息。产品质量跟踪将跟踪生产过程中的人员、设备、原材料、加工工艺等信息，实现快速准确的查询。这些信息可以完整地显示产品的生产过程，企业管理者可以通过产品质量可追溯性查询产品的历史信息，包括生产时间、生产过程、加工工艺、质量测试结果等。

产品质量可追溯性验证主要是针对企业的管理。利用在产品生产过程跟踪中获得的生产信息，可以查询每个产品历史生产信息。产品质量可追溯性对于企业的决策水平、生产计划的制订、生产过程的管理、生产过程的优化具有重要意义。

3.4.2 基于数字孪生的制造产品质量跟踪验证优化

产品质量分析和可追溯性是指产品在设计过程中对加工质量的分析，是正确合理的制造过程。在出现质量问题的情况下，可以对加工的各个环节进行跟踪，找出原因，从而改进加工过程，控制加工质量。此外，产品的加工过程及相应的加工参数被记录在虚拟车间中以便进行产品质量追溯验证，如图3.22所示。

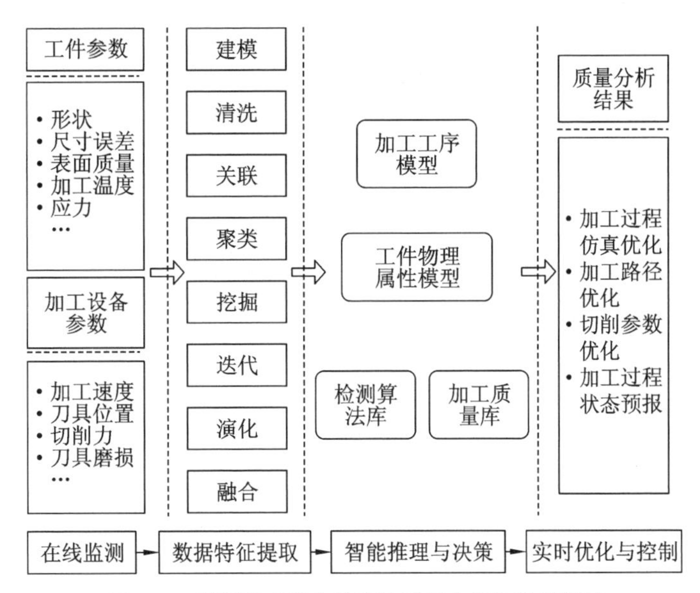

图3.22 基于数字孪生的产品质量分析与追溯验证

目前，基于数字孪生的产品质量分析与追溯验证呈现出如下新的特点：

① 多学科全要素仿真。虚拟车间构建4类模型数据库，分别是产品虚拟几何模型；加工工序与工艺模型；产品热传导模型、形变等物理属性模型；不同类型加工质量模型库；数据检测算法库。这些数字孪生模型为加工过程的虚实融合与动态追溯提供了基础。

② 加工质量实时分析。物理车间实时加工状态同步至虚拟车间，虚拟车间仿真后，实时获得质量分析结果。实时数据的获取须基于CPS的系统构架，这也是数字孪生的核心。

③ 加工质量优化控制。在加工前，虚拟车间对设定的加工工艺进行仿真，优化了加工工艺；在加工过程中，通过虚拟车间实时仿真进一步优化工艺。

④ 自我学习。生产过程中，加工质量库自动更新遇到的加工质量问题，并根据用户的引导进行自我学习，不断提高加工质量分析能力。这是一个“以虚控实”和“以实驱虚”的动态过程。

基于数字孪生的产品质量分析与追溯验证尚需解决以下难点问题：

① 加工质量预测技术。这就需要研究基于仿真的加工过程预测与优化、基于机器学习的智能预测算法，因为产品质量离不开产品加工的全过程。

② 加工质量稳态控制技术。这就需要研究虚拟车间，自主地优化加工工艺，生成加工操作指令，并将相应的操作指令下达至加工执行机构，确保加工过程的稳定。

4 制造全生命周期的制造执行与优化

4.1 制造全生命周期的制造执行与信息集成

4.1.1 制造执行系统

为了解决制造企业中存在的信息孤岛和信息断层问题，美国 AMR 公司提出了制造执行系统(Manufacturing Execution System，MES)的概念。国际 MES 协会——MESA(Manufacturing Execution System Association)于 1992 年正式成立，该协会对制造执行系统 MES 所下的定义为："制造执行系统进行信息的传递，能够使得从下订单到加工完成品之间的生产过程最佳化。"根据上述定义，制造执行系统很自然成为数字孪生系统中一个十分重要的子系统。在整个生产活动期间，MES 可以提供及时、正确的数据，进行适当的引导、响应及报告，使得生产活动能够顺利进行。MES 能够提供及时、准确的数据，能够进行适当的引导、响应和报告，从而使生产活动顺利进行。MES 还能够对某一生产条件的变化做出快速响应，减少不必要的活动，从而实现更有效的生产流程。MES 不仅改善了库存周转率、准时出货率、现金流量业绩等，还能够准确、及时地向企业和供应商提供双向沟通所需的生产信息。

无论制造过程如何，与其紧密相关的 MES，整体上应该具有两个主要性能：

① MES 与企业生产车间和管理决策层密切相关，其作用是不可替代的；

② MES 具有实时性，包括从产品原材料到产品的所有时效数据，使得企业实现对产品制造过程的有效管理。

除此之外，根据国际 MES 协会的定义，MES 有 11 个功能模块——生产日程管理模块、人力资源管理模块、数据收集模块、详细生产计划模块、资源配置和状态模块、产品跟踪和产品数据管理模块、生产过程管理模块、质量管理模块、性能分析模块、生产设备管理模块、文档控制模块。每一个模块都和制造全过程密切相关。

MES 比 MRP、CAD/CAM 等发展历史短，但在企业实现生产过程管理的实时化的目标中，它是健全企业实时化战略不可缺少的技术系统。由于 MES 自身所具有的全面协调性和实时控制性，管理层在企业竞争性计划和生产的高效控制上可以实现全方位的思考。在短短几年里，MES 的受欢迎程度超过了 MRP、CAD/CAM 等系统。据统计显示，MES 的应用给企业带来的经济效益是巨大的，给企业管理界带来了又一次历史革命。

制造执行系统 MES 是上层计划管理系统与底层工业控制之间的面向制造层的管理信息系统，它的出现是为了解决计划系统与控制系统之间的信息交流问题。正是因为有了制造执行系统，计划管理层和控制层之间有了很好的联系纽带，填补了计划层和控制层之间的空白。

20 世纪 90 年代提出的企业集成模型非常清晰地描述了制造执行系统 MES 在企业系统中的地位。如前所述，它主要由三层结构组成，即：

① 计划层：在制订生产计划过程中起着重要作用。它是为企业决策提供决策手段、负责生产计划、财务管理等工作的平台，侧重于企业生产组织、企业决策等方面的工作。

② 执行层：主要功能是优化运行、优化控制、优化管理。作为一个生产数据处理平台，它的功能主要有生产调度、物料跟踪、生产过程资源配置管理、质量管理和生产过程数据采集等。

③ 控制层：控制层的主要功能是控制工艺流程，完成设备的生产，实现对生产过程高精度的有效控制，其中包括过程控制、设备控制、PLC 控制等。

通过 MES，企业可以将最新计划及时传递到制造产品的整个生命周期，并根据该周期记录所有相关信息，然后实现高效、廉价的生产。MES 作为一种新型的功能管理系统，容纳了制造物料流动位置、产品订单、产品加工实时数据、产品质量控制、产品和设备性能评价数据以及设备维护信息，库存数据管理和人力资源信息管理等所有制造管理信息。制造过程可以方便地利用 MES 实时、准确、全面的信息库，及时响应制造过程的动态变化。同时，领导还可以及时发现制造过程发生的状况，并做出及时的反应。由于 MES 本身的优势，国际 MES 协会(MESA)给出了 MES 记录的主要功能模型。

MES 的主要功能之一是产品制造过程跟踪，这里的制造过程跟踪不是只统计生产线上的产品产量，而是全面获得系统的制造数据，其中包括制造工艺信息、制造人员信息、制造设备信息、制造原料信息等。而且，只有对这些信息进行深入的分析和利用，才能有效解决 MES 的局限性问题。

由于产品制造过程中的形态不断变化，信息也不断增加，就要求我们以动态的思想开展制造过程跟踪工作。产品加工过程中的工作位置信息、状态信息、质量数据及生产过程相关人员、设备等信息随时变化，要想实时掌握制造现场的动态生产状况，生产、跟踪产品，就必须通过有效的数据收集手段，实现产品的跟踪和管理，为 MES 系统提供及时、准确的车间制造生产实时信息。

整体制造执行系统的基础是 MES 中的制造生产跟踪模块，实际上也是数字孪生系统的基础。它为其他功能模块提供了生产现场各项数据，提供了整个过程的实时信息，包括从产品原材料到生产过程、库存等环节。制造过程跟踪是从生产计划生成后，对所有生产产品进行完整的生产过程跟踪，完成产品的加工并入库。

4.1.2 制造执行系统的信息集成

不同的制造企业和不同的生产形式以及相关的生产部门都有不同的信息资源，其中大部分存储在数据库中，并由不同的信息系统或平台维护和管理。信息集成最主要目的是确保不同应用系统之间的数据共享和集成。在网络化的制造环境之下，企业和部门可以有效地整合和共享现有的制造资源，建立区域内通用信息集成平台，屏蔽资源信息的异构性，让用户方便快捷地访问任何集成平台，准确找到有关信息。

制造系统中的信息集成体现在产品整个生命周期的集成、流程整合、企业整合和信息平台集成等方面，制造企业中最常见的信息管理系统是 MES、ERP、PDM 和 CAPP，如何整合集成它们已成为制造企业关注的焦点。随着信息交流的改善和应用程序集成到更高层次，如果一种新的管理系统能够有效地整合现有的信息管理系统，那么这会成为其成功的重要指标。图4.1为MES的企业信息化集成系统结构。

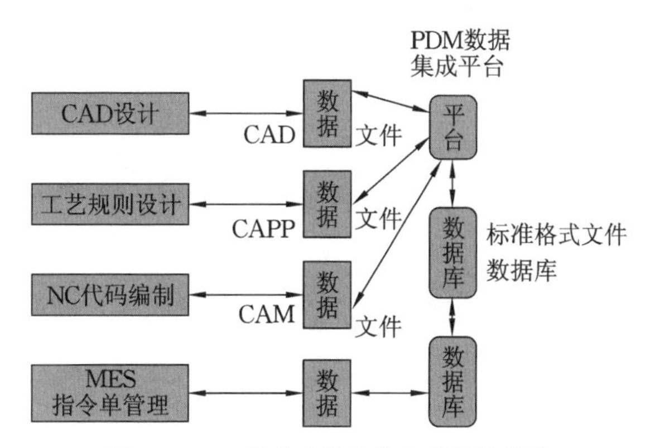

图4.1 MES的企业信息化集成系统结构

随着现代技术的迅速发展,任何企业都不可能独自建立健全的管理系统。每个公司的不同部门都有自己的应用程序软件,每个软件生成的数据也将不同。因此,在企业中,尤其是在数据共享方面,产品数据的复杂性问题尤为突出。然而企业信息化建设是企业发展的一个过程,并且信息技术的应用是逐步扩大和深入的。网络化制造环境下,一个好的MES系统必须具备信息实时集成的功能,主要包括:

首先,在不同结构环境下的实时通信能力,MES可以使用各种有效的通信形式,实时、动态地与不同系统中的相关人员交换数据、信息。

其次,必须支持跨平台操作,并通过Internet平台实时查看不同格式的文件和图形等数据信息,增强沟通协调能力。

除此之外是在产品跟踪监控过程中的信息收集能力。生产过程中一旦发生问题,零件的加工状态应当更新,或者改变生产计划。因此,异构系统数据库需要不断地更新和完善,以更好地支持信息集成和数据共享。

如果确认了异构环境下的MES系统整合集成功能的工作内容,那么就有必要创建用于用例分析的UML系统模型。用例在基于UML的建模过程中,位于核心位置。用例除了用来正确获取用户的请求外,还驱动了不同系统中功能集成的业务流程,其中包含任务分析、异构系统的确定,以及进行功能整合等。在UML中,用例图的主要元素是用例和参与者,而一个用例模型是用一些用例图来说明的。由于用例是从参与者的角度来看系统的,所以要获取系统的用例,首先要确定系统边界和参与者,然后向每个参与者列出其用例,并确定系统的最终用例。

只有通过企业现有的规章管理制度,将MES的各项功能与企业的信息软件系统很好地集成在一起,才能合理地解决生产制造的问题。具体流程如图4.2所示。

在处理生产问题时,MES需要与企业现有的OA、PDM等系统进行集成,以便在各种功能中发挥作用。解决该问题的具体三个阶段如下:

首先,制造部门向设计的部门提供信息,要求改进产品的工艺结构,并使用系统信息显示功能。此功能允许车间员工向远程服务器提交3D或2D数据的浏览请求,并可以在本地用户端口上进行浏览。根据PDM提供的产品数据,设计与制造人员就能讨论结构改进的可行性。

其次,一旦研究和发展部门收到一份结构测试通知,就必须与某一部门和制造人员进行沟

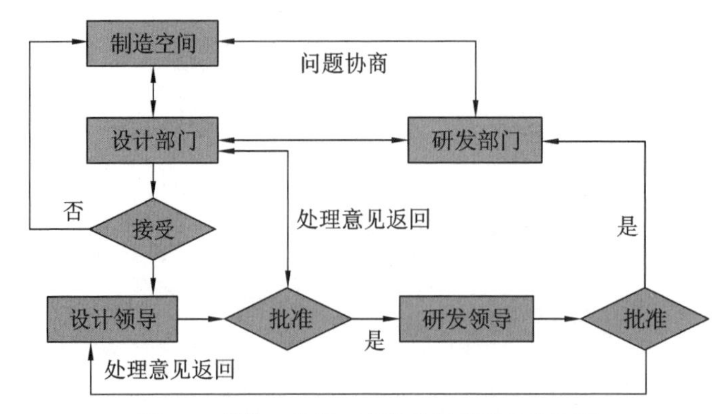

图 4.2 制造—设计—研发协同制造工作流程

通。在网络化制造环境中,员工可以通过快速访问平台实现实时通信。制造人员可以使用MES 提供的 3D 设计信息在线与研究人员交流沟通。一旦研发人员了解情况后,就可以利用分析软件分析具体工艺结构;然后与相关工作人员进行多次协商,直到取得最佳成果。

再次,经研发部门对产品结构进行分析测试后,将结果返回给设计部门的相应人员,由设计人员根据分析结果对结构做出最后的决定。结构修改通知发出后,设计人员应通过 OA 向制造、加工及其他部门发出业务联系通知,并通知相应部门准备结构变更,同时更改产品数据库设计图的内容。制造人员可在接到通知后,打开 MES 产品设计信息功能提供的图纸,并按照改进的工艺结构工作。同时,为了方便操作,一些基本功能是在系统内集成的。因此,特定用户可以方便地使用该系统进行日常工作,解决生产问题。由于系统的基本数据与企业 OA、PDM 等系统数据库共享,便于与其他管理系统集成,达到系统集成的目的。

4.1.3 制造自动化全集成

整个综合集成自动化系统以工业以太网(或工业总线)为基础,将工厂的生产管理系统、人机控制、自动控制软件、自动化设备、数控机床等集成在一起,形成工厂的物理网络。实时收集生产过程数据,分析生产过程的关键影响因素,监控生产物流的稳定性和生产设备的实时状态,使全厂的生产资源和生产过程得到智能化控制,实现智能化、数字化生产的目的。通过将集成后的自动化系统与 MES 和企业 PLM/ERP 联系起来,可实现企业级别的自上而下的数字驱动。

随着自动化技术和计算机网络技术的飞速发展,以及企业对现代控制系统要求的不断提高,为了满足技术的发展趋势和市场需求,已经产生了完全集成的自动化技术。它具有成本低、控制准确、安全性高等特点,克服了生产单元之间的"自动化孤岛效应",这已成为自动化控制系统集成的主导理念。全集成自动化(TIA)以过程控制系统为核心,为生产、过程和集成工业各领域的统一自动化提供一个独特的平台,以满足客户的需求。统一的配置和编程、统一的数据库管理和统一的通信为我们提供了一个完全模块化的控制系统,它们各自的组件可以分开扩展,组成一个高度集成的自动化操作系统。

全集成自动化实现了系统与系统的横向连接,使通信覆盖了整个企业,从而实现了自动化控制、制造执行系统和企业资源管理系统的完美结合,保证了数据的实时性、准确性和统一性。与非集成系统相比,全集成自动化系统为工程师提供了更方便的操作环境,设计简单,可视化、智能化程度高。目前市场上主流的全集成自动控制系统是 ABB 的 800XA 系统和西门子 SIMATIC PCS 7 系统。

(1) 系统特点

全集成自动化是一种集统一性和开放性于一体的自动化技术。它有两个明显的特点——统一性编辑和开放性编辑。

1) 统一性编辑

全集成自动化技术采用全局统一的数据库,每个工业软件都从一个全局共享的统一的数据库中获取数据。这种统一的数据库和数据管理机制,把所有的信息都存储在一个数据库中,而且只需输入一次,不仅可以减少数据的重复输入,还可以节省人力、财力,更重要的是可以降低错误率,提高系统的诊断效率,大大增强了系统的整体性和信息的准确性,从而为工厂的安全稳定运行提供技术保障。在全集成自动化过程中,同一厂家的工业软件可以互相配合,实现了高度统一、高度集成。其组态和编程工具也是统一的,只要从所有的列表中选择相应的项,就可以对控制系统进行编辑、分组、定义通信连接和实现动作控制等操作。

2) 开放性编辑

目前,自动化已从单机自动化、系统自动化向全厂自动化和集团自动化转变。业界普遍提倡标准化、开放式结构,完全集成的自动化技术也不例外。工业以太网是业界公认的通信标准。目前,工业以太网技术的主要厂商已经将工业以太网技术引入市场,从而实现元器件自动化。此外,全面综合集成自动化的开放性还体现在其他方面——对所有类型的现场设备开放,支持因特网开放并向新的自动化结构开放。

(2) 系统集成方法

目前系统集成的方法主要有三种,一是接口集成方法,传统的控制功能和安全功能都是在不同系统的控制器上实现的,系统间的数据交换是通过不同的接口(MODBUS、Modbus TCP、OPC 等)来完成的。二是整合集成方法,在系统的不同控制器上实现常规控制功能和安全功能,通过系统共享网络(如工业以太网)完成控制功能之间的数据交换。三是一体化集成方法、在同一控制器上实现了常规控制功能和安全功能,并通过控制器中的安全通信协议完成控制功能之间的数据交换。这种集成方法广泛应用于石油、化工、医药等过程工业装置。

以往的系统大多是相互独立的,需要独立的系统设计和各自的配置软件来完成系统的开发,维护方式也不同,给用户带来了很大的不便。全集成自动化技术对于 DCS(分布式控制系统)和 SIS(安全仪表系统)的集成发挥了显著的优势。它将 DCS 和 SIS 有机地集成在一起,实现了 DCS、SIS 共享统一自动化软硬件平台、网络通信、配置工程师站、监控系统、实时历史数据库管理、时钟同步、资产管理平台和 Web 服务器/客户端办公监控系统等,能够更好地满足石油等行业对操作连续性、可靠性、稳定性、开放性、规模化等的需要。

集成自动化是一个开放的设计理念,使企业能够实现 IT 与业务的信息集成,通过对企业生产、自动化和制造管理的同步分析、协调和优化,建立了无缝连接,全面提升了企业的核心竞争力。全集成自动化架构如图 4.3 所示 。

(3) 控制器

1) 控制器的种类

TIA 控制系统提供了广泛的控制器供选择,它们的性能在很宽的范围内相互精确匹配。一般选用的控制器主要以模块化控制器为主,模块化控制器主要分为标准型控制器、容错型控

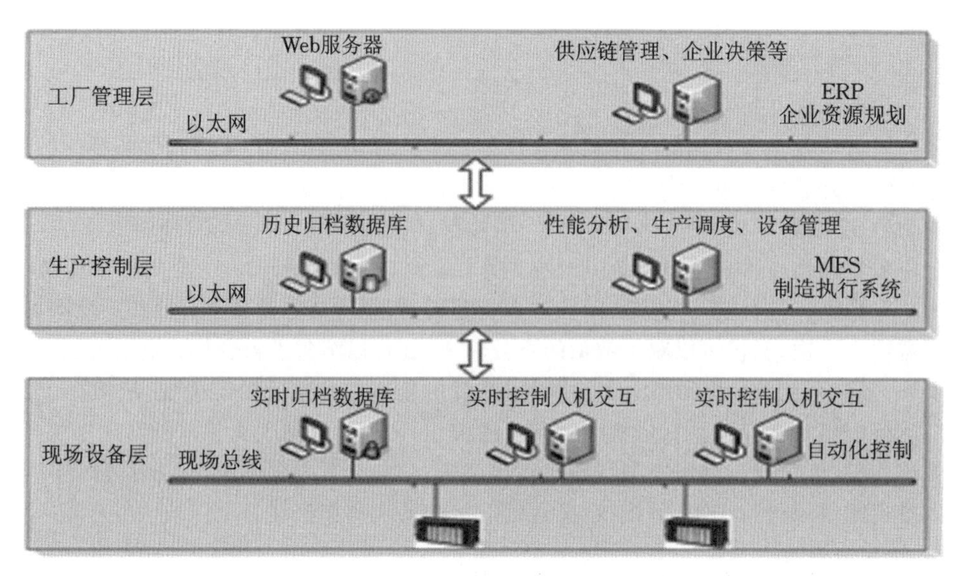

图 4.3 全集成自动化架构

制器和安全型控制器。

2）过程 I/O

TIA 控制系统提供了各种连接 I/O 设备，并通过传感器和执行器检测和传输过程信号的方法。目前主要有两种方法进行连接：

方法一：I/O 设备带有众多低成本的信号模块和功能模块，它们通过 PROFIBUS DP 连接到自动化系统。

方法二：通过 PROFIBUS DP/PA 链接器/耦合器对智能分布式现场/过程设备连接到自动化系统（可进行冗余组态）。一般和 TIA 配套使用的 I/O 系统主要是分布式 I/O 系统。分布式 I/O 系统提供的 I/O 模块可以在装置运行过程中更换有故障的 I/O 模块，而不会影响到相邻模块（热插拔功能）。另外，可直接将适用于气体和粉尘环境的 I/O 系统安装在工业防爆危险区及非危险区域中。若需要更高级别的保护，还可将该系统安装在使用不锈钢面板的外壳中。

4.1.4 典型应用案例

随着我国石油工业的不断发展，安全生产、节能环保越来越受到人们的重视。某大型石化项目是我国特大型炼油工程，采用 SIMATIC PCS 7 和 S7-400FH 系统作为整个装置自动化的核心，构成 DCS/SIS 的无缝集成解决方案。该石油化工项目生产过程长，工艺复杂，存在大量易燃易爆危险装置，对设备的安全性要求很高，对承担全厂重要任务的控制系统的性能也提出了更高的要求。控制系统和仪表不仅要采用最新的技术来保证安全可靠，而且要满足石化行业特殊工艺技术要求。除了基本的过程控制和检测外，还需要建立全厂的实时数据库，为全厂的信息管理和生产调度奠定基础。为了保证人员和设备的安全，保证设备在发生事故时的安全连锁和紧急停车，避免灾难性事故，采用 SIS 对设备进行保护。DCS 和 SIS 在炼油和化工厂的控制中有着广泛的应用。在过去，这两种系统大多是由不同的制造商提供，并且相互独立。

它们需要独立的系统设计和配置软件来完成系统的开发，而且维护模式也不同。公司的 SIS 选用具有冗余容错的 S7-400FH 控制器，内置完整的冗余设计和自诊断功能，能够快速、有效地诊断内部和外部故障。通过不同的模块冗余模式，实现了单模块、双模块和三重模块的配置，完成了 IEC 61511 安全规范中规定的安全仪表功能。这样，DCS 与 SIS 的完全集成，不仅可以减少投资，而且简化了系统的设计、开发和维护，满足了生产装置安全仪表电路功能的要求。

该项目遵循全集成自动化(TIA)设计理念，以 SIMATIC PCS7 为核心，将制油和乙烯工艺装置、公共工程、辅助设施等纳入控制系统，实现对所有生产设备的整体控制和监控保存，并利用 Profibus 总线及工业以太网通信技术建立了完整的自动化控制体系。整个系统的结构可以分为三层：

① 控制器层，通过现场总线层实现对现场仪表的监测和输出控制。

② 系统网络层，所有现场控制器、服务器、工程师站、操作员站通过系统网络连接到一起。

③ 终端网络层，所有服务器、客户机操作员站通过终端网络层连接到一起，客户机操作员站通过服务器获得控制层的数据并将操作员指令传达到控制器。

项目所有的工艺生产装置、公用工程及辅助设施等采用 DCS/SIS/CCS/MMS/GDS/AMS/OTS/GPS/CCTV 等集成系统进行过程操作、控制、监视和安全连锁保护。在完成工业过程底层回路控制的基础上，进一步实现过程的整体性能控制，搭建过程控制与管理的一体化系统平台，最终实现以综合生产经营指标为目标的优化控制，确保生产装置安全、平稳、长周期、高质量运行，实现企业的最大利润。所采用的 TIA 控制系统已经帮助该企业的炼化装置在产品收率和产品质量方面达到设计值，同时，TIA 控制系统具有高可靠性和灵活易用性。系统结构框图如图 4.4 所示。

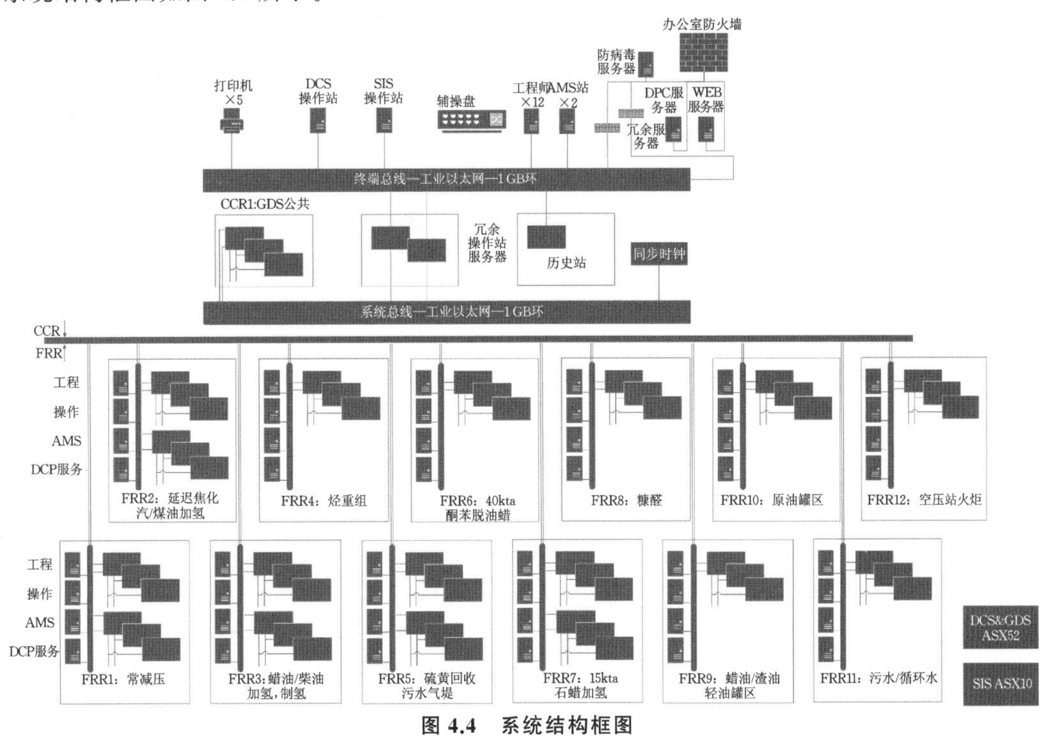

图 4.4 系统结构框图

4.2 制造优化理论建模与动态优化

传统的 MES 面临如下需求和挑战：

一是收集涉及生产过程的信息需要较长时间。随着工业生产过程规模的复杂化和大型化，生产环境因素会发生随机变化，生产过程中的信息会呈现出多源且量大的特点，缺乏对实时多源信息有效的自动识别和获取的系统解决方案。多元信息在获取时需较长时间，且没有附加价值，滞后较大，容易发生错误。

二是制造过程精确及时的监控和主动感知。生产过程是制造系统最重要的环节，如果产品的制造信息被实时反馈，决策者就能掌握制造瞬间的动态规律，从而实现“数字化高效，高质量生产”。在实际生产过程中，紧急任务不断、计划变更频繁等，造成了执行系统运行效率低下、工程流程循环不畅、对产品没有有效控制、库存积压等严重问题。由于缺乏多源原始数据与制造过程的重要监控过程之间的多层映射关系和动态高效的聚合模型，很难及时准确地反映制造过程的几个重要部分。

三是实时信息驱动制造过程的动态优化方法。现有的车间执行系统虽然能够实现车间日常计划的及时发布，但由于缺乏设备级的生产顺序预测和对制造信息的及时反馈，上层管理人员难以有效地控制和动态协调制造执行过程，缺乏对生产过程的全面分析和有效的动态优化策略。

4.2.1 制造执行动态优化的基本思想

如果制造系统中所有流程都准确无误，生产便可以顺利开展。但万一生产进展不利，制造环节出现问题并影响到产出的时候，由于整个过程非常复杂，很难迅速找出问题所在。

最简单的方法是在生产系统中尝试一种全新的生产策略，但是面对众多不同的材料和设备，如何做出合理选择又是一个难题。针对这种情况，可以在数字孪生模型中对不同的生产策略进行模拟仿真和评估，结合大数据分析和统计学技术，快速找出有空档时间的工序。调整策略后再模拟仿真整个生产系统的绩效，进一步进行优化，实现所有资源利用率的最大化。

为了实现卓越的制造，必须清楚了解生产规划以及执行情况。企业经常抱怨难以确保规划和执行都准确无误，并满足所有设计需求，这是因为如何在规划与执行之间实现关联，如何将在生产环节收集到的有效信息反馈至产品设计环节，是一个很大的挑战。

解决方案是建立一个计划和执行的闭合环路，并利用数字孪生模型将虚拟生产世界和实际生产世界结合起来。具体而言，就是将 PLM 系统、制造操作管理系统和生产设备集成在一起，在将工艺计划发布到制造执行系统后，使用数字孪生模型生成与整个生产设计过程相关联的详细作业指令，以便在发生任何变化时，对整个过程进行相应的更新，甚至可以从生产环境中收集相关信息。

此外，大数据技术还可以直接从生产设备收集实时质量数据，覆盖这些数字孪生模型信息，比较设计和实际制造结果，检查两者是否存在差异，找出产生差异的原因和解决办法，确保生产能够完全按照计划进行。

在德国汉诺威，西门子首席执行官曾送给奥巴马一副卡拉威高尔夫球杆，这个球杆诞生于一个数字化世界。在设计阶段，数字孪生帮助它在虚拟环境中完成模拟和测试，将俱乐部的市场周期从 2～3 年缩短到 10～16 个月。俱乐部可以根据顾客的体重、挥杆姿势和力量等所有相关因素量身定做，但成本与普通俱乐部没什么不同。这正是未来制造业的方向之一——满足客户个性化需求，即所谓的“大规模定制化生产”。那么，制造业如何才能做到这样？

西门子认为，解决方案只有一个，那就是数字化(digitalization)，其核心技术就是数字孪生(digital twin)。它背后的逻辑是这样的：当制造商想要开发一款新产品时，他首先通过软件在虚拟的数字世界中进行设计、仿真和测试；之后再进入数字化的生产流程，这意味着从原料采购、订单管理、生产制造到质量管理的每一个环节都可以收集数据，并互相打通；之后这些生产过程中的数据又可以回到虚拟的数字世界，进一步优化产品性能和提升生产效率。

在西门子数字化方案的帮助下，意大利豪车品牌玛莎拉蒂生产出了全新一代的 Ghibli 跑车。通过对软件里的数字化模型进行设计和测试，玛莎拉蒂新款车型的设计开发时间缩短了30%，跑车上市的时间缩短了 16 个月，而采用了西门子 MES 系统(生产执行系统)后，Ghibli 跑车的产量提升了 3 倍，却又保持了不变的品质。

4.2.2 云制造环境下的制造执行动态优化

CloudMES 系统将智能制造的研究扩展到服务领域，并将智能化扩展到生产决策、管理、控制等功能上，将不同产业智能制造的应用模式与面向服务的生产制造模式有机结合起来。大量的制造企业在集群中的产品运营链上只做一个环节，形成生态产业链，打破了产业集群的区域局限，通过网络大范围的虚拟空间形成了有益的共生关系。产业链中各个环节的相互作用很强，可以获得较高的附加值，系统可以消除信息不对称、传输失真和反馈延迟等现象，使产业链上的生产制造过程更加顺畅。CloudMES 系统有以下特征优势：

(1) 制造物联化

对于制造系统，在大型、广泛的离散制造车间中，传统的网络化制造服务平台只能实现车间异构制造资源的单线管理，而 CloudMES 系统制造过程中的资源共享平台可以使用传感器网络、RFID 等各种物联技术，智能地感知、收集和预处理车间资源及其运行过程的多源信息，支持异构制造资源的虚拟化描述和封装，实现虚拟制造资源的集成以及平台上制造资源的集成管理和分散服务，提高生产制造过程的智能化水平。

(2) 服务多元化

CloudMES 系统引入云计算、物联网、大数据等信息技术后，大量生产车间可以将闲置和高质量的设备资源连接到平台，实现其在广域中的最优配置和集成共享，支持远程实时监控生产运行状态、在线检测产品质量等协同制造服务。同时，该平台在服务过程中产生大量的数据，通过对大数据进行分析和处理，可以为车间提供相应的增值服务，如生产计划的优化调度、故障诊断和生产设备的预警等。

(3) 信息充分共享

CloudMES 系统可以向云制造的公共服务平台共享工厂内部的资源信息(设备运行状态、现在的负荷状态等)、生产任务信息(订单信息、质量信息、进度信息等)等，促进基于产品全生命周期所需要的研发设计、生产制造，以及管理方法等能力资源的共享。

(4) 知识更加集聚

云服务平台应用 CloudMES 系统和 MES 系统平台，使得车间不同流水线的业务合作和信息共享更加频繁，促进生产制造行业价值链从空间集聚向信息集聚和知识集聚发展。因此，可以在平台上收集大量的显性知识和隐性知识，如生产工艺知识、机床设备维护经验、产品质量优化方案、数控编程知识等知识资源。通过该平台，可以有效地实现机械设备车间级的制造资源共享和制造服务协作，提高机械装备行业企业的产业链协作能力和市场综合竞争力。

(5) 制造资源动态变化

CloudMES 系统将云制造服务降低一层到车间级，车间之间直接对接，进一步提高生产过程的管理要求。可重用单元的组合在具有耐误码性、稳定性的同时，使虚拟工厂作为复合实体运行。鉴于资源的广域性和异构性，本次加工可以加工出完美整合的最优协同车间，在下次服务时，根据本地资源和协同资源的不同组合会出现更多样的匹配方式。加工程序、加工工序随时都有变化的可能性，A→B→C→D 变为 A→X→C→D 或者最优化进程工序变为 A→D→C→B。对广域、分散、异种现场优势资源进行智能化、虚拟化、共同化和服务化处理，使企业充分整合和优化现场内外优势装备资源，构建虚拟智能制造现场，实现智能制造。

4.2.3 面向云制造服务的 MES 系统总体框架

面向云制造服务的 MES 集成系统可以在几乎任何分散的 MES 系统的车间级实现生产状态与相应信息的一对一映射或多对一映射，能够提高资源虚拟化后的信息共享能力，如各种资源配置的可扩展性和灵活性。利用云制造服务的理念能丰富面向服务的制造的内涵，更多强调制造能力的服务、资源的按需使用和动态协作。为了在车间一级实现生产制造过程的智能化，经过云管理，生产过程趋于个性化和智能化，原来的标准化生产线向个性化定制转变成为可能。当产品具有智能交互和互连功能时，那么就可以实时控制产品位置、收集设备运行状态数据等信息。使信息更加透明，有利于海量数据的智能处理和智能决策。

CloudMES 的体系架构基本上如图 4.5 所示，由基础支撑层、物理资源层、资源感知层、虚拟化层、服务组件层、服务模型层、业务流程层以及用户层等构成。其中基础支撑层和用户层分别为 CloudMES 提供网络运行支持环境和用户交互界面，是一般的系统层次，在此不详述。

(1) 物理资源层。该层由企业车间生产过程中的各种制造资源组成，包括：①机床设备、模具测量工具等制造硬资源；②车间管理系统、仓储管理系统等制造软资源；③制造工艺知识、数控程序代码、零部件标准库等制造能力资源。

(2) 资源感知层。通过各类传感器、RFID、智能终端、软件集成接口和文件传输接口，实现对制造硬资源、软资源、能力资源的信息感知、采集和预处理。

(3) 虚拟化层。根据资源感知层收集的资源信息，虚拟化工具(虚拟描述工具、虚拟镜像工具、虚拟部署工具等)对各类制造资源的标准化信息进行建模和管理，形成相应的虚拟资源库。

(4) 服务组件层。为了实现虚拟资源与相应的 CloudMES 服务之间的映射，支持服务模型层的操作，该层定义车间生产制造过程中的原子业务，并进行服务封装。该层由各种服务组件组成，包括生产服务组件、质量管理组件、系统管理组件和云管理组件。

(5) 服务模型层。支持 CloudMES 原子服务和复合服务的构建，实现企业车间生产制造过程中的制造服务模型以及与云制造服务平台对接的生产过程云服务模型。

(6) 业务流程层。在服务模型层的支持下，根据用户的实际生产过程云服务需求，安排和管理相应的业务流程，支持车间生产过程中云服务的优化和运行。

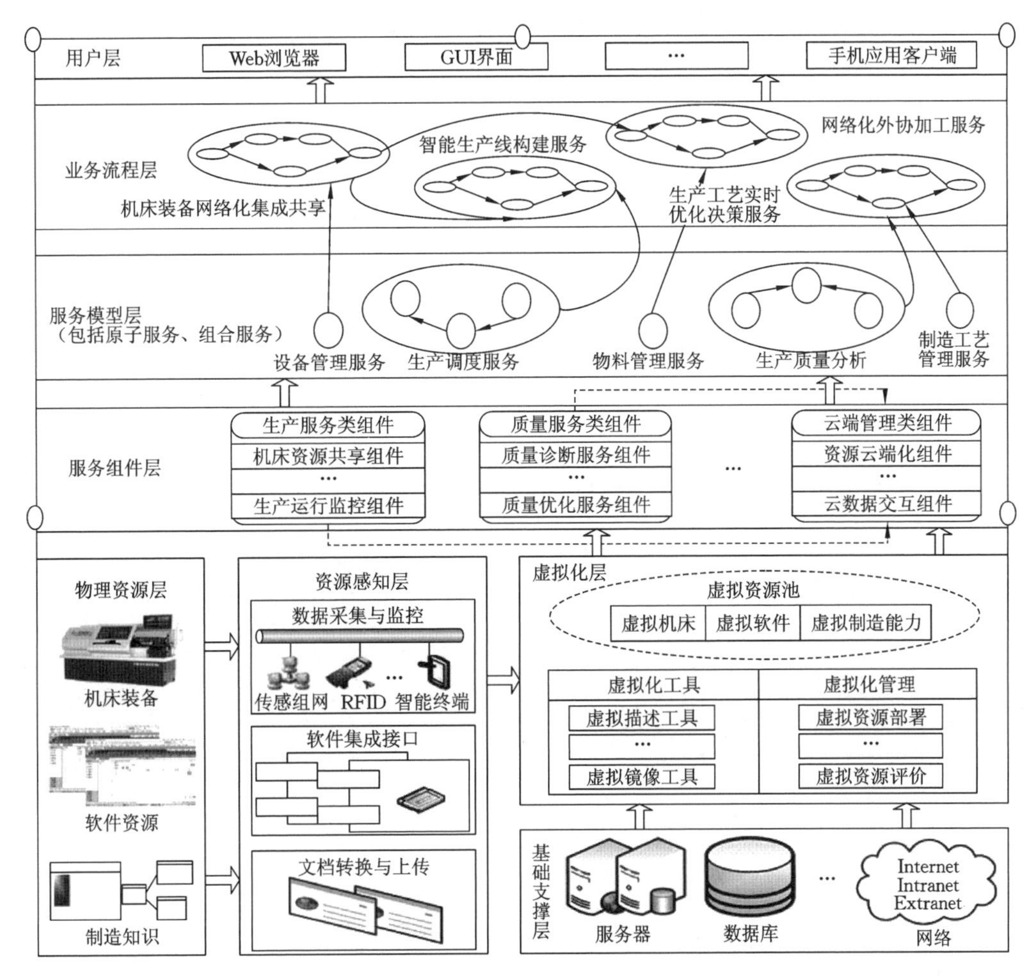

图 4.5 面向生产过程云服务的制造执行系统（CloudMES）的体系架构

4.2.4 制造执行过程动态优化技术

制造执行过程的动态优化技术框架如图 4.6 所示，主要包括基于制造过程关键监控点感知的动态优化策略和基于目标层级分析法的制造执行过程动态优化方法两方面。图中 T 表示目标，R 表示子响应函数，Y 表示连接变量。

（1）根据制造过程中关键监测点感知的动态优化策略

生产任务的调度问题较难，为了降低动态优化的求解复杂度，提高求解速度，动态优化策略层基于制造资源的层次结构，设计了如图 4.6 所示的动态优化策略，通过对制造设备、制造单元和制造系统中不同制造任务的计划目标进行分层决策，优化了不同资源层次的全局/局部优化。在该模型中，首先根据制造系统的目标时间对每个单元进行分解，如果与设备的加工序列有偏差，则局部优化首先放在设备末端；如果没有，则继续向上反馈，直到制造系统级别内的全局优化完成为止。

（2）基于目标分层分析法的制造执行过程的动态优化方法

基于上述时间段动态优化策略，结合与制造执行过程相关的 MES 的分层结构（例如制造

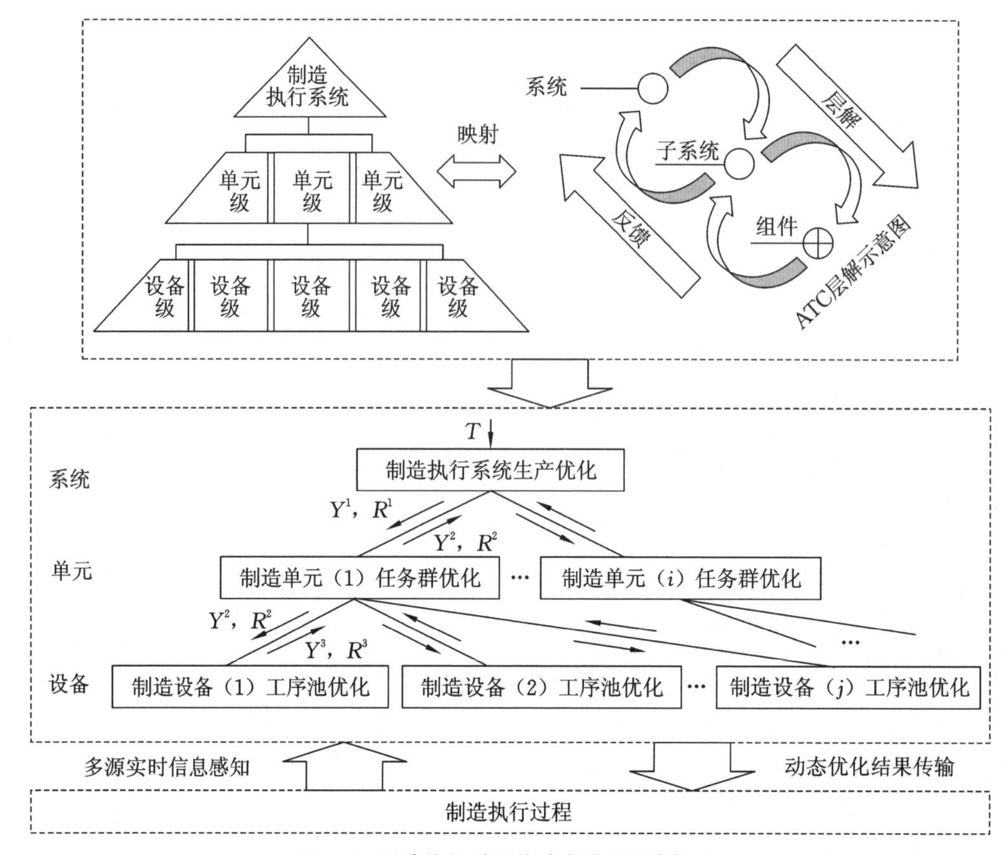

图 4.6　制造执行过程的动态优化技术框架

车间/单元/工作中心/设备)，设计了图 4.6 的下部所示的目标层次分析法(Analytical Target Cascading，ATC)。

根据制造资源的层次结构，将问题分解为三个层次——MES 层、制造单元层和制造设备层。其中 MES 层是较长时间(如月或周)的优化目标，制造单元层是任务组在较短时间内(如日间或轮班)的加工顺序和启动时间的优化目标，制造设备层是设备端任务池序列处理顺序的优化目标。在 ATC 优化模型中，当确定系统级目标值时，下层各层目标值的转换过程是从上到下逐层分解的。通过系统级子响应函数和连接变量，建立了系统级和单元层之间的耦合关系，使各设备端感知到的实时制造信息从下到上逐渐反映到相应的层。根据连接变量与目标之间的关系函数，分别在设备端、制造单元和制造系统中对制造任务进行局部优化和全局优化。

制造执行过程的动态优化也涉及质量信息传感、监控、全过程优化和追溯技术。图 4.7 是生产过程质量信息感知、监控、全过程优化和追溯技术的实现框架。它主要涉及在线质量监测、生产过程诊断以及质量问题驱动的多制造资源质量信息的可追溯性。生产过程中在线质量信息的误差，可能是由于设备工作条件异常、刀具磨损、夹具定位误差等原因造成的，或者是由于生产过程中引起质量问题因素的多样性和复杂性而导致。为此，利用基于 XML 的实时质量信息模板对导致加工质量的各种信息进行分类和提取，通过加载制造设备振动、工件长度、形状和位置误差等几何量，基于数理统计知识和专家系统对生产过程质量信息进行在线诊断。该跟踪模型分别从不同的纬度和深度对可能引起该质量问题的各种因素追溯信息，例如根据生产设备工作状况的历史数据对设备的质量信息进行追溯；基于制造 BOM 对与该问题相关的所有已完成的其他工序的质量信息，以及对问题的产生和相关的制造工艺过程进行追溯等。采用标准的追溯信息表达模板能够快速地对检测和锁定的最有可能引起质量问题的制造资源提供全方位的质量信息，为制造执行过程的动态优化奠定基础。

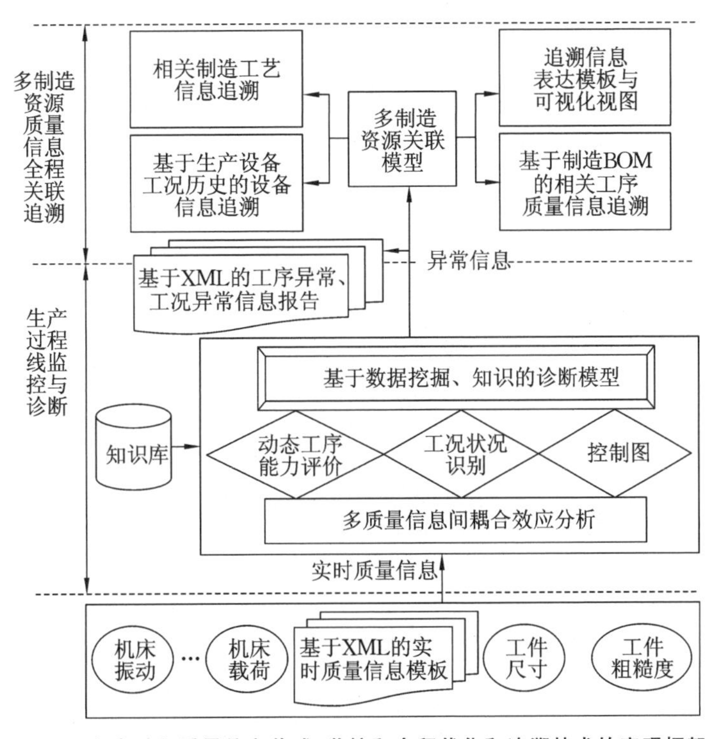

图 4.7　生产过程质量信息传感、监控和全程优化和追溯技术的实现框架

现代制造技术正在朝着“高精度、高效率、高可靠性”方向发展，对生产过程的动态监控、分析、预测和优化控制提出了更高的要求。制造执行过程的动态优化技术正在向更深层次和更广的技术发展，数字孪生制造技术为制造过程实现精准感知、虚实融合、共融进化、数据挖掘和信息跟踪和优化决策提供了一种新的途径。

4.3　制造过程的质量控制与执行

制造过程的动态优化过程涉及产品的整个生命周期，需要根据产品的实际状况，实时跟踪和控制产品的质量状态。从数字孪生制造的意义上讲，一方面，在物理空间，采用物联网、传感技术、移动互联技术将与物理产品相关的实测数据（最新的传感数据、几何数据、状态感知数据等）、产品使用数据和维护数据等关联映射至虚拟空间的产品数字孪生体。另一方面，在虚拟空间中利用模型可视化技术实现对实物产品生产和使用过程的实时监控，并结合历史使用数据、历史维护数据、同类产品的相关生产数据，采用数据挖掘方法和动态贝叶斯、机器学习等优化算法，实现产品模型、结构分析模型和热力学模型、产品故障和寿命预测分析模型的不断优化，使产品数字孪生模型和预测分析模型更加准确，仿真预测结果更符合实际情况。针对存在故障和质量问题的产品，采用追溯技术和仿真技术实现对质量问题的快速定位、原因分析、解决方案生成和可行性验证等。最后，将最终结果反馈到物理空间，以指导产品质量故障排除和追溯。与产品生产制造过程类似，在产品服务过程中，数字孪生体的实现框架主要包括物理空间的数据采集、虚拟空间中数字孪生的演化以及基于数字孪生的状态监测和最优控制，基于制造执行系统实现产品动态质量控制。

4.3.1 基于产品制造执行系统的动态质量控制

基于产品制造执行系统的动态质量控制系统的体系结构，类似于三层企业集成模型，包括ERP/MES/Control三层集成框架。AMR(Academy of Management Review)组织于20世纪90年代提出的企业集成模型，清楚地描述了ERP、MES和质量控制(control)层在企业集成信息管理系统中的地位。图4.8为AMR三层企业集成模型。

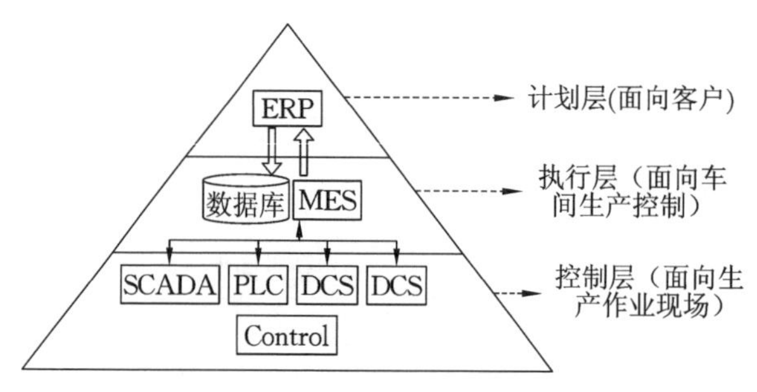

图4.8 AMR三层企业集成模型

根据系统论和控制论的观点，制造执行的质量管理最重要的是产品生命周期中的产品质量管理，质量管理实际上是对生产过程的一种质量管理，通过产品质量设计分解产品的质量目标，形成工序水平的质量控制规范和过程控制参数表。在生产过程中，不断测量生产系统的质量特性，并借助各种质量统计分析手段和控制方法，与工序水平的质量控制目标进行比较分析，并进行质量决策和质量评价，不断地将决策信息和评价结果反馈到生产系统的各个阶段，对生产过程进行进料式和反馈式的质量控制。

根据质量控制系统的工作原理，提出了动态质量控制系统的体系结构和功能模型，它们包括以下几个模块：①根据产品标准和制造标准，质量设计模块对ERP系统收到的合同进行质量设计，确定产品在各个工艺阶段需要达到的质量规格和工艺参数设定值，如各种几何尺寸加工设计值、各工序工艺设定值等。在后续生产过程中，根据质量设计输出目标进行严格的质量控制。②在线过程质量控制中，对现场加工的产品质量状况进行实时监测。根据检测到的质量特征值，选择质量控制工具和控制图，将原始质量数据转化为相应的质量控制参数，进行过程能力分析和在线统计质量控制，然后根据分析结果，对生产系统的行为进行修正。③实验室离线检测跟踪管理模块，接收质量检测任务。根据检验标准和检验规程，对原材料、采购件、外部合作部分、半成品和成品进行离线定量检测，并通过网络将检验数据传送到质量评价和决策模块。该模块包括检验计划管理、检验设备和原材料管理、检验结果自动检查和分析，以及检验过程跟踪和查询子模块。④根据在线检测的工艺参数或离线检验数据，进行质量评价和诊断决策，对半成品质量进行定性评价，针对现有产品的缺陷或不足，对产品的质量问题进行诊断，并提出改进措施。⑤生产质量数据挖掘与统计分析分为两部分：一是质量统计分析，产品质量分类统计和产出报告；二是通过数据挖掘和模式识别，从质量性能数据库中找出生产过程规律，确定生产工艺参数与产品最终性能之间的关系，并建立严格的定量对应关系。⑥质量数据采集和跟踪，从质检硬件、PCS 或计算机控制网络自动或手动收集质量控制数据。⑦根据获得的检测数据对生产质量进行预测和预报，预测材料加工质量的未来趋势，并预报性能，然后再返回制造过程，以调整和优化后期生产过程，最大限度地减少不正常质量造成的损失。图 4.9 为一个动态质量控制系统的体系结构。

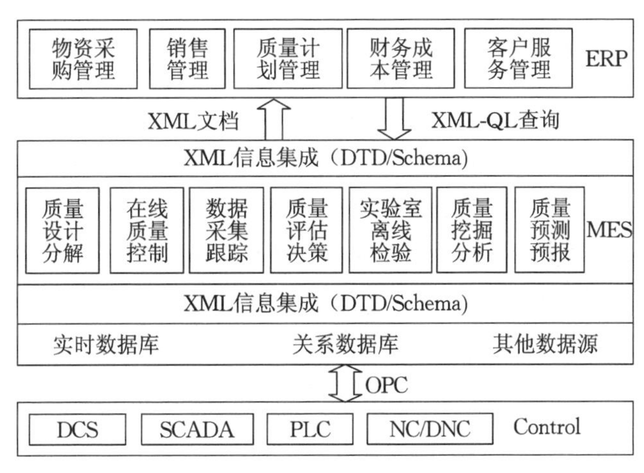

图 4.9　动态质量控制系统的体系结构

动态质量控制系统，即质量设计、质量执行、质量评价和质量改进闭环质量管理系统。该系统分为以下四个层次：

（1）质量设计层

制造企业每批批量生产的产品，必须满足特定客户的质量要求，如产品的物理尺寸、抗拉强度、屈服点等产品的精度要求。为了满足订单产品的质量要求，企业必须选择工艺设置和操作条件，设计每一批产品的质量，以满足客户的特殊要求，优化生产效率。因此，在质量设计系统模块中，需要采用基于案例推理的原理，快速、自动地设计各新订单的制造过程。通过在数据库中搜索与当前订单的产品细节相似的生产批次，获取生产批次的工艺信息和组成数据，形成当前订单的初始生产和制造信息，如各工序的工艺设置值、各工序应满足的质量要求等。根据输入输出关系和一些优先级系数，用户可以通过图形人机界面调整这些工艺参数和组成，以满足当前订单的特殊细节要求。

（2）质量执行层

质量执行层作为质量控制层的输入，是工序质量执行和评价的标准和基础，包括质量设计层中形成的订单中的一系列控制参数和质量性能参数。在质量执行层中，生产过程中的质量控制对象主要分为过程工艺参数控制、性能控制和外观尺寸控制。在系统设计中，需要将质量控制因素中的小项目细分为各个类别。通过各种过程质量控制方法和图表，根据从底层控制系统收到的现场生产性能数据，对特定物料的生产状态进行在线动态控制，实现前馈质量控制，从而提高产品质量的稳定性。质量执行层的功能包括生产质量数据的采集和跟踪、质量预测和预报以及在线工艺质量控制等。根据生产设备的自动化程度，数据采集方法可分为两种——从生产设备控制系统自动采集数据和人工输入数据。对于可直接监测的质量特征参数，如基本几何尺寸和主要性能指标，系统可自动比较标准值，并在达到警告尺寸时及时报警。对于材料断裂、内部损伤等无法在线检测且无法保存的质量特征因素，只能通过建立工艺参数与这些因素之间的决策表来预测和预报这些质量因素和缺陷的存在，及时调整生产工艺参数以避免质量缺陷的发生。

(3) 质量评估层

在质量评估层，系统中的质量评估主要分为三类：原材料质量评价、生产现场物料质量的确定和实验室离线检验结果的判断。该系统将每个生产过程的质量检测数据与质量设计级的质量目标进行比较，自动或通过人工参与来确定偏离质量目标的情况，并确定如何应对质量缺陷。该系统根据设定的参数表和判断结果对中间产品进行处理，如果存在某些类型的缺陷，产品质量就会下降。该系统包括进料复检处理、工件成分自动测定、实验室理化性能自动测定、工件外观尺寸手动测定、不合格品降级等功能模块。质量评估层的功能模块与生产作业计划子系统和物料跟踪子系统具有集成接口。质量判断和处置指示给生产和加工单位和系统。根据当前工艺的物料质量状况，对下一个生产和加工活动进行指导和调整，以实现对生产过程的动态控制。

(4) 质量改进层

在质量改进层，质量管理和控制的目标是不断提高产品的质量，探讨生产过程的工艺参数与最终产品性能之间的关系，在分析产品质量规律的基础上进行加工工艺的质量改进，从而形成一个闭环螺旋质量控制过程。根据存储在系统订单中的完整质量信息流，运用参数统计、概率分布、相关分析、回归分析、模式识别和数据挖掘、质量控制工具和人工智能等多种数理统计软件包进行定量分析，挖掘出产品质量与各种参数之间的规律，不断提高产品质量。在质量改进层，最重要的是建立完整的生产性能技术质量信息库，并与数理统计软件工具建立接口，使用户可以借助强大的、专业的、智能的分析工具来分析质量因素之间的关系。

根据以上四层动态质量控制的基本思想，可以建立基于 MES 的动态质量控制系统。除上述功能外，系统还包括基本数据管理、质量文件发送管理、中心实验室信息管理子系统、售后质量目标管理等功能模块。

4.3.2 产品制造质量对于产品使用性能的影响

所谓机械产品制造质量，主要是指几何质量和材料质量。就几何质量而言，主要是指机械产品制造后产品表面与周围界面的几何性能差异。在生产实践中，以金属切削为例，这种差异主要集中在平面平整度上，而平面平整度的差异主要是由机械制造系统决定的。就材料质量而言，主要是指在完成加工工作后，一定深度的零件表面层的物理性能与基体相比发生的变化。例如，切削是由于切削过程中出现塑性变形现象，机械表层晶格发生变化，金属强度增大，硬化指数升高等。同时，金属在机械产品的表面也会发生相应的变化，这主要是因为在产品的生产过程中可能不需要加热和切割，表面金属会出现分解等相应的变化，从而使产品本身的性能发生变化。

在切削粗糙表面的过程中，由于实际接触基面相对较小，但施加的接触力往往过大，磨损是不可避免的。同样，在粗糙度降低的情况下，由于表面分子相互吸引，润滑油层难以发挥保护作用，此时产品接头处的磨损将更加严重，因此，为了提高产品的耐磨性，需要控制工作载荷范围。在制造过程中，一旦产品的硬化指数上升，这台机器的耐磨性会下降。生产过程中的表面粗糙度也会影响产品的疲劳强度。准确地说，表面的晶粒方向将对产品的疲劳强度产生根本性影响。根据实际操作经验，产品表面硬度与产品疲劳强度呈负相关。在生产过程中，提高产品的硬度会降低产品的疲劳强度，因此需要对残余力进行精确的控制。在机械产品的切削加工中，尽可能采用高精度加工，优化刀具路径，这些能在很大程度上保证产品的表面平滑，还可防止产品裂纹的产生。我们还需要注意的是腐蚀性。对于那些表面粗糙的产品，一旦暴露在腐蚀性物质中，由于表面的粗糙度，这些腐蚀性物质更容易停留在表面并渗透到里面，随着时间的推移，产品腐蚀得更快。一般来说，这时可以提高产品的残余压力，最大限度地抑制表面裂纹的出现，只有这样才能从根本上改变产品的耐腐蚀性。产品性能的影响是多方面的、多层次的，因此在研究产品的性能时，有必要对产品的全生命周期进行研究和评价。

4.3.3 机械产品的制造质量影响因素及控制执行

机械产品质量的主要影响因素是产品加工系统的误差和产品制造的误差。前者主要是指产品在生产过程中由于外力的影响和制造系统的作用而产生的误差。在制造过程中，这种误差的存在使得刀具与工件之间原有的几何关系发生了变化，进而产生了后期制造误差。在加工尺寸方向上，原始误差的存在使机械产品的误差更加明显。当然，我们不能忽视误差敏感方向的干扰，只有了解了这些问题的存在，才能更好地提高产品的加工工艺和产品质量。

为了减小误差，我们需要提高生产中的精准度，只有这样才能提高产品的工艺水平。提高生产中的精准度可以从以下几个方面进行改进：首先，优化机械产品的设计，我们在对机械产品进行设计的时候可以有针对性地减少面数，进而匹配相应的硬度，换句话说就是在对产品进行设计的时候从结构方面进行改进。其次，通过外力支撑（主要通过外部中心框架来辅助），提高产品的硬度。再次，最大限度地提高连接表面的刚度，提高产品构件之间的融合质量。最后采用合理的装夹方法，这是至关重要的。

图 4.10 为生产跟踪与追溯执行方案。

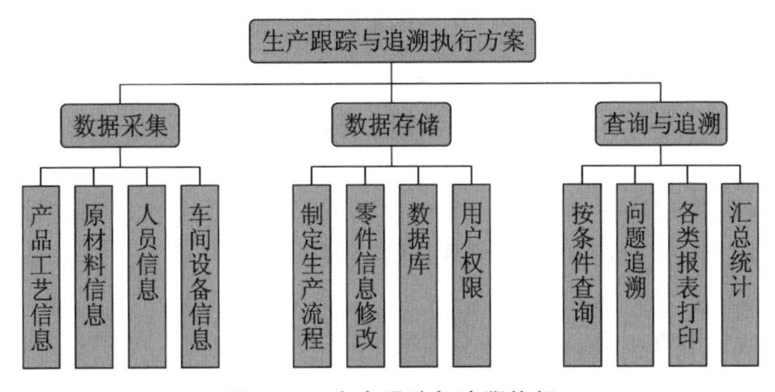

图 4.10 生产跟踪与追溯执行

制造业各级生产管理人员对产品跟踪与追溯执行方案的需求主要体现在数据采集、数据存储、应用查询三个模块上。

(1) 数据采集

① 产品工艺信息:由于离散制造业产品多种多样,生产过程复杂多变,所以要对每个原材料都配备一个条码标签,并且对每个原材料进行编号,以便区分同一批次下的不同产品。

② 原材料信息:原材料信息主要包括原材料最基本的信息,如原材料编号、批次信息、原材料信息、供应商信息等。这些信息在原材料加工之前就可以确定,所以我们在条码标签内写入这些信息,在生产过程中由条码阅读器自动获取。

③ 操作人员编号:对企业内的所有生产操作人员配备唯一的编号,这个编号显示该员工的基本信息,该编号可用来查询生产操作人员的工作效率以及责任认定等重要信息。

④ 生产设备信息:对于制造业产品生产流程,由于公司生产设备自动化程度较高,大部分加工过程都需要有机床等设备,这些设备的停机、开机、运转情况等都需要有一个记录,以便管理者对生产数据进行统计。

(2) 数据存储

① 工艺信息存储:由于一个成品由多个零件组装而成,而一个零件又需要经过多道工序加工,每一道工序都有所差异,所以采集的数据也有所不同,这些工序都是在产品进入生产线之前就已经由设计人员完成。

② 用户权限:由于企业内部管理者众多,各自的任务也不尽相同,不同的使用者可以查询或增删的内容也不相同,应根据不同的用户名和密码访问数据库中的数据,并且对每个层面上的管理人员进行权限设定。

③ 高速响应:企业间的竞争可谓分秒必争,节省工作时间是一个企业最重要的管理细节,所以对于本方案中的数据存储部分要求有较快的响应速度。

④ 汇总计算:本方案中对于采集的生产现场各种数据,可以进行适当的汇总计算,如根据生产线、产品类型、班次、产量等信息可以进行统计求和,管理者可以随时根据需要进行查询。

(3) 查询与追溯

① 工艺信息查询:此项查询功能主要针对企业内的设计部门。设计人员将设计好的零件工艺信息(加工工序、零件图、装配图等)存储到数据库中,车间工作人员可以通过产品跟踪情况,查询到自己所设计的图纸存在的问题,方便及时进行修改。

② 条形码查询:按照条形码查询是最基本的功能之一,使用者扫描条码后,从数据库中获取该产品在各个相关工序的各种信息(产品履历)。条码对应的详单(包括所经过的工序以及加工图纸等信息)自动从数据库中调取。此项查询主要用于生产过程中的生产跟踪以及产品出现质量问题后的追溯查询,查询指定零件的详细情况,掌握该产品的生产进度情况。

③ 按人员查询:此项查询按照用户指定的人员编号或人员条码进行查询。可以查询到某个工人在某个时间段内的所完成的工作,对于统计工作量、查看工人操作水平有重要意义。

④ 按车间查询:此项功能针对用户需要查看车间生产总体状况而设计,用户可以查询到某个生产车间在某个时间段内加工的产品总量。除了查询到车间生产总量外,此项查询还可以查看车间所有完工产品的详细列表。

⑤ 按时间查询:此项功能按照用户指定的时间段进行查询,可以查询某个时间段内企业生产总量,也可以查询某个时间段内某个工人的生产总量。

⑥ 按工位查询:该查询是根据用户指定的站点进行的,可以查询站内加工产品的总数,也可以查询在车站工作过的工人的历史。

通过上述方法,基本上可实现产品质量影响因素的全面动态跟踪及实时有效控制。

4.4 基于大数据的制造全过程追溯执行

数字孪生的数字纽带为产品数字孪生体提供访问、集成和转换能力，目标是连接产品生命周期和价值链，基于大数据的综合可追溯性，双向共享/交互信息，实现价值链协调。由此可见，产品数字孪生体是对象、模型和数据，而数字纽带是方法、通道、链接和接口。通过数字纽带的交换，对产品数字孪生体的相关信息进行处理。

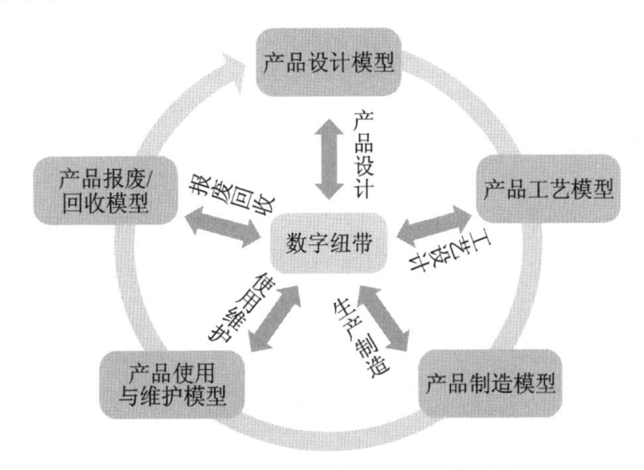

图 4.11 产品数字孪生体与数字纽带的关系图

数字孪生的核心问题是如何定义包括产品开发全过程在内的全要素产品模型，如何为整个开发过程提供数据准备或反馈，从而实现基于模型驱动的产品开发模式。

4.4.1 产品追溯执行系统

在 ISO 9000 标准体系中，可追溯体系的定义如下：追溯所考虑对象的历史、应用或地点，在考虑硬件产品时，可追溯性涉及原材料和零部件的来源、加工过程的历史、产品交付后的分布和位置。从定义中可以看出，作为制造型企业，我们的可追溯范围主要包括三个方面：第一，原材料和零部件的来源；第二，加工过程的历史；第三，产品交付后的分布和场所。那么制造企业如何实现对上述三个方面的追溯呢？追溯最早由简单的手工记录构成，但是随着企业的发展，这种方式的缺点越来越明显——成本高、记录不完整，纸张无法长时间保存、无法进行有效的查找。随着信息技术的发展，用信息系统来收集、管理、查找可追溯记录越来越显出其优势。实现成本低、信息记录完整、集中记录、集中保存、查找方便等优点成为企业建立追溯信息系统的驱动力量。企业的可追溯性信息系统包括制造产品的零部件，产品的生产、加工和装配过程，以及产品的交付等。在上汽通用五菱柳州发动机工厂的建设中，对建立追溯系统进行了探索和实践，实现了下面的几项功能：

① 收集发动机及其零部件在加工过程中的历史跟踪信息，用来确认发动机及其零部件的质量或者确定哪些零部件有同样的问题。

② 在质量外溢事故发生的时候，精确认定有同样质量问题的产品，确保有质量缺陷的产品尽早被发现并处理。

③ 当质量外溢事故发生的时候，提供精确锁定功能，将所有可疑发动机锁定，当进行入库发运操作时，提供及时的报警给物流部门。

④ 记录发动机及其零部件装配档案，建立发动机的谱系图。

⑤ 记录发动机返修情况。

⑥ 记录发动机的仓储和发运情况。

⑦ 可以通过多种组合条件进行查询。

⑧ 提供实时的数据查询，提供可疑发动机及其零部件当前的位置，减少跟踪、定位、查找可疑发动机及其零部件的时间。

⑨ 实时防错，防止可疑工件进入下一道工序，过度加工导致成本浪费。

企业的产品追溯体系，不仅包含企业内部的产品追溯，而且要扩展到零部件供应商端。零部件供应企业也应该创建自身的质量追溯系统，用于发生质量外溢事故时召回。图 4.12 为产品追溯系统的功能模块结构图。

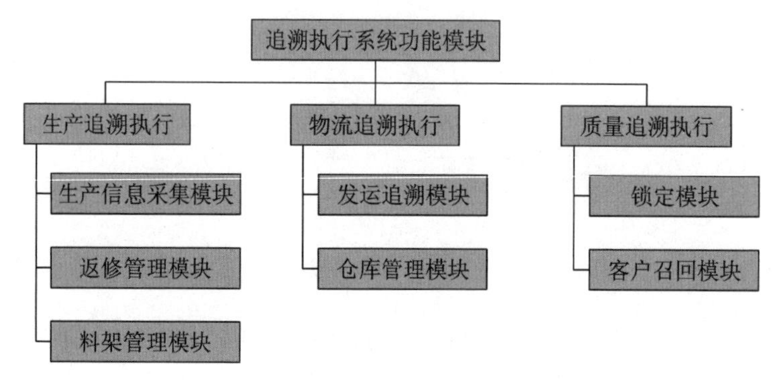

图 4.12 产品追溯执行系统功能模块

在建立制造产品追溯执行系统的时候，我们必须对制造企业的整个生产链进行整体考虑，建立从零部件生产一直到产品销售给客户的全过程质量追溯，从而实现充分而合算的召回。我们有理由相信，在未来几年，客户和监管需求将使产品可追溯性需求变得越来越重要。对于制造商来说，产品不可能完美，产品召回的成本也是非常巨大的。而建立产品的良好可追溯性可以帮助企业降低成本，另一方面我们在建立这样一个系统的同时，也将尽可能地避免缺陷产品流出工厂，将缺陷消灭在制造企业内部。

4.4.2 质量追溯执行系统

近年来，产品质量可追溯性的研究引起了社会各界的广泛关注，尤其是在汽车行业，产品质量可追溯性越来越受到企业和用户的重视。发达国家严格跟踪出口到本国的产品质量，建立了完整的产品可追溯性研究管理信息系统。专家们指出，为了提高汽车产品的可追溯性，有必要建立产品质量信息系统和产品识别代码系统。目前，ISO 9000 已明确指出了产品质量的可追溯性。通过这一强制性规定，不仅可以及时发现产品各环节存在的问题和不足，而且可以通过管理决策水平及时进行相应的控制和调整，从而提高产品合格率和企业效益，减少损失。

质量追溯执行系统的建立和运行，是一个制造企业成功的必由之路，也是一个负责任的企业基业长青的基础。可以预见的是，国家和客户对于产品可靠性的要求会不断提升，我们必须建立良好的产品质量追溯系统来提升制造企业的综合竞争力。我们可以根据数字孪生的数字纽带思想，形成产品质量追溯系统。

4.4.3 基于数字孪生模型的产品构型管理与追溯

数字孪生通过在虚拟空间构建真实物理世界中的产品模型，并通过从物理系统反馈到网络空间的数字模型来实现闭环的发展过程。数字孪生的关键技术包括数字定义技术、数据检测与采集技术、大数据分析技术、多物理场建模技术等。其中，如何构建包含产品全生命周期要素的产品模型是其中最基本、最关键的问题。该产品模型可以实现与物理现实世界的逐个映射。这样，在产品配置验证和审核过程中，可以利用包含产品物理开发全过程要素的产品模型与相关开发数据建立相关性和可追溯性，从而大大提高了审计效率。同时，产品数字双模型包含了产品的配置状态数据，为实现配置变更控制过程中的快速动态响应、预测产品质量和制造过程、促进设计与制造之间的有效合作、保证设计与制造的准确实施提供了依据。

在基于数字孪生的产品配置数据定义和反馈过程中，实现基于语义的产品模型是一个非常重要的技术。总体来说，实施构型管理的主要目的包括以下几点：

① 从宏观上把握大型复杂产品的整体结构，建立产品整体结构，并充分利用已有的设计成果，缩短产品的设计周期；

② 协调更改，建立产品完整的更改历史记录，进行有效的版本管理和控制，维护产品数据的全部有用版本，确保在各个阶段能够获得产品的完整的技术描述；

③ 控制、检查、调整交付状态构型要求与真实生产后的构型偏差，确保产品的性能、功能特性和物理特性与产品的需求、设计和使用信息之间的一致性。

目前，大多数制造企业在实施配置管理过程中，都改变了原有的基于图纸的配置管理模式，逐步建立了基于零部件或模块的配置管理模型，即通过产品数据管理系统来建立产品结构，并以此为主线建立产品链接和组件的关联、产品配置管理和控制。然而，在配置文件、配置验证和审核验证环节，仍然遵循传统的配置管理模式，特别是在物理配置审计环节。物理配制审计分为功能配置审计和物理配置审计：功能配置审计是检查配置项目是否达到了所定义的性能、功能和接口特性要求；物理配置审计是检查物理配置项目是否具有图纸或模型、技术规范、技术数据、质量保证数据和测试记录等一致性要求。二者的最终目的是保证最终的物理产品配置与需求、设计、制造和交付的整个生命周期的闭环。

现有的构型管理方法往往是通过对研制过程中的文件、产品和记录（包括构型清单、规范、二维图样、三维模型、操作检验记录等）的逐项检查，以及对各种程序、流程和操作系统的评估，来检验产品的设计是否满足性能和功能要求，以及产品的状态是否已被准确地记录在文件之中。基于这种工作模式，虽然有产品数据管理等系统的辅助，技术人员和构型审核人员也需要花费大量的时间聚焦在产品图纸、产品模型和各种数据报表之间的比对和维护当中，效率极低且容易出错。全三维研制模式和智能制造技术的发展和深入应用，对产品构型管理提出了更高的要求：

① 客户个性化需求增强，产品的设计构型多变，产品构型管理过程需要动态响应；

② 智能化设备的大量采用，要求产品研制过程中构型数据须快速收集、提取和实时反馈；

③ 产品研制的全生命周期过程中，产品构型数据需要进行全面分析和维护，以改善设计和制造工艺过程，改善产品质量。显然传统的构型管理方法已不能适应当前构型管理的高效

的动态响应要求，因此需要一种高效可控的构型数据管理和控制机制，来实现产品研制全生命周期过程中产品构型数据的快速收集、提取和高效追溯。

4.4.4 产品质量追溯执行

产品质量追溯是制造执行系统的主要功能之一，为整个制造执行系统提供了数据基础。国内外许多学者对产品质量过程跟踪进行了深入的研究。我国许多学者也对企业信息化背景下的制造执行系统进行了研究，同时也对产品质量过程跟踪进行了研究。

从目前的研究情况来看，企业主要侧重于生产计划的优化管理、过程中的产品管理、物料的切割管理和物流配送，而对现场生产数据的采集和产品的实时跟踪以及通过产品质量统计来反映车间的总体情况的研究相对较少。

目前，大多数研究集中在利用产品批次记录来解决产品质量可追溯性问题。基于我国离散制造企业的现状及相关研究，我国离散制造企业在产品质量管理和质量跟踪方面存在四个主要问题：

① 在生产管理过程中，许多质量信息分散在各个部门，往往处于孤立状态。决策层需要很长的时间才能接收到这些信息，导致决策信息的延迟，不能为质量的提高提供及时准确的信息支持。

② 产品可追溯性分析能力存在缺陷，无法准确发现影响质量问题的深层因素，许多数据需要手工处理，严重影响了质量可追溯性的效率和水平。

③ 缺乏先进的质量过程数据采集工具。国内许多制造企业仍然采用传统的手工记录数据，这不仅有很高的误差，而且影响了数据的真实性，无法及时发现存在的质量问题。

④ 企业在质量管理过程中采用的质量管理方法过于落后。目前，许多企业还没有建立相应的质量可追溯性管理体系来进行科学的统计和追溯，而仅仅依靠管理者的经验。

(1) 产品追溯系统的现实意义

随着生活水平的提高，消费者对产品质量的要求也越来越高。然而，一些不合格的商品流入市场，妨碍了消费者的使用，严重危害了消费者的健康和安全。通过扫描包装上的 QR 代码或系统平台，消费者可以获得更多的信息，如原材料、加工时间、有效期等，从而增强对企业的信任。

从企业管理者的角度，可以实时地查看物料和产品的状态信息，清楚地掌握物料和产品流动的各个环节，如制造商、物料仓库、产品输出信息、操作人员信息、生产开始和结束时间、工程时间、发货时间等，实现从物料到产品到出库整个过程的跟踪和数据采集。当出现不良产品时，企业管理者可以通过追溯到系统查询，直接缩小查询范围，快速发现问题的根源，解决问题，实现责任分工，进行有针对性的惩罚，提高员工的责任心，同时也有效地降低了不良反应的发生率，确保错误不再发生。

对于企业员工，本系统采用条形码或 QR 码作为材料和产品的识别码，使用扫描枪对标签进行扫描，无须人工输入，方便了员工操作，大大节省了时间。通过该系统，物料和产品的库存、目前的状态和运行时间一目了然，可提高生产效率。

从技术上来看，制造型企业物料和产品追溯系统可以采用 C/S(客户端/服务器)模式或者 B/W/D(浏览器/WEB 服务器/数据库服务器)模式开发。C/S 模式具有响应速度快、界面美观、形式多样、处理能力强等优点，但通常需要高性能的 PC 机或工作站，采用大数据系统。客户端需要安装软件，分布能力弱，安装和配置不能快速部署。B/W/D模式是对C/S结构的一种改进，B/W/D的各个层具有很强的独立性。因此，当系统的软硬件环境发生变化时，它比C/S的两层模型具有更强的适应性，即具有较强的可扩展性，减少了系统的维护和工作量。对前端客户的要求相对较低，客户只需安装浏览器即可，大大简化了计算机的负载，可以随时查询信息，更适合公司的内部局域网。

(2) 产品质量精准追溯的含义

可追溯性的精确性表现在可追溯性的精确定位和精确定时上，从而准确地找出问题的根源，明确问题的责任主体，即找出问题的具体主体、时间和原因。可追溯性的精确性是大数据时代的迫切要求。在大数据时代，产品生产和流通数据呈现出巨大的增长趋势，数据已渗透到产品行业和企业职能领域，并已成为重要的生产和交换因素。在产品质量和安全的可追溯性中，数据既是核心，也是战略资源。例如，在过去，消费者只需要知道它是什么品牌，但现在他们需要知道哪个制造商生产了它，在哪里生产，等等，这些都需要基于数据才能准确地回答。在大数据时代，精确的可追溯性可以帮助实现产品的高质量和高价格，满足消费者的个性化需求；如果出现质量问题，可以减少消费者的疑虑和恐慌，避免所有企业被锁在一起，共同承担多方面的责任。

实际上，质量安全信息链并不是完全透明的，信息并不是完全真实和及时的，可追溯性很难达到精确的水平。例如，一些企业隐瞒了劣质原材料的真实来源，或者故意给知名供应商打上标牌，对原材料来源进行汇编和变更，监管机构难以查证，普通消费者没有办法区分，如果存在质量安全问题，很难准确找出责任主体。例如，有些企业向较高层次的供应商采购货物，如果信息披露不及时，很容易有一个不明确的责任主体：是供应商的原材料有问题，还是由于企业本身造成的原材料劣化？因此，在出现问题后，很难准确地确定具体的责任主体和问题的根源，各主体之间的责任也会不明确。例如，在湖南水稻中毒事件中，目前的溯源制度只能追溯到省级大米的起源，而不能准确追溯到特定的地块、农民和经销商，这对该省稻米销售产生了负面影响。

假设所有信息披露都是细致、准确和及时的，那么精确的可追溯性就很容易实现了。然而，这样做的成本往往很高。产业链中的每一个企业都有自己的利益诉求，有些企业往往在各种不容易检测的地方，或避重就轻，或报道好消息而不报道坏消息。此外，许多企业不知道如何披露信息，披露什么信息，如何以较小的成本配合整个产业链的信息披露，实现对自己产品的豁免，展示最终产品的优良品质。

因此，有必要探讨如何利用信息技术来克服困难，实现精确的可追溯性。在产品质量和安全的可追溯性中，数据是核心和战略资源。如何在产品质量和安全的可追溯链中收集和传输真实的、高质量的数据，并在大数据的基础上提高可追溯性的精度，是一个重要的问题。

① 追溯的精确度。追溯的精确度是指追溯对象的粒度和追溯指标的准确度。它们的细化程度越高，则粒度越小，精确度就越高。

② 追溯的宽度。追溯的宽度是指在追溯信息链中向前跟踪或向后追溯到什么范围，表现为能覆盖多少环节。比如由企业建立的可追溯体系，由于企业往往只能控制生产、加工、销售和消费四个追溯环节中的一个到三个。有的企业只能控制生产，有的企业只能控制销售，只有少数企业能够同时控制生产、加工、销售这三个环节。在不能控制的环节，企业也就难以掌握足够的数据来开展追溯。因此，企业能控制的数据，决定了质量安全追溯可以到达的宽度，也

就是能到达的主要环节。

③ 追溯的深度。追溯的深度是可追溯系统向下查找问题根源的距离。问题可能出在各个层次的追溯要素及要素指标中。追溯的层次越深，则需要的追溯指标就越多，需要记录的数据量就越大，成本也就越高。因此，往往需要根据危害级别和追溯成本来确定最优的追溯层级和深度。在这个过程中，需要根据质量安全控制点的实际效果以及缺陷，不断地调整追踪的深度，从而达到成本最低和效果最优的设定。

④ 追溯的广度。追溯的广度是可追溯体系覆盖的产品种类和品牌，覆盖的种类和品牌范围越广，那么追溯广度就越大。

数据质量衡量标准除了结构质量的衡量标准外，信息链在各个节点和环节的数据质量也是很重要的，至少应有如下衡量标准：

一是数据的准确性。数据的准确性是指数据的真实性和测量的准确性。比如在农产品的生产、加工和销售过程中，有些企业往往隐藏或修改不良的质量和安全信息。除非发生严重和明确的健康和安全事故，否则消费者很难用肉眼识别不真实和不准确的质量和安全信息。信息的隐藏或篡改以及测量的不准确使事实变得不真实。

二是数据的完整性。数据的完整性是指在多大程度上包含所有重要的质量和安全信息。例如，是否对添加剂的使用、生产加工环境、质量安全检查等信息进行了全面记录？

三是数据的一致性。在不同用户更新和使用安全信息的过程中，数据的矛盾或不一致往往是由于重复存储的数据不能一致更新造成的，需要采取措施保持数据的一致性。

四是数据的及时性。在产品的生产、流通和消费过程中，为了反映数据的及时性，必须使信息流与产品流同步。应及时记录制成品状态的每一变化，或工作对象的变化。图 4.13 是产品质量和安全信息链模型的结构图。

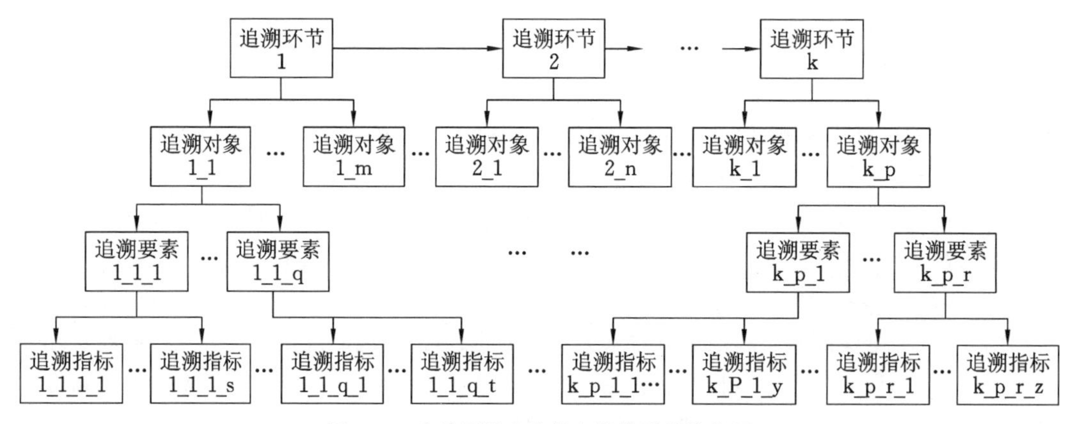

图 4.13　产品质量安全信息链模型的结构图

产品信息的可追溯性是产品信息的可追溯过程。根据产品编号、产品名称或产品规格等产品标识，全面了解产品的历史信息，如设计信息、制造信息、销售信息，甚至维修信息。

追溯系统目前广泛应用于各行各业。它实际上是一个生产控制系统，可以用来跟踪产品的正向、反向或不定方向，可以应用于各种类型的过程和生产控制。它允许追溯产品的以下信息：哪个部分安装在成品中？产品生产过程中，有哪些需要控制的关键参数？是否严格控制目前的制造工艺等。

4.4.5 追溯执行系统的建立思路

追溯执行系统可以按照以下思路建立：

① 最终产品具有一个独立的号码。

② 最终产品具有一个批次号。

③ 追溯码的构成一般涵盖全过程的信息，如产品类别、生产日期、有效期、批号等。

产品生命周期是从设计、生产、销售、交付和使用到产品的回收和再制造的全过程。对退役机械产品的信息进行追溯，并在其生命周期的全过程中严格遵循信息的收集、输入、分析和输出，从而构建产品的生命周期框架。图 4.14 为产品全生命周期框架图。

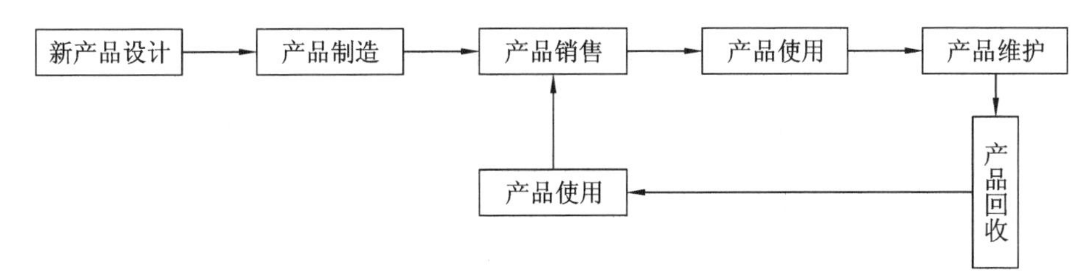

图 4.14 产品全生命周期框架

(1) 制造阶段信息追溯

该阶段追溯的信息主要为后期的再制造提供信息源，即为再制造提供信息支持，从而保证再制造产品的性能，提高客户对再制造产品的满意度。因此，现阶段可追溯性的重点是产品的设计信息和制造信息。产品的设计信息大多涉及版权和专利问题。再制造企业和制造商应该在互利的基础上建立战略伙伴关系，或者设计一种信息共享机制，以实现产品设计信息在制造商和再制造商之间的传递。

当产品设计信息和制造信息在制造商和再制造商之间传递的可能性实现时，下一步将考虑的是如何实现企业之间的信息传递和信息共享。信息技术的快速发展为这一需求提供了技术可实现性，即采用 B/S 模式建立退役产品信息追溯系统，再制造企业可通过 Web 服务器访问制造企业数据库，获取产品的设计信息或制造信息，再制造企业还可以对再制造过程中发现的产品设计问题进行反馈，使产品的设计得到进一步的改进。

(2) 销售及使用维修阶段信息追溯

该阶段涉及的主要对象为产品代理商、售后维修部和客户。随着全球经济的发展和市场竞争的日益激烈，许多制造企业不得不把有限的精力集中在核心竞争力上，把销售和售后服务业务委托给代理商。因此，我们将重点关注代理商和客户。该阶段主要追溯的信息有客户类型(个人或单位)、购买目的(个人使用或租赁)、客户所处地理位置以及联系方式、产品的售后维修情况等。这些信息主要为再制造阶段的评估与决策提供数据支撑。

(3) 回收阶段信息追溯

该阶段的主要功能是实现退役产品的回收，即如何将退役产品高效、合理地从用户手中回收至再制造中心。主要的回收过程是在不同的地方设立回收网点，如与业主沟通把价格约定好，通知各地区的再制造中心，再制造中心将退役产品运回，为下一阶段的再制造提供资源。因此，处于回收阶段的企业主要集中于运输周转率。在这一阶段跟踪的主要信息是运输信息，追踪的目的主要是用于再制造企业的成本核算。

(4) 再制造阶段信息追溯

在再制造过程中当产品出现质量问题时，首先，根据产品出厂时赋予的单一标识号，利用数据库中已构建的批次谱系关系图以及零部件构成关系，查询到与该产品对应的零部件批次号；其次，确定可能导致产品出现问题的零部件，从数据库表中查询该零部件的质量报告及检验记录，分析相应的质量特征检测值是否合格；再次，查询零件加工过程中的工序过程表，追溯零件加工的历史过程，包括生产日期、加工批次、物料编号、加工工序编号、操作者、数量以及所使用的制造资源等信息；最后，通过关联查询，迅速定位到对应的问题工序，并追溯到与该工序活动联系的资源、操作者、规范等环节。图 4.15 为机械产品的追溯模型信息图。

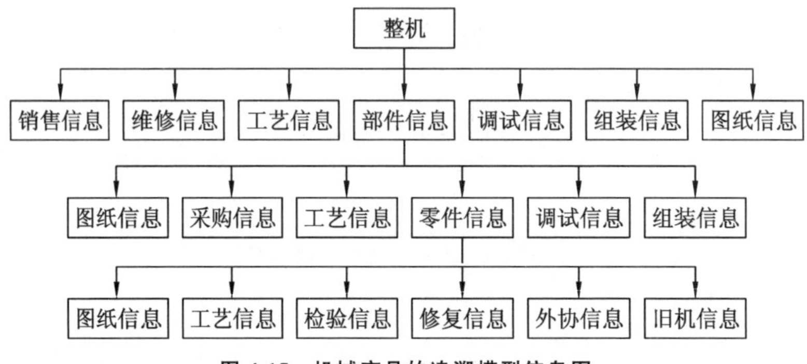

图 4.15 机械产品的追溯模型信息图

5 基于数字孪生的制造过程规划

5.1 制造过程规划模型

在现代CAD/CAM一体化集成系统中，CAM向上需要与CAD/CAPP实现无缝集成，向下需要方便快捷高效地为底层的数控加工设备服务。这就对CAM提出了新的要求，如面向对象、面向过程等。然而，由于加工工艺的特殊性，CAM系统往往难以根据CAPP输出的工艺规格文件自动编程，一般需要借助CAD功能重新定义零件加工领域，其自身的工艺规划和决策功能也相当不足。因此，很多CAM软件提供商，针对CAM系统中存在的上述缺陷，根据数控加工工艺的特点，对制造工艺规划过程进行了深入的研究，为CAM系统集成工艺规划功能提供了实现方法和手段。

产品的实际制造过程有时可能极其复杂，生产中所发生的一切都离不开完善的规划。现在一般的规划过程通常是设计人员和制造人员采用不同的系统分别开展工作，他们之间无过多沟通，设计人员将设计创意交给制造商，不考虑可制造性，由制造者去思考如何制造。这样做往往很容易导致信息流失，使得制造人员很难将设计思想和加工过程紧密联系起来，从而导致工作效率低下，同时增大了出错的概率。

5.1.1 工艺过程规划

工艺设计作为产品制造中的一个重要环节，理论上承担着将设计规范转化为制造指令的任务。一般来说，工艺规划系统主要由三个基本模块组成——零件几何表示模块和零件设计规范表示模块、工艺逻辑推理模块、知识库/数据库模块。然而，在实际研究和应用中，由于诸多因素的影响，工艺设计系统与设计模型相互脱节，主要体现在模块—零件的几何表示和设计规范的表示。主要原因之一是工艺设计系统的开发往往独立于前端几何建模平台。在用户特定生产条件的作用下，由于生产设备和工艺习惯的显著差异，可以直接为同一零件模型制定各种工艺方案，这给CAD/CAPP/CAM的有效集成带来了隐患。为了解决上述工艺设计中存在的问题，自然提出了制造工艺规划的概念。制造工艺规划是一种以制造信息模型为基础，以求解与零件几何模型密切相关的制造工艺方案为目标的制造工艺规划方法。制造工艺规划强调从零件本身的几何和拓扑角度出发，根据设计工艺定义的要求，为CAM系统前端提供类似于CAPP的支持，并为后端与数控机床的连接提供NC代码计算模型。这就提出了所谓基于加工基元制造过程规划的命题，基于加工基元制造过程规划的基本流程如图5.1所示。

首先，通过设置加工基元，包括几何特征信息、工艺特征信息等工程语义信息，完成设计模

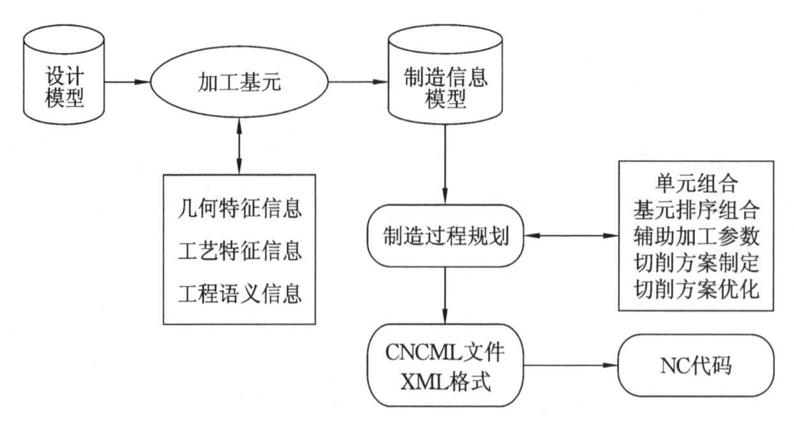

图 5.1 基于加工基元制造过程规划的基本流程

型与制造信息模型的无缝连接。加工基元描述的制造信息模型既继承了零件的几何拓扑信息，又包含制造工艺信息，是制造工艺规划的基础。然后，根据工艺规则库，对各要素进行组合、排序和优化，确定切削域及其加工方案，完成制造过程的规划流程，并以 XML 格式存储，通过解析文件可以得到特定的 NC 处理代码。

5.1.2 加工单元的定义与描述

工艺设计的本质是在特定的加工环境下，产品设计要求与制造资源的制造能力相匹配。每个零件都是由最基本的特征单元装配而成，而零件的加工过程本质上是从毛坯特征向产品特征演变的过程。采用基于零件特征型面的数控加工方法建立数控加工基元（NC Manufacturing Element，NC-ME)，以 ME 为基本单位描述零件的几何造型，然后通过 ME 的工艺参数匹配或定制，完成从设计模型到制造模型的无缝链接和自然过渡。根据已有的工艺知识库规则，可以对制造模型进行制造工艺规划。加工基元 ME 是以加工特征为核心的特征几何信息和工艺信息描述的综合实体，是制造信息模型的基本单元。基元包括设计信息、几何信息、加工特征的几何尺寸以及加工特征在零件中的位置尺寸。关联派生基元、特征曲面关键点坐标生成制造信息、工艺信息处理资源、加工精度、表面粗糙度、尺寸公差、加工机床选择、材料信息、特殊技术等。基于以上加工基元的定义，零件的制造信息模型见图 5.2。

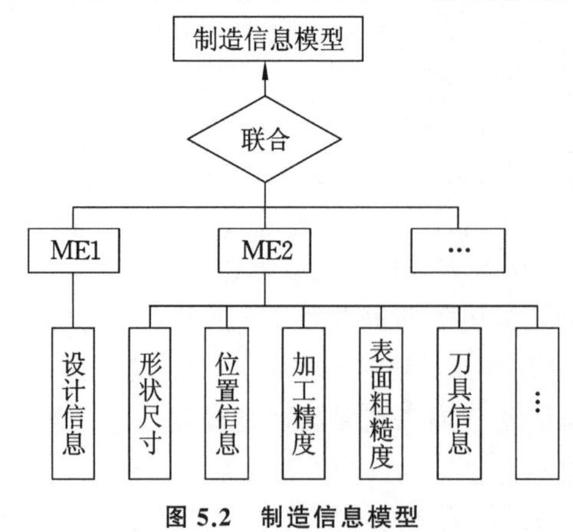

图 5.2 制造信息模型

制造工艺规划文件的定义和制造工艺信息的输出必须以一定的方式进行存储。考虑到使用情况，标准存储格式必须有利于系统之间的集成和跨平台操作。该标准文件格式还可以有效地利用现有的网络技术实现零件制造数据的远程传输和交换，为网络化制造奠定了基础。成熟的 XML 标准文件格式通常用于制造企业定制一个适合于零件数据存储的 CNCML 文件格式。CNCML 文件根据树结构在内存链表中逐个写出处理基元信息，从而实现方便、高效的存储。

5.1.3　产品开发制造过程规划中的模型技术

在产品开发和制造工艺规划中，企业的战略愿景和目标逐步落实到特定的产品和解决方案中，形成特定的制造业务能力，其中模型及其建模技术是制造产品开发过程规划的重要手段。基于模型的系统工程(Model Based System Engineering，MBSE)能提供产品/系统开发的全生命周期不同阶段的支持系统需求分析、功能分析、架构设计、产品验证和综合确认所需的模型和建模手段，以便确定系统需求、功能、表现和结构等要素之间的相关性。因此，在产品开发过程中，制造企业需要应用 MBSE 逐步细化、描绘出企业/系统的各个主要制造规划过程(需求工程、设计工程、制造工程、生产工程及 IT 在内的诸多相关要素)，并将收集到的过程、产品和信息等模型转变为下一步产品制造开发的基础，以便构建更详细的子系统或组件模型。上述模型及其相互间的关系对于产品开发(业务架构—IT 架构—技术架构)过程的确认、验证和跟踪都具有非常重要的作用。

(1) 数字孪生基于制造过程规划模型的架构

制造产品开发是应用于整个制造生命周期的跨学科、复杂的系统工程，其重点是通过工程实践总结和提炼制造过程模型，即通过对各个开发阶段活动的详细分析，来描述相互交织的业务过程，并获得所涉及的各种技术、方法、系统工具和工程经验。图 5.3 中的 V 形模型通常用来描述企业的制造业务流程。一般传统的制造业务过程先进行数字化设计，然后将设计图纸的产品进行模具制造，再通过模具制造和最终产品的确认，转变为最终生产制造的实际产品，最后开展物理试验进行验证。图 5.3 中的模型代表最先进的类似于数字孪生制造的制造业务过程，如果是基于 CPS 的，则使用制造工艺规划、产品和信息模型来定义、执行、控制和管理企业的所有业务；使用建模和仿真手段全面改进需求、设计、制造、测试、生产、服务、无缝集成和战略管理的所有技术和业务流程；使用科学的仿真和分析工具，对研发全生命周期的每一步工作进行综合验证和确认，以做出最佳决策；从根本上减少产品创新、开发、制造的时间和成本。也就是所有制造业务过程(设计过程、制造过程、试验过程、综合确认过程)均在数字化虚拟环境下完成，确保投入物理环境实际生产后一次成功，该模型代表的就是西门子实施工业 4.0 所采用的先进的数字化和虚拟化的产品研究与制造过程。图 5.3 中蓝色部分实际上是在数字空间来完成制造过程规划，而红色部分则主要是在物理空间完成制造过程，但该模型并没有包括制造产品销售以后产品质量的跟踪和追溯，因此该模型只是一个类似于数字孪生制造过程规划的模型。

(2) 基于制造过程规划的管理过程模型

制造工艺规划模型侧重于管理领域，即管理过程模型。管理过程模型旨在实现管理的敏捷性、精细化和精益化。通过业务流程的可视化、结构化和标准化，可以实现企业管理业务流程的建模、仿真、评价和后续应用过程的执行、监控、交互和控制。通过建模了解企业/系统的

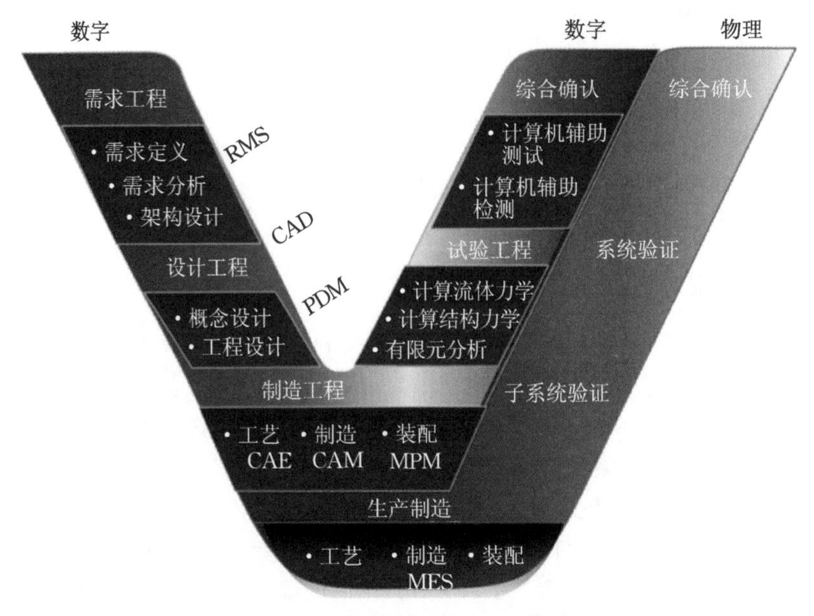

图 5.3 制造过程规划 V 形模型

行为，并通过仿真对企业系统的未来动态进行研究和预测，为最终构建一种新的企业管理方法和模式提供依据。为此，西门子以工业 4.0 中产品生命周期与生产生命周期的无缝集成为目标，将信息与管理提升、企业再造紧密结合起来。一方面，在虚拟产品生命周期业务过程中，需要运用需求、项目、配置和数据的管理思想来实现对工程需求、数据结构、配置功能和逻辑关系的全面控制。另一方面，利用 CPS 和服务的管理理念，将实际生产生命周期中的独立产品、工具和相关服务联系在一起，形成一个有机的整体，实现生产过程从原料到工厂的自动化、设备制造的信息化和智能化、生产过程的透明化。

5.2 制造系统规划设计的结构体系

5.2.1 制造系统规划设计概述

制造系统中使用的机床和信息处理技术的复杂性不断增加，将其引入到生产环境中必然需要花费更多的精力来进行规划工作。首先要针对新系统各方面的功能来进行整体性能的规划，这种规划不仅应包含加工生产的领域，例如毛坯加工，质量保证以及后续的生产过程（如装配）等，而且还应包含整个计划阶段，如作业计划安排、NC 编程及生产调度等。此外，提高经营者的素质也是保证系统正常运行的前提。对于高端制造系统来说，由于投资大、风险大，不仅要追求尽可能高的生产率，而且要有良好的维护，这样才能保证系统的正常运行。这些都对生产系统的总体规划产生了很大的影响。

在计划开始时，需要协调生产计划和产品计划，计划和设计需要在产品设计和制造系统之间建立早期的平衡，企业的销售目标也具有特别的意义，因为它会对系统的能力和灵活性产生影响。此外，在规划新的制造系统时，还应考虑到经济和市场战略目标。

在规划、设计和投资项目中，需要具有一定经验和资格的专家来进行规划，确保各项规划工作的协调。规划团队的组成可以根据不同阶段条件的变化进行调整。系统制造商可以通过提供计划方法和工具来支持他们。

5.2.2 规划设计的步骤

制造系统的成功建立，在相当大的程度上取决于项目规划设计和管理的质量。系统的复杂性越高、新颖度越大，对规划设计和项目管理的要求也越高。因此，应加强用户和设备制造商合作，充分利用制造商长期积累的经验和技术能力。在规划目标管理中，预期的和应达到的最重要的目标如下：

① 把握决策过程中的关键点，重点关注最重要的技术指标、组织指标和经济指标；

② 编制真实完整的预算，制订进度计划和现场规划，并通过协调程序对项目进行有效的监控，以指导项目的进展；

③ 尽量减少决策错误、操作错误；

④ 在项目实施过程中的任何干扰都可以尽快识别出来，这样就可以用更少的资金来解决问题；

⑤ 将所遇到的临时困难化为动力，及时为每个受影响的规划单位制定有效措施，以促进和确保整个规划取得成功。

图 5.4 显示了制造系统规划的主要步骤，从对目标描述开始。图中显示了项目规划过程的步骤以及整个项目执行过程的管理和监测。每个实现阶段的任务可以在用户和制造商之间分配。例如，用户可以自己进行详细的项目研究、项目规划和系统建立，或交叉地由制造商或设计院实施某一阶段。

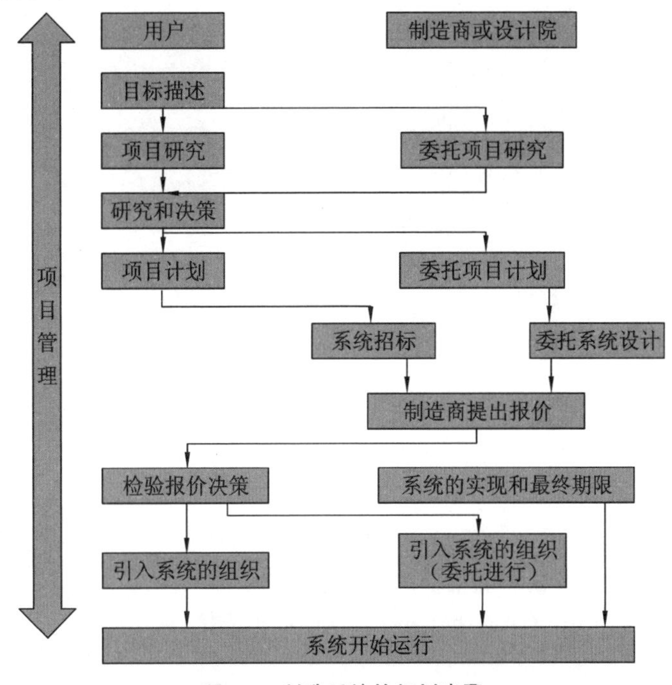

图 5.4 制造系统的规划步骤

在项目实施之初,"研究决策控制点是一个非常重要的中间环节,它可以改变预定的技术指标,或者在预期不可能的情况下立即终止项目。"

5.2.3 制造系统规划设计的主要内容

在制造系统规划设计中,有关目标部分的内容对于制造系统规划设计至关重要。对于一个制造工厂来说,建立制造系统比购买一台机床对完成一项制造任务的影响要大得多。必须认识到,建立制造系统,进而向现代制造系统转变,将使企业产生新的制造能力,在企业的投资战略中应考虑到这一点。制造系统的投资计划对管理提出了更高的要求。从描述制造系统的绩效和目标出发,我们必须全力以赴地实施这一计划。

考虑到各方面的因素,一个企业或公司在技术目标执行过程中需要明确以下几点:

(1) 战略目标

① 投入产出时间短;

② 库存量和在制品较少;

③ 生产部门对市场需求波动具有快速响应能力;

④ 生产一个新产品所花费的时间较少;

⑤ 能逐步发展成为一个现代智能制造系统。

(2) 运行目标

① 低的生产消耗;

② 较高的生产率和较高的机床利用率;

③ 生产在面向市场需求的较小批量中进行;

④ 生产可靠性较高;

⑤ 组织良好的工件流;

⑥ 产品质量较高;

⑦ 具有较大的柔性;

⑧ 加工一定范围内的工件,无须调整时间;

⑨ 自动调整加工过程、操作顺序、运输路线和存储位置;

⑩ 系统具有进一步扩展的可能性和方便的转换性。

(3)目标范围

① 加工零件的范围和数量;

② 工件尺寸;

③ 加工工艺;

④ 合理的、可扩展的或可替代的投资总额。

(4) 总体条件

① 计划进度框架;

② 费用和投资框架;

③ 零件的品种范围、数量和加工工艺的可改变程度;

④ 仓库管理、生产计划、CAM 和 CAD 等功能的集成接口;

⑤ 逐步实现现代智能制造系统的阶段计划和总体计划。

制造系统的目标必须以书面形式清楚地表达出来,并且必须指定一个团队来管理项目并朝着目标的方向前进。有必要任命一位项目经理，由其负责所有交叉的领域。规划小组必须由主管地区和部门的代表组成，以确保其在规划决策初期具有明确的协调职能和权威。

目标明确以后，就需要进一步明确项目的研究内容。与目标相一致的制造系统规划和设计的前提是对制造任务进行详细分析。目标描述必须用精确的术语、细节和约束来表示，任何矛盾都必须澄清，任何重复都必须删除。此外，还应明确说明实现项目规划的方式。在进行项目内容研究时，有五个主要问题需要逐一回答。包括加工零件的范围、所需的制造设备、生产计划和控制、有待实现的项目目标和项目可行性研究等。

项目执行的规划也要非常清晰，包括生产规划、系统组成规划、系统优化规划，以及规划总结与评估。

系统设计具体项目包括系统设计的建议、整个系统及其组成部分，以及系统布局等。

这里要特别强调的是制造系统设计规划，包含的内容很丰富：

(1) 设计系统学

由于制造系统的高投资风险，制造系统设计和规划的重点应放在制造设备的综合设计上。通过全面的总体规划，可以使制造系统的灵活性和自动化程度与系统的上游、下游和未来的生产相协调，从而避免孤立的解决方案。在制造系统的设计和计划过程中，必须根据生产大纲和工厂的实际情况进行工艺设计。在分析一定的工件范围和加工要求后，确定工件的夹紧方法和工艺，并选择刀具和夹具。根据从工艺规程中得到的数据，设计制造系统的各个子系统。在规划上，系统结构的决定尤为重要，因为这一步将决定制造系统投资成本的70%，而其他成本只占总投资的6%。就系统结构而言，投资额也有很大的不同。因此，利用仿真方法进行尽可能多的规划显得尤为重要，因为设计规划阶段对系统投资有很大的影响。

(2) 规划的计算机辅助技术

制造系统的经济用途是通过预先规划来确定当前或未来的技术规格。利用计算机辅助手段可以更快地对不同方案进行评估，降低投资风险，从而提高规划的可靠性。规划的任务不仅是分析系统的薄弱环节，而且要合理选择制造设备、确定加工能力、模拟加工过程。对于制造系统的设计，目前使用的辅助手段主要是网络规划技术、方案对比、分析计算、加权方法和投资评估法，而计算机辅助技术还未广泛采用。由于复杂的柔性制造系统的使用日益广泛，规划工作的重要性更加明显，但它只能在计算机的帮助下才能有效地进行。因此，越来越多的计算机辅助技术将在未来的投资规划和报价领域中获得应用。

数学分析方法和仿真过程可用于观察复杂制造系统的动态性能。随着计算机广泛应用而发展起来的计算机仿真技术，为柔性制造系统的规划设计提供了一个理想的且必不可少的工具，它的优点及作用如下 ：

① 计算机仿真可以模拟在计算机上建立的系统数学模型的动态情况，将从假设系统运行中得到的各种数据进行分割，确定计划和设计的实际系统的特点，以避免设备采购不当造成的巨大经济损失。

② 计算机仿真是对复杂制造系统进行动态分析的唯一有效方法。它可以运用系统分析的方法，充分考虑系统的所有参数，研究柔性制造系统复杂的动态特性，有助于研究和解决系统中多个因素相互作用引起的问题，找出系统的瓶颈，保证系统设计和运行的可靠性和有效性。

③ 仿真没有优化能力，只能模拟已知的系统方案，虽然如此却可以评估系统的能力、设备

利用率，研究作业调度和排序方法，通过对各种方案的反复模拟，得到满意的方案。

④ 图形仿真生成的过程动态显示可以使管理人员定量分析系统中存在的问题，使设计人员了解系统的局限性，使操作人员看到制造系统的功能，从而提高用户对制造系统的信心。

⑤ 计算机仿真能够非常准确地评价不同经营策略对各种成本因素估算值的影响，从而正确论证系统的经济合理性，最大限度地降低投资风险。

⑥ 在具体的设计阶段，仿真可以对制造系统进行有效的设计，更好地实现软硬件的集成，提高系统的综合效率。

计算机仿真的上述功能和优点充分表明，在制造系统的规划设计中，充分了解系统是唯一有效且必不可少的工具。国内外的实践经验也充分证明，只有在它的帮助下，人们才能设计出一个符合生产要求、效益较好的制造系统。

5.3 生产计划仿真与资源规划

生产计划仿真是中小企业 ERP 实施的重要组成部分，它向计划编制人员展示了企业的生产过程。通过对企业生产过程中各种工艺信息的采集、处理、转换和分析，将企业生产过程信息的模拟结果反馈给企业计划人员，从而对企业生产环节进行综合管理、合理配置和管理资源规划，提高企业信息管理水平。通过 ERP 系统生产计划仿真模块，可以了解企业的生产过程设置、各工作中心的加工能力、流程设置、员工轮班安排、工作中心的利用率和闲置率、产品的生产量等。同时，还可以根据实际设置调整参数，使企业管理人员能够更快、更准确地做出决策。提高企业资源利用效率，提高中小企业竞争力。

以车间制造系统为例，制造系统的车间生产计划问题是针对一项可分解的工作（如产品制造），在满足约束条件（如交货期、资源等情况）的前提下，安排其组成部分使用哪些资源、其加工时间及加工的先后顺序，以获得产品制造时间或成本的最优化。车间生产系统模型如图 5.5 所示。在理论研究中，车间生产计划问题通常称为作业调度问题或资源分配问题，它位于规划的最底层，直接控制着生产。

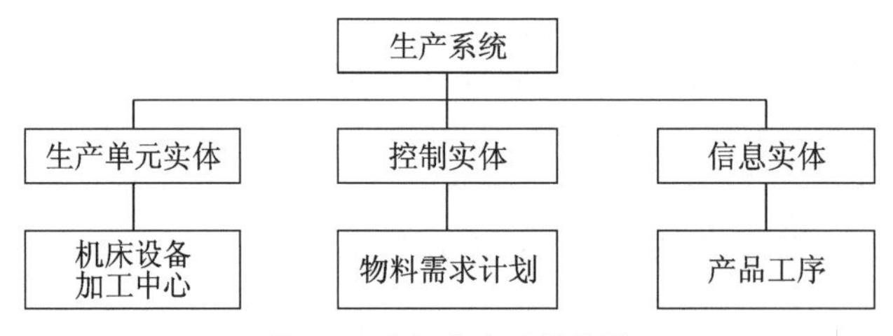

图 5.5 车间生产系统模型

影响调度问题的因素很多，正常情况下有产品的投产期、交货期（完成期）、加工顺序、生产能力、加工设备和原料的可用性、加工路径、批量大小、成本限制等，这些都是所谓的约束条件。总的说来，车间生产计划问题就是在时间上合理规划和配置系统的有限资源，以满足特定目标的要求。车间生产系统主要包括生产单元、控制单元和信息单元，涉及加工设备、物料需求和产品计划。

5.3.1 车间生产计划问题的特点及分类

车间作业计划问题是生产计划的一个微观环节，它不仅决定了工件的加工顺序，而且决定了每个工件的启动和完成时间。简单地说，这是按时间分配资源以完成任务的问题。生产计划问题通常有四个基本要素——任务、时间、资源和绩效指标。在经典的车间作业计划问题中，任务通常是指加工层次，即零件的加工过程，而资源通常是指加工设备或机器。调度的目的是合理地分配加工过程中的各种资源，确定最优的加工流程，减少零件的加工准备、等待和传递时间，从而提高设备的利用率和生产效率。作业车间调度问题实际上是一个资源规划与分配问题，具有以下特点：

① 计算复杂性。作业车间调度问题大多计算复杂度高。

② 动态随机性。制造系统的加工环境不断变化，在生产过程中会遇到多种随机干扰，因此生产调度过程是一个动态的随机过程。

③ 多目标性。实际的车间调度问题是多目标的，这些目标之间往往存在冲突。

④ 多约束性。车间调度受到各种加工资源的限制，如加工机床、操作人员、运输车辆、刀具等辅助生产工具。

在中小型制造企业的生产调度问题中，根据生产模式、工件、机器的特点和优化目标，可以采用以下分类方法：

(1) 根据生产方式的不同，可分为开环车间型调度和闭环车间型调度。开环调度问题只研究工件的加工顺序，即订单所要求的产品在所有机器上的加工排序。闭环调度问题除研究工件的加工顺序外，还要考虑各产品批量大小的设置，即在满足生产工艺约束的条件下寻找一个调度策略，使得所确定的生产批量和相应的加工顺序下的生产性能指标最优。

(2) 根据机器的种类和数量不同，可以分为单机调度问题和多机调度问题。单机调度问题描述的是所有的操作任务都在单台机器上完成，所以存在任务的排队优化问题；多台并行机的调度问题较单台更加复杂，因而更凸显优化的重要性。

对于多台机器的调度，按工件加工的路线特征，可以分成流水车间调度和普通单件车间调度。流水车间调度研究 m 台机器上 n 个工件的流水加工过程，所有工件在各机器上具有完全相同的加工路线；而单件车间调度是最常见的调度类型，并不限制加工的操作和设备，允许一个流程加工有不同的工具和路径。

对当今中小制造企业来说，生产制造过程优化是提高中小制造企业竞争能力和适应环境变化的关键环节，工序间的紧密衔接、生产节奏的协调对生产的稳定性和连续性有着巨大的影响。当随机事件发生时，企业无法根据传统方法制订生产计划，因而当今企业迫切需要找到一种更加快捷合理的方法来解决生产计划问题。

系统仿真成为解决中小企业制订生产计划的有效方法。离散事件系统仿真是系统仿真的一个重要组成部分，是对系统状态在随机时间点上发生离散变化的系统所进行的仿真，与连续系统仿真的主要区别在于状态变化发生在随机时间点上。离散型制造是指以一个单独的零部件组成最终成品的生产方式。离散型制造企业广泛分布在我国的机械加工、仪表仪器、汽车、钢铁等行业。离散事件仿真系统在时间和空间上都是离散的。在此类系统中，各事件以某种规律或在某种条件下发生，而且单个事件大都是随机的，用常规方法研究很难得出想要的结果。尤其是怎样解决复杂系统的管理与控制问题，面临着较大的挑战和困难。离散事件仿真的研究一般步骤与连续系统仿真是类似的，它包括系统建模、确定仿真算法、建立仿真模型、设计仿真程序、运行仿真程序、输出仿真结果并进行分析。

5.3.2 建立生产过程规划仿真模型

仿真是基于模型的活动。下面对仿真过程的主要步骤加以简要说明。第一步，要针对实际系统建立模型与模型形式化。这个步骤主要有两方面工作，一方面根据研究和分析的目的，确定模型的边界；另一方面必须具备对系统的先验知识及必要的实验数据。第二步是仿真建模，主要是依据系统的特点和仿真的要求找到合适的算法。第三步是程序设计即仿真模型用计算机能执行的程序来描述。第四步是仿真模型校验。仿真模型校验除了程序调试以外，还要检验仿真算法的合理性。第五步是对仿真模型进行实验。第六步是对仿真模型输出进行分析。输出分析在仿真活动中占有重要的地位，甚至可以说输出分析决定着仿真的有效性。

(1) 生产规划仿真建模框架

生产计划仿真建模框架是面向对象技术在仿真领域的具体实现，它通过描述组成系统的对象、对象的行为和对象之间的交互关系来描述系统的模型，包括对象关系描述、对象行为描述和对象交互描述三个部分，图 5.6 为生产规划系统模型框架。

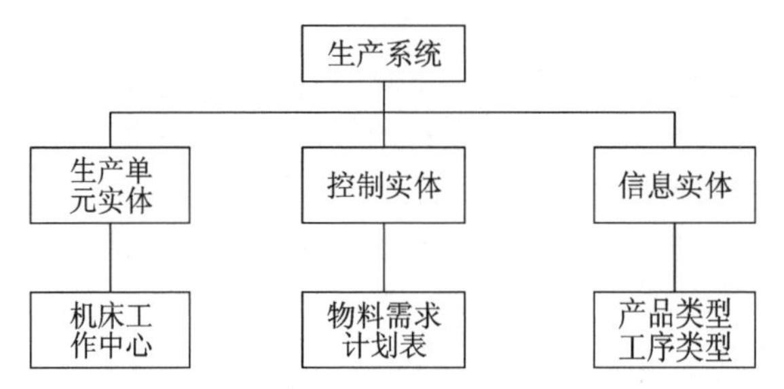

图 5.6 生产规划系统模型框架

① 对象关系描述。在实际系统中，对象表示具有清晰边界和意义的实体。在仿真范围内，建模对象直接对应于实际系统中的实体，并具有相应实体的相关属性和行为模式，即模型的建模单元。根据仿真领域的不同功能，将仿真系统中的对象分为两类——仿真支持对象和模型元素对象。仿真支持对象为仿真操作和实验提供了必要的功能和机制，即将实际系统中与实体不相对应的概念或对象抽象为仿真支持对象。模型元素对象是构造模型的基本元素，它对应于实体系统中的相应实体，在实际系统中具有与实体相关的属性和行为。这类对象是建模者直接关心和使用的对象。模型元素对象根据其在实际系统中的作用，可进一步分为物理对象、信息对象和控制对象。

② 对象行为描述。面向对象建模强调对对象局部行为的描述。通过描述对象的状态和状态之间的转换，将对象的行为和控制局限于对象本身，实现了对对象行为和控制的封装，体现了对象的模块化。整个系统的行为通过接口机制反映在对象行为与对象之间的交互上。

③ 对象交互描述。对象行为描述独立于其他对象，但在仿真运行过程中，对象之间需要进行交互，对象交互描述确定了对象之间的交互行为和依赖关系，对象交互过程是对象之间相

互传递消息的过程。

生产系统运行时，我们设定一些系统绩效指标来对结果进行分析，主要有系统产出量、在制品库存、订单平均等待时间和设备平均运行率。每一个指标的模型以及相关的数学公式如下所示：

① 系统产出量(INPUT Through，PUT)，系统产出量是对生产系统所产出的成品数量做统计，这个指标可以直接在成品缓冲区(Action on Input)中进行变量的累计。缓冲区中每增加一个成品，产出量就增加一个。

在仿真模型中，该统计任务由总装工作站来统计，语句是 Var Total Part＝Var.Totalpar＋1

② 在制品库存(WIP)。在制品库存用来统计某一时间点上，生产流程中的原材料、半成品和成品的数量。其统计公式如下：

$$\mathrm{WIP}=\sum_{i=1}^{n}(\mathrm{QF}_i+\mathrm{QM}_i+\mathrm{QT}_i)$$

其中 QF_i、QM_i、QT_i 分别为第 i 种物料每道工序后面的缓冲区中的数量、第 i 种物料在每道工序机器上正在加工或等待加工的数量和第 i 种物料工作中心运输工具上的数量。

③ 订单平均等待时间(Aveage Wait Time，AWT)。这个指标是用来反映订单被满足的情况，也能够反映出看板生产系统的反应是否灵活。如果订单的平均等待时间为负数，说明订单得到了提前满足；若某订单平均等待时间为零，就说明这个订单得到了满足；如果订单平均等待数为正数，则此订单没有被及时满足。这个指标的值越小，说明客户的满意度越高；反之，满意度越低。AWT 的计算公式如下：

$$\mathrm{AWT}=\frac{\mathrm{SWT}}{n}=\frac{\sum_{i=1}^{n}\mathrm{WT}_i}{n}$$

$$\mathrm{WT}_i=\begin{cases}T'_i-T_i & T_n>T_i\\ 0 & T_i\leqslant T_n\end{cases}$$

其中，n 为仿真期间订单总数；T'_i 为第 i 批订单实际发运时间；T_i 为第 i 批订单预定发运时间；WT_i 为第 i 批订单等待时间；SWT 为仿真期间订单总等待时间。

④ 设备平均运行率(Operation Rate，OR)。为了对生产系统中机器设备的利用率进行记录，仿真系统对机器类型的元素提供了标准状态统计函数，可以统计机器的空闲、运行、故障和维修等状态所占时间的百分比。

在进行生产系统优化过程中，需要使用最大操作时间、负荷时间、运行时间、故障间隔时间、故障维修时间等。系统的设备平均运行率计算公式为：

$$\mathrm{OR}=\frac{1}{m}\sum_{j=1}^{m}\mathrm{OR}_i$$

其中，m 为系统中工作单元的数量；OR_j 为系统中第 j 个工作单元中机器设备的运行率。

(2)集成 ERP、TOC、JIT 的生产计划与控制仿真

ERP 是从国外引入我国的一种科学管理的信息化手段，它不仅能够实现信息实时共享、信息高度集成、提高企业的效率，同时也是企业在竞争中取胜的工具。JIT 源于日本，产生于 1973 年，是丰田汽车公司首创的生产系统，在丰田生产模式下进一步发展成为今天的准时制生产，又叫看板生产或精益生产。TOC(Theory of Constrains)约束理论，是由美籍以

色列物理学家局德拉特(Eliyahm Goldratt)于20世纪80年代中期基于最优化生产技术(Optimal Production Technique,OPT)提出的。综合分析了ERP、TOC、JIT的原理以及各自在我国的应用情况后,不难看出,尽管ERP、TOC、JIT存在控制方式、运行机制基础数据的要求、适用范围等诸多方面的不同,但它们不是对立的而是相互补充的。虽然仅仅使用一种方式就能解决生产中遇到的问题,但集成三者效果更佳。其原因体现在以下三方面:

首先,TOC对ERP强大计划功能具有补充作用。ERP的优势在于制订中长期计划,注重前期规划,用尽可能周密的计划集中安排各环节的人、物等资源以及生产加工,以应对生产的不确定性。ERP的计划体系是从宏观到微观的过程,具体是由生产战略、主生产计划、能力需求计划、车间作业控制组成。但是,ERP在制订主生产计划时,对企业的约束条件没有重点考虑,TOC则是依据约束条件来计划的,集成后就可以很好地补充其不足。

其次,TOC具备更为完善的能力需求分析与车间作业计划。主生产计划完成后,分解成一个个具体的车间作业计划。ERP制订车间作业计划时依据无限能力来进行排产,没有考虑企业的约束能力,只是根据产成品的交货期来分解制定半成品的投入时间、产出时间和数量,这样出现瓶颈环节的堵塞时只能临时到现场解决,解决不及时还会影响整个流程的效率。而TOC是依据有限能力排产也就是有多大能力干多少活,编制时依据瓶颈环节,其前采取拉动方式,其后采取推动方式,这样充分利用了瓶颈环节,还不会出现堵塞的现象。显然依据TOC制订车间作业计划是有明显优势的。另外,TOC在编制作业计划时会综合考虑生产和转运批量以及优先权的问题(例如多种产品在一台机器上的生产次序),而且调度系统也存在瓶颈,这种问题常用约束规则来解决。

再次,TOC与JIT在生产作业控制与执行体系方面互补。制订好车间作业计划后,具体的物料流转是必须严格把控的。JIT拉动看板作业的优势体现在对物料流转有很好的控制方面,可以作为车间作业控制的工具。此外,TOC是在OPT的基础上发展而来的,其除了能力管理的优势外,对现场管理也有着很好的控制力,它的着眼点放在瓶颈工序上,利用一些措施保证瓶颈的利用率从而提高有效产出率。在这两种思想的指导下提出基于瓶颈环节的JIT看板生产系统来对车间作业进行运转和控制。

对集成ERP、TOC和JIT系统都采用计算机仿真来实现,在利用ERP制订出主生产计划后,对于瓶颈识别和基于瓶颈环节的看板生产系统都采用计算机仿真来实现。首先,利用仿真软件识别出系统的瓶颈环节,然后对瓶颈环节进行优化,最后在基于瓶颈环节的基础上,对看板生产系统进行仿真。集成系统实施时,重点把握三个关键环节,即主生产计划、瓶颈识别以及车间控制。

仿真进行的一般步骤如图5.7所示。①问题的定义。明确所要研究问题,找出生产系统的关键环节。②制定目标。③通过合理假设描述系统。在对瓶颈识别和看板生产系统仿真时,不可能考虑所有的变量,因而需要假定一些条件,排除次要因素的干扰。④仿真输入数据分析。对于输入仿真系统的数据分布情况要进行统计分析。⑤建立计算机模型。依据前面所有分析结果,建立出最能够反映所研究问题的计算机模型。⑥仿真输出分析。最后是对仿真得出的结果进行分析,并做进一步的优化。

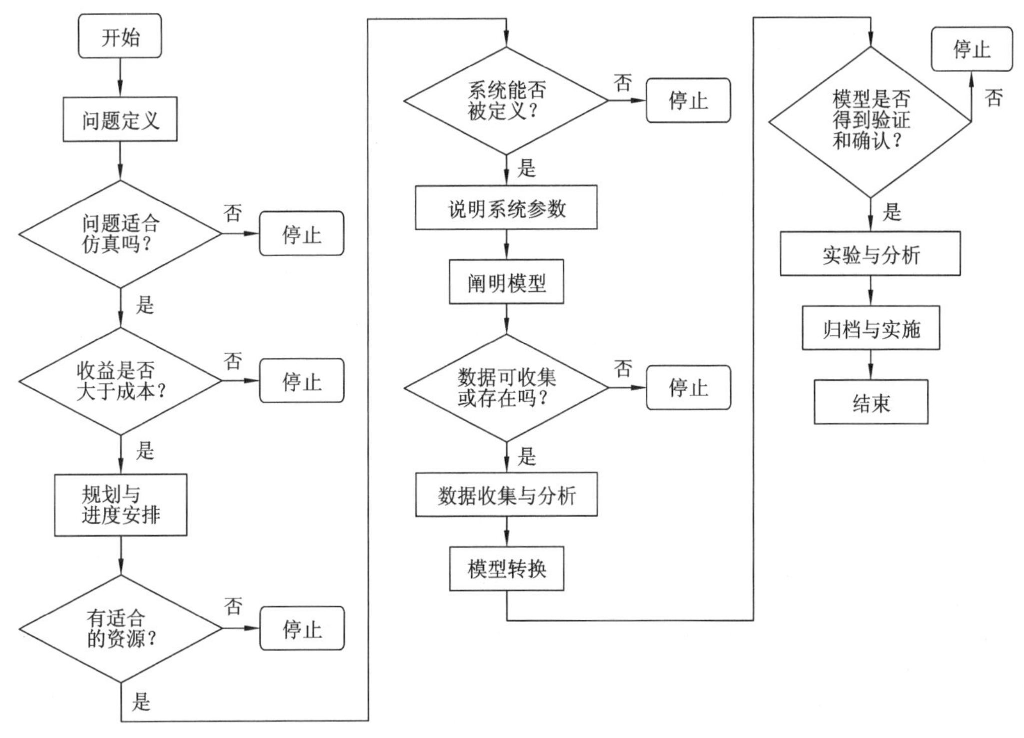

图 5.7　集成 ERP、TOC 和 JIT 系统采用计算机仿真的一般步骤

5.4　生产物流仿真与物流规划

物流仿真是基于实物建立系统模型，利用实际数据输入系统平台对系统的物流进行建模和图形模拟，并输出与实物相似或相近的结果。仿真是一种实验，无论实际系统存在与否，仿真测试都具有良好的可控性。仿真过程经济安全，不受场地、环境和天气条件的限制。

5.4.1　物流系统规划与设计

物流系统的规划是物流战略中最重要的问题。选择物流系统结构设计后，将保持长期运行，这不仅直接关系到其运营成本，而且对物流系统的工作绩效水平也有决定性的影响。物流系统规划不合理会导致客户服务水平不能满足预期需求，最终使物流对企业整体利润的贡献值低于预期水平。对于制造企业而言，物流系统结构的设计对提高整个物流系统的运行效率起着重要的作用，对于大多数制造企业来说，平均物流成本超过 40%，仅次于其销售的产品成本。此外，通过大量实例证明，企业物流系统结构的优化和配置可以使企业整体物流成本降低 5%到 10%。通过加强企业物流系统设计的配置和优化，企业可以在为用户提供满意的服务的同时，将总资本利润率维持在较高水平。

物流系统的布局规划包括物流设施数量和位置的确定、物流设施规模的确定和配套运输方式的确定。一个好的物流系统规划方案可以使物流通过相关物流设施达到全过程的最佳效率和最低成本。物流设施可能包括许多相关的建筑物、构筑物和固定的机械设备，一旦建成和使用，就很难搬迁，如果原规划方案不合理，就会付出巨大的代价。因此，物流设施的选址是物流系统规划设计中的一个非常重要的环节，在整个物流系统的规划设计中具有很高的地位。

物流系统规划是一项系统工程，其核心内容是通过需求分析对物流系统的设施和设备进行规划和设计。其规划设计需要综合考虑相关因素，采用科学的方法确定设施的地理位置，使资源得到合理配置，使系统能够有效、经济地运行，以达到预期的目标。物流系统规划中所涉及的设施概念的具体含义因所研究对象系统的具体情况而不同，既可以是生产设施，也可以是服务设施。

通常，当企业对现有的物流系统进行改革和重组，或者在现有的物流系统中增加新的物流设施，或者建立新的物流系统时，就须进行物流系统的规划和设计。科学合理的物流系统规划可以使相应的货物或服务流动更加顺畅，进一步减少设备或人员需求，降低整个物流系统的运行成本，提高客户的服务满意度，从而提高整个系统和企业的综合效益。

在物流系统规划过程中，需要考虑许多相关因素。这些因素往往包括自然环境因素、企业管理因素、社会因素和人文因素。具体而言，自然环境因素往往包括天气、地理、水质等；企业管理因素通常包括人力资源、市场环境、物资供应等因素；社会人文因素主要包括相关法律法规、税收政策、文化背景等。此外，根据问题的具体情况，在不同的物流系统规划中所考虑的因素也是不同的。

5.4.2 物流系统规划设计分类

根据不同的标准，物流系统规划问题有不同的分类方法：

① 根据选址性质，物流系统规划分为新设施系统（生产设施或服务设施）规划、扩充系统规划和转移系统规划。

② 根据对要素的关注点，物流系统规划分为关注输入要素（比如原材料和劳动力）的规划、关注转换过程（比如转换过程装置的特殊要求）的规划、关注输出（比如接近市场和顾客）的规划。

③ 根据选址对象，物流系统规划分为制造工厂规划和服务设施规划。

④ 根据需要规划的设施数量，物流系统规划分为单一设施规划和网络多设施规划。

物流系统的规划通常要考虑三个方面的决策问题——客户服务水平、设施选址方案和运输调度方案。除了设定所需的客户服务水平以外，各部分都应该统筹考虑。其中的每个决策因素都会对整体物流系统的规划产生重要影响。

（1）客户服务水平

企业向客户提供的服务水平对物流系统规划的影响大于其他因素。因为根据不同层次的客户服务目标，可以做出不同的投入来规划相应的物流系统。因此，确定合适的客户服务水平是物流系统规划中需要澄清和解决的首要问题。

（2）设施选址方案

设施选址通常是物流设施数量、物流设施选址、设施规模和配套运输方式的主要内容。良好的设施布局方案往往能够考虑到运输材料的费用是否适当。采用不同的供给渠道，会对运输总成本产生不同的影响。如何找到成本最低或利润最高的需求分配策略是设施选址规划的核心。

(3) 运输调度方案

运输调度方案通常包括具体的运输方式、运输路线、调度策略和转运批量等。这些决策受到需求节点和供应节点之间的位置和距离之间的关系的影响。不过,结果又会对有关后勤设施的布局决定做出反应,从而对计划产生影响。

这三个决策问题中的每一个都会影响其他决策问题并与之相关,它们之间的关系需要在具体的物流系统规划中加以考虑。物流系统规划问题的最佳解决方案是在客户服务水平目标的基础上,在指定的约束条件下,在物流设施位置、运输调度配置等因素的影响下,在成本、响应时间等满意度指标之间找到最佳平衡点。

5.4.3　物流系统规划设计仿真

在不了解实际系统的情况下,将系统规划转化为仿真模型。通过运行仿真模型,对规划方案的优缺点进行评价,并对仿真中常用的方案进行改进。在系统建立之前,可以对不合理的投资和设计进行修改,以避免不必要的资金、物力、人力和时间的浪费。图 5.8 为物流仿真流程图。

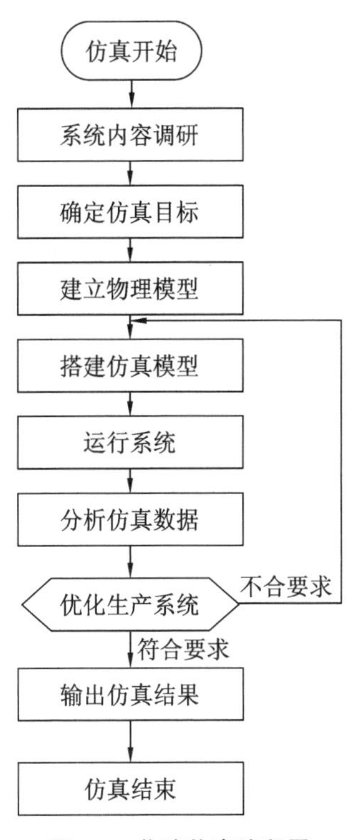

图 5.8　物流仿真流程图

复杂的物流系统往往包含不同的运输工具和多种运输路线。运输调度系统是物流系统中最复杂的系统。计算机仿真可以首先建立模型,动态运行,然后以动画的形式形象地显示运行状态、道路状况、物资供应等。仿真还提供了各种结果数据，包括车辆利用率、运行时间等。通过对运输调度过程的仿真，运输调度人员对所执行的调度策略进行了评估和测试，可以采用更加优化的路径和调度策略。

仿真优化技术是近年来兴起的一种技术手段，它不仅为仿真提供了优化算法驱动的决策支持，而且解决了传统优化方法求解复杂系统模型的问题。现代计算机虚拟仿真技术通过建模和仿真，将虚拟仿真模型与实际系统连接起来，然后利用动态仿真来验证所设计系统的运行情况。与传统的测试方法相比，虚拟仿真技术具有成本低、重复性强等优点，并且观察所设计方案的实际执行情况并不需要太长时间，因此，基于仿真建模技术的物流系统规划设计在企业中得到了越来越广泛的应用。

一般来说，物流系统的规划一般由两个阶段组成——一次评选和两次评选。一次评选阶段是根据一般物流设施规划原则和具体的设施选址约束，对每种备选设计方案进行粗略的选择。这一阶段的工作通常是简单和容易实现的，但它是非常重要的。通过对方案的初步选择，不仅可以大大减少后续阶段的工作量，而且可以使下一阶段的目标更加清晰。二次评选阶段则会比一次评选复杂得多，因为往往经过一次评选筛选出来的备选方案并不能采用简便直观的手段进行择优，规划人员需要借助更为细致的定量与定性手段来进行评估与对比。定性的手段一般是结合层次分析法以及模糊综合评价等方法对相应的备选方案进行评价，找出最佳的设计方案；定量的手段则一般通过构建相应的数学模型进行求解来寻找最佳的设计方案。

物流系统规划的一般流程和具体程序如下：

(1) 确定系统规划目标

明确所实施的物流系统规划的具体背景、意义和目标，所规划的物流系统具有的潜在作用。然后，整理合理的决策指标，以便为之后的方案评估提供依据。对于一般的优化问题，相当于寻找模型的目标函数，通常有几种典型的类型，例如响应时间的最小化、成本的最低化、利润的最大化等等。

(2) 分析问题约束条件

在进行物流系统的规划时，必须事先对问题的基本情况有详细的了解，对物流配送的下游节点的分布情况以及交通运输条件的情况，都应该有周全的资料，这样才能有效缩小具体设施选址的范围，减少不必要的工作量。

(3) 收集整理相关数据

一般情况下，实施物流系统规划须考虑相应的约束和目标函数，建立相应的数学公式，试图找到最低成本或客户满意度最大的方案，因此需对相关资料和基本数据进行全面的收集和分析，以确定相关的成本。

(4) 建立优化模型并求解

针对相应的数学模型，可以通过各种数学和非数学手段进行求解，获得相应的结果。针对不同的问题，可以根据情况选择不同的方法，例如启发式优化算法等等。

(5) 方案综合评估

结合具体的土地购置条件、所在地域法律法规、气候水文等各类因素，对所得到的结果进行综合评价，以评估求得的方案是否具有现实意义和可行性。

（6）方案修改与复查

深入考虑各类其他因素对所求解结果的影响，给不同的要素赋予一定的权重，然后使用层次分析法或其他方法对其进行进一步的考察。如果复查通过，则将该求解结果视为最终的求解方案；否则，应根据需要进行适当的调整，再反复完成前述步骤重新进行相应的评估与筛选。

在对物流系统进行相关规划时，应当同时考虑宏观因素与微观因素，从整体的层面上对各个要素进行深入的分析并平衡取舍，最终确定所需要的设计方案仿真优化方法，采用基于仿真技术与优化算法相结合的方式对所确立的目标进行优化。现今，大量的实际工程问题都可以被归结为仿真优化问题。

基于传统仿真技术的方法通常是比较不同决策输入的期望输出，以选择解决相应问题的最优决策输入。这在所需决策的可能值比较有限并且较少的前提条件下，只需要对其所对应的每一种决策组合情况进行仿真与评估，通过比较不同方案之间的期望输出，挑选出所需要的最优结果。在这样一个典型的设计过程中，不需要用到所谓的仿真优化技术。而当问题的复杂度与规模上升，可能的决策输入组合较多的时候，上面所提到的规划设计过程将消耗大量时间与计算资源；而另外一种可能的情形是输入的决策变量取值在一定的范围之内，但是为连续型取值，这时的最优决策则显然不可以通过简单的比较期望效用来进行搜寻。

长期以来，利用传统的优化技术来解决这一问题一直是主流。首先需要构造问题的解析模型，然后用相应的分析方法对其进行优化和求解。然而，由于实际问题往往具有复杂性和随机性，难以建立精确的分析模型，因此求解结果也是一个很大的挑战。仿真技术作为一种新的数字技术，通过系统建模的手段，将系统的各种相关要素有机地、结构化地组织起来，很好地反映了建模系统的真实行为。因此，可以利用仿真建立的模型来代替传统的分析模型，更准确地研究相应系统的行为特征。进一步考虑，由于仿真方法本质上是一种实验方法，通过不断地列举各种可能的方案并逐个对其进行模拟和评价，其搜索目标非常不明确，而且该过程不能给出问题的最优解或满意的解，特别是当有许多实验方案时，简单的模拟方法变得非常烦琐和复杂，甚至无法实现。将仿真技术与优化算法相结合的仿真优化方法为解决实际问题提供了一种高效、高质量的优化方法。

6 基于数字孪生的制造过程建模与优化

6.1 孪生车间建模

6.1.1 数字孪生车间概念与系统组成

当前数字孪生的理念已在部分领域得到了应用和验证。如前面相关章节所述，代表性的数字孪生应用如Grieves等将物理系统与其等效的虚拟系统相结合，研究了基于数字孪生的复杂系统故障预测与消除方法，并在NASA相关系统中开展应用验证。美国空军研究实验室结构科学中心通过将超高保真的飞机虚拟模型与影响飞行的结构偏差和温度计算模型相结合，开展了基于数字孪生的飞机结构寿命预测，并总结了数字孪生的技术优势。此外，PTC公司致力于在虚拟世界与现实世界间建立一个实时的连接，基于数字孪生为客户提供高效的产品售后服务与支持。西门子公司提出了数字化双胞胎的概念，致力于帮助制造企业在信息空间构建整合制造流程的生产系统模型，实现物理空间从产品设计到制造执行的全过程数字化。针对复杂产品用户交互需求，达索公司建立了基于数字孪生的3D体验平台，利用用户反馈不断改进信息世界的产品设计模型，从而优化物理世界的产品实体，并以飞机雷达为例进行了验证。

从以上应用分析可知，数字孪生是实现物理与信息融合的一种有效手段。制造车间的物理世界与信息世界的交互与融合，是实现工业4.0、中国制造2025、工业互联网、基于的CPS制造等的智能制造方向之一。下面我们基于数字孪生技术，提出数字孪生车间的概念。

数字孪生车间(Digital Twin Workshop，DTW)是在新一代信息技术和制造技术驱动下，通过物理车间与虚拟车间的双向真实映射与实时交互，实现物理车间、虚拟车间、车间服务系统的全要素、全流程、全业务数据的集成和融合。在车间孪生数据的驱动下，实现车间生产要素管理、生产活动计划、生产过程控制等在物理车间、虚拟车间、车间服务系统间的迭代运行，从而在满足特定目标和约束的前提下，达到车间生产和管控最优的一种车间运行新模式。数字孪生车间主要由物理车间、虚拟车间、车间服务系统、车间孪生数据等四部分组成，如图6.1所示。

其中，物理车间是车间客观存在的实体集合，主要负责接收车间服务系统(WSS)下达的生产任务，并严格按照虚拟车间仿真优化后预定义的生产指令，执行生产活动并完成生产任务；虚拟车间是物理车间的完全数字化镜像，主要负责对生产计划/活动进行仿真、评估及优化，并对生产过程进行实时监测、预测与调控等；WSS是数据驱动的各类服务系统功能的集合或总称，主要负责在车间孪生数据驱动下对车间智能化管控提供系统支持和服务，如对生产要素、生产计划/活动、生产过程等的管控与优化服务等；车间孪生数据是物理车间、虚拟车间和WSS相关的数据，以及三者数据融合后产生的衍生数据的集合，是物理车间、虚拟车间和

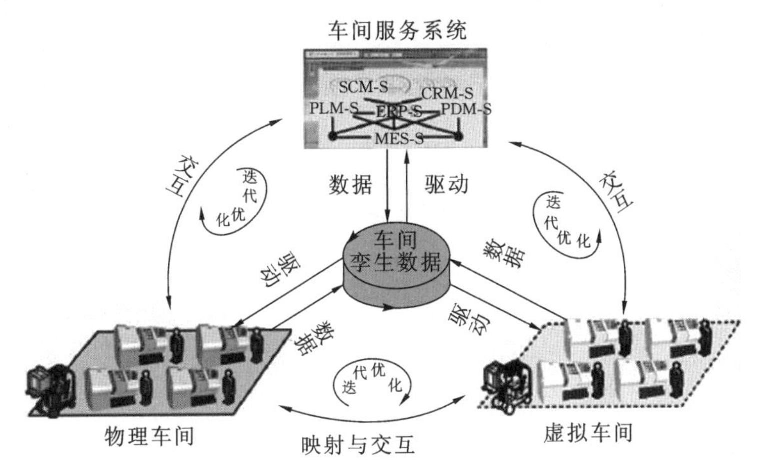

图 6.1 数字孪生车间主要系统组成

WSS 运行及交互的驱动。

对于数字孪生车间来说，在实现异构源数据的感知接入与融合方面，需要一套标准的数据通信与转换装置，以实现对生产要素不同通信接口和通信协议的统一转换以及对数据的统一封装。在此基础上，采用基于服务的统一规范化协议，将车间实时数据上传至虚拟车间和 WSS。该转换装置对多类型、多尺度、多粒度的物理车间数据进行规划、清洗及封装等，实现数据的可操作、可溯源的统一规范化处理，并通过数据的分类、关联、组合等操作，实现物理车间多源多模态数据的集成与融合。此外，物理车间异构生产要素须实现共融，以适应复杂多变的环境。生产要素个体既可以根据生产计划数据、工艺数据和扰动数据等规划自身的反应机制，也可以根据其他个体的请求做出响应，或者请求其他个体做出响应，并在全局最优的目标下对各自的行为进行协同控制与优化。与传统的以人的决策为中心的车间相比，“人—物—环境”要素共融的物理车间具有更强的灵活性、适应性、鲁棒性与智能性。

虚拟车间本质上是模型的集合，这些模型包括要素、行为、规则三个层面。在要素层面，虚拟车间主要包括对人、机、物、环境等车间生产要素进行数字化/虚拟化的几何模型和对物理属性进行刻画的物理模型。在行为层面，主要包括在驱动（如生产计划）及扰动（如紧急插单）的作用下，对车间行为的顺序性、并发性、联动性等特征进行刻画的行为模型。在规则层面，主要包括依据车间繁多的运行及演化规律建立的评估、优化、预测、溯源等规则模型。在生产前，虚拟车间基于与物理车间实体高度逼近的模型，对 WSS 的生产计划进行迭代仿真分析，真实模拟生产的全过程，从而及时发现生产计划中可能存在的问题，实时调整和优化；在生产中，虚拟车间通过制造过程数据的实时交互，不断积累物理车间的实时数据与知识，在对物理车间高度保真的前提下，对其运行过程进行连续的调控与优化。同时，虚拟车间逼真的三维可视化效果可使用户产生沉浸感与交互感，有利于激发灵感、提升效率；且虚拟车间模型及相关信息可与物理车间进行叠加与实时交互，实现虚拟车间与物理车间的无缝集成、实时交互与融合。

车间服务系统（WSS）是数据驱动的各类服务系统功能的集合或总称，主要负责在车间孪生数据驱动下对车间智能化管控提供系统支持和服务，如对生产要素、生产计划/活动、生产过程等的管控与优化服务等。例如，在接收到某个生产任务后，WSS 在车间孪生数据的驱动下，生成满足任务需求及约束条件的资源配置方案和初始生产计划。在生产开始之前，WSS 基于虚拟车间对生产计划的仿真、评估及优化数据，对生产计划做出修正和优化。在生产过程中，物理车间的生产状态和虚拟车间对生产任务的仿真、验证与优化结果被不断反馈到 WSS，WSS 实时调整生产计划以适应实际生产需求的变化。DTW 有效集成了 WSS 的多层次管理功能，实现了对车间资源的优化配置及管理、生产计划的优化以及生产要素的协同运行，能够以最少的耗费创造最大的效益，从而在整体上提高数字孪生车间的效率。

车间孪生数据主要由与物理车间相关的数据、与虚拟车间相关的数据、与 WSS 相关的数据以及三者融合产生的数据四部分构成。与物理车间相关的数据主要包括生产要素数据、生产活动数据和生产过程数据等。生产过程数据主要包括人员、设备、物料等协同作用完成产品生产过程数据，如工况数据、工艺数据、生产进度数据等。与虚拟车间相关的数据主要包括虚拟车间运行的数据以及运行过程中实时获取的生产制造过程的数据，如模型数据、仿真数据，及评估、优化、预测及不断积累物理车间的实时数据等。与 WSS 相关的数据包括了从企业顶层管理到底层生产控制的数据，如供应链管理数据、企业资源管理数据、销售/服务管理数据、生产管理数据、产品管理数据等。以上三者融合产生的数据是指对物理车间、虚拟车间及 WSS 进行综合、统计、关联、聚类、演化、回归及泛化等操作下的衍生数据。车间孪生数据为 DTW 提供了全要素、全流程、全业务的数据集成与共享平台，消除了信息孤岛。在集成的基础上，车间孪生数据进行深度的数据融合，并不断对自身的数据进行更新与扩充，实现物理车间、虚拟车间、WSS 的运行及两两交互的驱动。

6.1.2 数字孪生车间的特点

（1）虚实融合

DTW 虚实融合的特点主要体现在以下两个方面：其一，物理车间与虚拟车间是双向真实映射的。首先，虚拟车间是对物理车间进行高度真实的刻画和模拟。通过虚拟现实、增强现实、建模与仿真等技术，虚拟车间对物理车间中的要素、行为、规则等多维元素进行建模，得到对应的几何模型、行为模型和规则模型等，从而真实地还原物理车间。通过不断积累物理车间的实时数据，虚拟车间真实地记录了物理车间的进化过程。反之，物理车间真实地再现虚拟车间定义的生产过程，严格按照虚拟车间定义的生产过程以及仿真和优化的结果进行生产，使生产过程不断得到优化。物理车间与虚拟车间并行存在，一一对应，共同进化。其二，物理车间与虚拟车间是实时交互的。在 DTW 运行过程中，物理车间的所有数据会被实时感知并传送给虚拟车间。虚拟车间根据实时数据对物理车间的运行状态进行仿真优化分析，并对物理车间进行实时调控。通过物理车间与虚拟车间的实时交互，二者能够及时地掌握彼此的动态变化并实时地做出响应。在物理车间与虚拟车间的实时交互中，生产过程不断得到优化。

（2）数据驱动

WSS、物理车间和虚拟车间以车间孪生数据为基础，通过数据驱动实现自身的运行以及两两交互，具体体现在以下三个方面：

一是对于 WSS。首先，物理车间的实时状态数据驱动 WSS 对生产要素配置进行优化，并生成初始生产计划。随后，初始的生产计划被交给虚拟车间进行仿真和验证，在虚拟车间仿真数据的驱动下，WSS 反复地调整、优化生产计划直至最优。

二是对于物理车间。WSS 生成最优生产计划后，将计划以生产过程运行指令的形式下达至物理车间。物理车间的各要素在指令数据的驱动下，将各自的参数调整到适合的状态并开始生产。在生产过程中，虚拟车间实时地监控物理车间的运行状态，并将状态数据经过快速处理后反馈至生产过程中。在虚拟车间反馈数据的驱动下，物理车间及时动作，优化生产过程。

三是对于虚拟车间。在产前阶段，虚拟车间接收来自 WSS 的生产计划数据，在生产计划数据的驱动下仿真并优化整个生产过程，实现对资源的最优利用。在生产过程中，在物理车间实时运行数据的驱动下，虚拟车间通过实时的仿真分析及关联、预测及调控等，使生产能够高效进行。DTW 在车间孪生数据的驱动下，被不断地完善和优化。

(3) 全要素、全流程、全业务集成与融合

DTW 的集成与融合主要体现在以下三个方面：

其一是车间全要素的集成与融合。在 DTW 中，通过物联网、互联网、务联网等信息手段，物理车间的人、机、物、环境等各种生产要素被全面接入信息世界，实现了彼此间的互联互通和数据共享。由于生产要素的集成和融合，实现了对各要素合理的配置和优化组合，保证了生产的顺利进行。

其二是车间全流程的集成与融合。在生产过程中，虚拟车间实时监控生产过程的所有环节。在 DTW 的机制下，通过关联、组合等作用，物理车间的实时生产状态数据在一定准则下被加以自动分析、综合，从而及时挖掘出潜在的规律规则，最大化地发挥了车间的性能和优势。

其三是车间全业务的集成与融合。由于 DTW 中 WSS、虚拟车间和物理车间之间通过数据交互形成了一个整体，车间中的各种业务(如物料配给与跟踪、工艺分析与优化、能耗分析与管理等)被有效集成，实现数据共享，消除信息孤岛，从而在整体上提高了 DTW 的效率。全要素、全流程、全业务的集成与融合为 DTW 的运行提供了全面的数据支持与高质量的信息服务。

(4) 迭代运行与优化

在 DTW 中，物理车间、虚拟车间以及 WSS 之间不断交互、迭代优化。

一是 WSS 与物理车间之间通过数据双向驱动、迭代运行，使得生产要素管理最优。WSS 根据生产任务产生资源配置方案，并根据物理车间生产要素的实时状态对其进行优化与调整。在此迭代过程中，生产要素得到最优的管理及配置，并生成初始生产计划。

二是 WSS 和虚拟车间之间通过循环验证、迭代优化，达到生产计划最优。在生产执行之前，WSS 将生产任务和生产计划交给虚拟车间进行仿真和优化。然后，虚拟车间将仿真和优化的结果反馈至 WSS，WSS 对生产计划进行修正及优化，此过程不断迭代，直至生产计划达到最优。

三是物理车间与虚拟车间之间通过虚实映射、实时交互，使得生产过程最优。在生产过程中，虚拟车间实时地监控物理车间的运行，根据物理车间的实时状态生成优化方案，并反馈指导物理车间的生产。在此迭代优化中，生产过程以最优的方案进行，直至生产结束。DTW 在以上三种迭代优化中得到持续的优化与完善。

6.2 工厂制造过程建模

对工厂制造过程模型的研究可以从多个方向展开。目前已经提出了许多制造系统建模的体系结构与方法，包括基于 BPM 兼容标准的流程建模、基于 Agent 的制造系统描述模型、基于产品生命期工程方法的建模以及集成制造过程建模等。这些体系结构中都建立了由过程视

图和其他多个关联视图所组成的多视图模型。过程视图则由事件驱动过程链或工作流方法等各种制造过程建模方法。通过集成一些过程仿真分析工具，还可以对制造过程模型进行优化和重组，使得制造过程的各项性能指标得到提高。整个软件系统支持这些优化的制造过程模型，使用工作流管理系统来实例化运行。

6.2.1 制造企业过程模型

制造企业过程模型是制造企业模型中最重要的组成部分之一，是制造企业进行过程集成、过程分析、过程重组和过程管理的核心技术。这里以一般制造企业建模理论为基础，重点考察制造过程模型，提出集成制造过程建模体系结构，对制造系统的过程模型进行更深入细致的研究，并对与制造过程模型相关的其他多视图模型中的主要业务建模元素进行了相应的阐述，实现制造过程模型的系统集成，如图 6.2 所示。

集成制造过程建模体系结构采用以过程模型为中心的建模思想，基于面向对象的业务建模方法，扩展制造系统的可重构性，增加了对象重构性维，形成一个三维立方体结构。

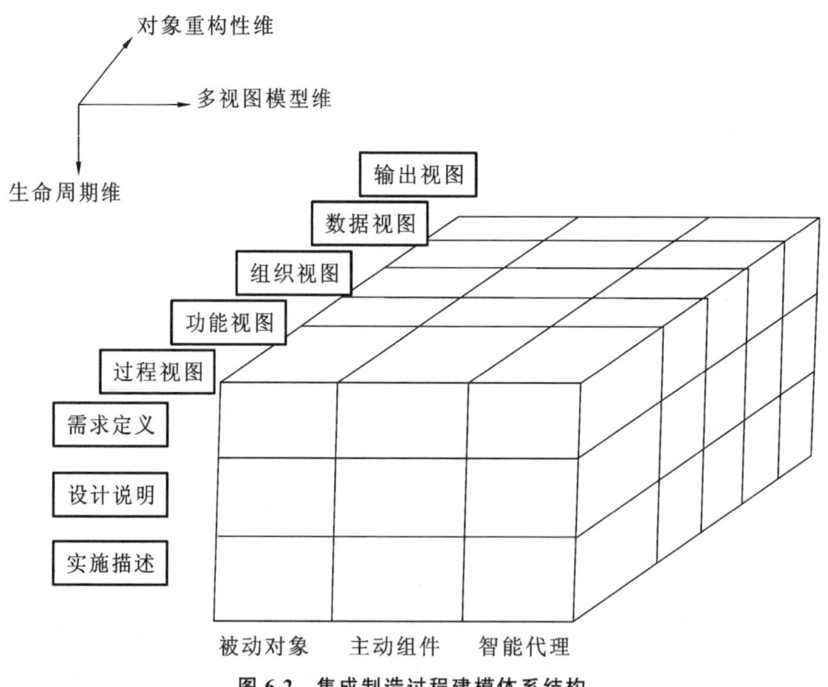

图 6.2 集成制造过程建模体系结构

建模体系结构将制造过程建模生命周期维划分为三个不同的建模阶段，即需求定义阶段、设计说明阶段、实施描述阶段。

该体系结构将制造过程多视图模型维划分为功能视图、组织视图、数据视图、输出视图和过程视图。以制造过程视图模型为主，其他关联视图模型为辅。不求对制造系统各个视图进行大而广的建模，而是专注于制造过程模型所涉及的活动、组织和数据建立小而深的业务过程模型。

同时，该体系结构将对象重构性维划分为三个级别：被动对象级别、主动组件级别和智能代理级别。每一级别的模型元素都可以在系统中重新配置，实现制造系统可重构性。生命周期维在制造企业中应用制造系统，实现制造过程集成，通常要经历多个相继的建模阶段。

明确制造系统问题域是系统建模的初始阶段。制造系统通常为了解决多个问题，在系统模型中对每个问题都提出多个目标，根据这些目标确定制造过程建模的业务需求。制造系统问题域的定义可以采用接近用户语言的半形式化描述方法，目的是捕获制造系统的所面临的实际问题。在此阶段，通常只建立简单的系统模型，例如领域模型和高层概要的业务模型，用于建模人员和系统用户之间的交流。

需求定义阶段重点是建立需求分析模型，主要用来说明制造系统所要实现的目标，以及完成这些目标所必须具备的功能和业务过程流。采用过程模型对业务过程进行建模，在此基础上建立功能视图、组织视图、数据视图和输出视图中的模型。过程模型主要完成关键业务过程的逻辑模型，功能模型主要完成功能结构分解，组织模型主要完成组织结构定义、初步建立制造系统的数据模型和输出模型。

设计说明是指在需求定义基础上逐步建立制造过程管理的设计模型，这些设计模型可以是平台独立模型。在制造过程业务需求基础上，使用过程建模和过程分析工具，对所建立的过程模型进行优化。设计说明阶段的主要任务是完成过程视图模型的细化，并对细化的过程模型进行分析，同时对业务过程进行优化。另外还要对功能视图、组织视图、数据视图和输出视图进行更完善的建模，并保证多个视图模型之间的一致性和集成性。

实施描述是指在设计说明的基础上，定义具体的执行者、资源实体、组织单元和应用软件，形成系统的实施模型。实施模型在特定的系统软件、网络环境和数据库管理系统的支持下，根据业务要求按照实施步骤逐步投入运行。在逐步实施中，可以采集现场真实环境的数据，对设计的过程模型进行改进和优化，完善该软件系统的功能。

运行维护是指对已经投入运行的制造系统，必须按实施规程进行软件维护。运行维护通过文档管理、版本控制等维护方法，实现对运行系统有效的管理和监控；并通过集成需求管理、配置管理等软件工具，对制造系统中提出的新的业务需求进行记录、管理和配置，以驱动增量式软件改进和迭代式软件开发。

通常将需求定义、设计说明和实施描述三个阶段统称为应用系统建造期，其主要任务是设计完整的应用模型和构造可执行软件系统。由于体系结构主要是研究制造系统的过程建模，所以运行维护阶段没有纳入体系结构中。而且第一阶段只是对制造过程模型提供一个应用系统概念上的初始准备，并没有将其作为组成部分。这样在体系结构中，主要包括制造过程建模生命周期中的需求定义、设计说明和实现描述三个阶段。

由于制造系统的发展，制造公司可以有效地计划、设计和生产他们的产品。然而，随着物联网(IoT)和制造信息系统的应用增加，信息系统内通信的复杂性和交互性有望扩大。此外，由于物联网设备不断传输识别对象的数据，数据库中可能存储了大量数据。由于这些情况，对制造企业来说，管理大量的制造数据和过程仍然是一个挑战。

业务流程管理(BPM)方法可以通过不断改进流程来解决这一难题。制造公司还可以从BPM方法定义的方法论和以过程为中心的工程实践中受益，以优化其制造过程。特别是，来自BPM研究领域的各种分析技术可以有效地管理大量制造过程信息。

基于BPM方法，我们为制造过程模型提出了一种基于相似度的层次聚类方法，以促进制造过程的管理活动。为此，必须事先对制造过程进行建模并实现测量相似性。

BPMN(业务流程建模与标注)是用于业务流程建模的最广泛使用的标准之一。它提供了一组丰富的元素类型，可以完全表示业务流程的上下文。而且，该标准容易扩展，并且已经被应用于各领域建模，例如无线传感器网络、医疗保健过程和制造过程。以下从制造过程的基本数据描述制造过程模型。

为了创建制造过程模型，我们应用了 BPMN 标准，并扩展了表示法。BPMN 标准具有各种扩展，但是缺少制造领域的建模符号。尽管一些研究提出了制造过程的扩展，但是由于缺乏统一性，其扩展并未涵盖整个制造领域。

每个制造过程模型本质上都包含指示它们的起点/终点的开始事件和结束事件。操作是指制造过程中的原始工作。通过连接顺序流对象，此类型与其他操作具有优先级和/或顺序关系。而且，它通过组件关联的连接对象以及与生产相关的信息（如运营成本）与特定组件建立联系。零部件是指特定操作的输入，它可以是原材料、零件和子装配体。

BPMN 模型由可视化图表示（图 6.3），包括操作、组件和连接对象的定义（例如网关、顺序流和组件关联）。当实例化制造过程模型时，BPM 系统的执行引擎将解释该信息并创建一个流程实例以在完全控制的情况下执行制造过程。

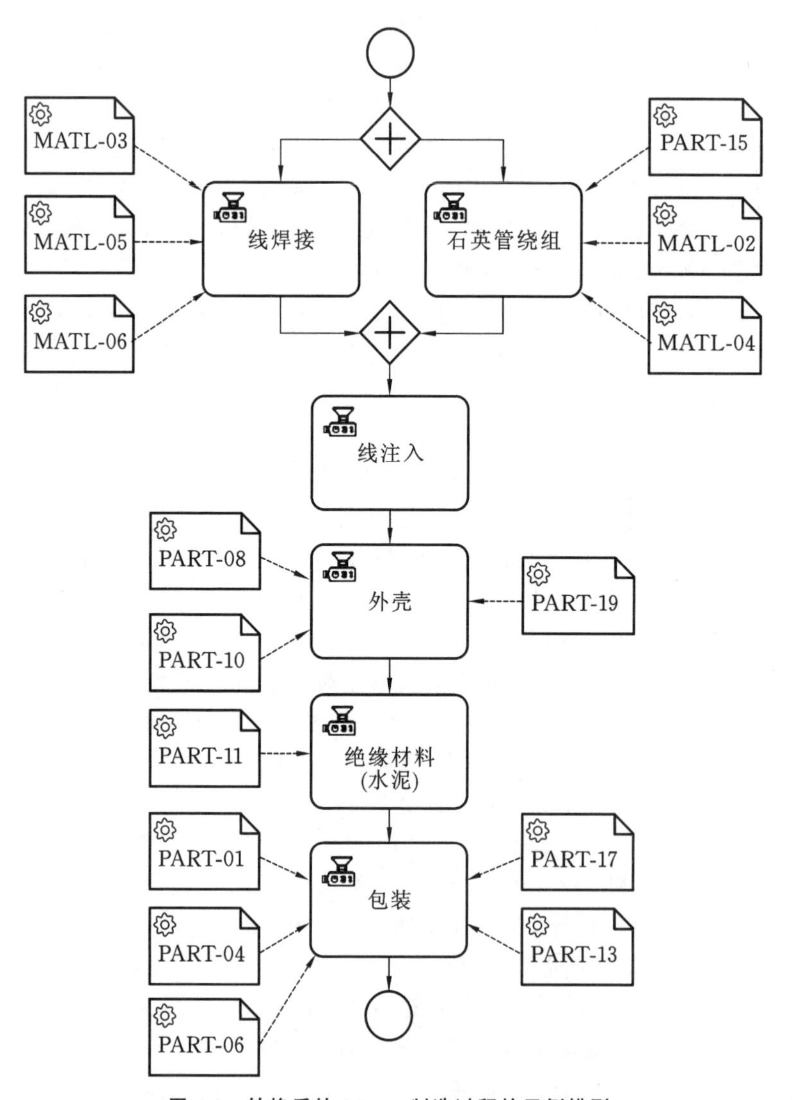

图 6.3 转换后的 BPMN 制造过程的示例模型

制造过程的建模可以通过 BPM 领域中丰富的工具集有效地执行、跟踪和分析。这种建模方法也可以在数字孪生模型中应用。

6.2.2 基于 Agent 制造系统描述模型

基于 Agent(主体)的建模方法被广泛应用于企业建模、制造规划、生产调度和过程控制中。建模的本质在于建立各系统之间的联系。基于 Agent 的建模是一种由底向上的建模方法,它把 Agent 作为系统的基本抽象单位,先建立组成系统的每个个体的 Agent 的模型,然后采用合适的 MAS(Muiti-AgentSystem)体系结构来组装这些个体 Agent,最终建立整个系统的系统模型。

由于 Agent 是一种计算实体,最终模型就是系统实现模型。因此,不论从方法的角度还是实现的角度都适合制造系统建模,而且适合面向过程的控制。

根据对制造系统的分析,针对车间层次,可以定义资源 Agent、管理 Agent 和任务 Agent。资源 Agent 分为生产类 Agent 和物料类 Agent,生产类 Agent 包括生产机械、缓存、运输装置,物料类 Agent 包括原料、零件、部件和产成品(包括半成品);管理 Agent 对应控制中心,是下达生产计划和调度策略的计算机程序或者人;任务类 Agent 由管理 Agent 根据生产计划产生,并且采用联邦式 MAS 体系结构,即 Agent 首先组成联邦,然后通过一个联邦协作 Agent 与其他联邦通信,形成最终系统。联邦式体系结构中包含若干资源 Agent、任务 Agent 和一个管理 Agent。这里联邦的协作和通信工作由管理 Agent 来完成。根据系统的层次性和 Agent 的层次性特点,整个联邦也可以作为一个 Agent。

在各种 Agent 结构中,BDI(belief-desire-intention,信念-期望-意图模型)结构是最自然和容易理解的一个。BDI 模型是 Rao 和 Georgeff、Cohen 和 Levesgue 以及 Bratman 等提出的一种重要的 Agent 认知模型,得到了广泛应用。BDI 结构基于精神状态研究 Agent。Agent 的精神状态由信念、期望、目标和意图来刻画。精神态度决定系统行为并且对于获得最佳性能至关重要。BDI 结构在 Agent 动态行为的建模和分析方面非常有用。

制造系统是一个复杂、开放的和不可预测的环境,前面提及制造系统的建模包括两个方面:描述模型和优化模型,BDI 模型可以将定量决策和符号推理很好地结合。因此,基于 BDI 的 Agent 模型可以更好地刻画、分析制造过程。

(1) BDI 模型

早期有影响的单个 Agent BDI 结构是 IRMA,它保存信念、愿望和采用的计划,较有影响地描述多个 Agent 系统的 BDI 结构是 GRATE,在协作行为中引进联合意图。下面给出信念、目标、意图、状态和事件以及行为的定义。

定义 1 信念(Beliefs)。主体关于环境和自身的状态的信息,可以是变量、数据库、一组逻辑表达式或者其他数据结构。这些信念可能是不完整的,甚至可能是不正确的,可以分为客观事实(知识)和主体态度,前者的正确性是确定的,后者的正确性是不确定的。

定义 2 目标(Desires)。每个主体都有一系列想要达到的目标,即主体希望进入何种状态。这些目标有些是可以实现的,有些是冲突的,甚至不可实现、受系统资源的约束。

定义 3 意图(Intentions)。意图由目标和计划两部分组成。主体意图表示主体已对实现某目标做出了承诺,并将付诸行动。这里,定义目标为可以实现的目标,是目标的子集;定义计划表示实现该目标做出的规划,该规划由实现目标的一系列行为或者子规划组成。

定义 4 状态。在 BDI 模型中，Agent 的状态包括信息状态、目标状态和决策状态，分别由信念、期望和意图来描述。对于状态，这里定义查询和更新两种操作。查询操作用于决策过程，更新操作用于自学习功能。

定义 5 事件和行为。事件即改变系统状态的某种刺激；行为即系统为实现某种目标、进入某个状态采取的动作。

Agent i 的行为可能改变另外 Agent j 的状态，对于 Agent j 来说 Agent i 的行为就是一个事件。行为由系统执行，事件发生在环境中，包括外部事件、内部事件。

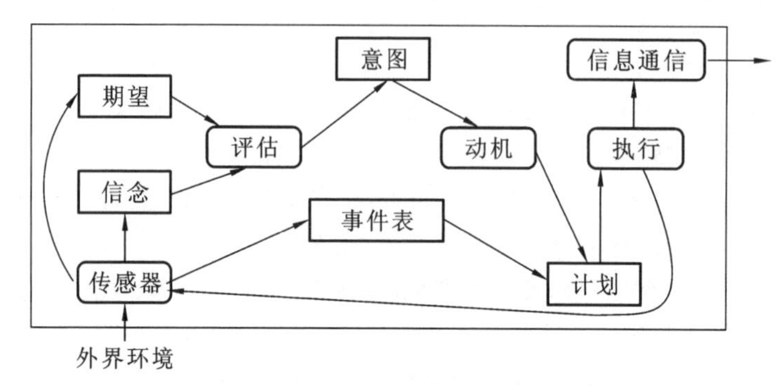

图 6.4 基于 BDI 模型的 Agent 结构

Agent=(B,D,I,计划,事件表,传感器,评估,动机,执行,信息通信)。

(2) π 演算

π 演算是进程代数的一个分支，是 20 世纪 90 年代由 Milner 等人在 CCS 的基础上引入名字和传递机制后发展起来的一种描述系统并发特性的计算模型。由于引入通道名字并且通道名可以传递，因此可以用来描述结构不断变化的并发系统，即系统中进程之间的连接关系可以随着进程的演进而不断改变。π 演算适合于描述异构分布集成系统以及对系统的分析。

π 演算中仅包含两类实体，一类是名字，通常理解为通道名；另一类是进程，用来刻画实际的应用系统，进程之间通过名字进行交互。其交互的内容只包括名字，该名字不带有任何结构或数据类型。

假设有限名集 N，以小写字母 $a,b,c,\cdots,z$ 代表通信端口，变量和数据；以大写的英文字母 P,Q 等表示进程。下面给出 P,Q 进行 π 演算的基本语法定义：

① 求和：$\sum i\in I, Pi=P1+P2+\cdots+Pn$，表示选择执行其中的任意一个进程 Pi，当 $n=0$ 时，表示结束；

② 前缀式：$yx\cdot P$，$yx\cdot P$ 或 $\tau\cdot P$，分别表示在端口 y 输出/输入名字向量 x，或者先执行一个不可见动作 τ，然后执行 P；

③ 组合 $P1|P2$，并发执行 $P1$,$P2$；

④ 限制语法表达式$(vy)P$：与进程 P 的行为相似，但受到限制的名字 y 对外界是不可见的；

⑤ 匹配$[x=y]P$：若名字 x 与 y 相同，则执行进程 P；

⑥ 复制语法表达式！P：提供任意个进程 P 的副本；

⑦ 结束进程 0：用来表示一个进程的结束。

Agent 和进程都是以离散活动刻画其行为的抽象机制，二者结合可以有效分析并解决离散事件系统的建模与仿真，适合用于制造过程的建模与仿真。如定义的计划、顺序计划可以用行为序列表示(使用前缀式),条件计划中的分支可以结合前缀和求和操作。

史忠植等人采用 π 演算定义主体模型进程分别刻画主体的信念、目标和意图三种心智态度,以及主体行为、环境。

事实类信念定义成一个知识的查询过程。相应的子进程如下:

$$\text{FactBasedBelief}(x) =_{\text{def}} \text{fact}_{id}(x) \cdot \text{Fact}_{id}(x)$$

主体的主观态度类信念表示主体相信某种态度(或事件)已经或者将要出现(或者发生),相应的子进程定义为:

$$\text{AttitudeBasedBelief}(nid, \tau, \boldsymbol{s}) =_{\text{def}} \text{time}(t) \cdot [t=\tau](\text{believe}_{id}(nid, \tau t, \boldsymbol{s})) \cdot \overrightarrow{nid}(T, \boldsymbol{S})$$

主体信念进程为:

$$\text{Belief} = \text{FactBasedBelief}(\vec{x}) \mid \text{AttitudeBasedBelief}(id, \tau, \vec{s})$$

定义主体目标进程时,除了要指出主体所具有的目标外,还要指出实现该目标所涉及的主体知识。主体目标进程定义为:

$$\text{Goal} =_{\text{def}} \text{goal}_{\text{id}}(\boldsymbol{x}) \cdot \overline{\text{fact}}_{\text{id}}(\boldsymbol{x})$$

其含义为:当主体从端口 goal id 获得所欲达到的目标 x 时,通过端口 fact id 查询要实现该目标所需要的主体知识。

主体的意图是伴随所要达到的目标而产生的,意图进程定义为:

$$\text{Intention} =_{\text{def}} \text{intend}_{\text{id}}(t, g) \cdot \overline{\text{time}}(t) \mid \text{believe}_{\text{ie}}$$
$$(id, t, \boldsymbol{g}) \mid \overline{\text{goal}}_{\text{id}} \mid (\boldsymbol{g})$$

其含义为:当主体通过端口 $\text{intend}_{\text{id}}$感知到外界环境在时间 t 发生的事件或状态所蕴含的意图 g 后,判断主体是否相信在该时刻能实现该目标,然后向主体提出实现目标的请求。

主体为实现某目标的行为规范相当于实现该目标的行动计划:

$$\text{GoalSpec}(g) =_{\text{def}} \text{ActionSchedule}_{\text{id}}(g)$$

而主体在感知到某种刺激时的行为模式则相当于一个意图理解及行动规划的过程:

$$\text{PerceptionSpec}(p) =_{\text{def}} \text{Perceive}_{\text{id}}(t, p) \cdot \text{intend}_{\text{id}}$$
$$(t, g) \mid \text{ActionSchedule}_{\text{id}} \mid (t)$$

其含义为:主体在时间 t 通过端口 $\text{perceive}_{\text{id}}$感知到刺激 p 时,首先理解该刺激所蕴含的意图 g,然后通过端口 $\text{intend}_{\text{id}}$输出目标 g 来对实现该目标做出承诺,同时规划实现该目标所采取的行动。

制造系统的 Muiti-Agent 模型还存在联合意图、常识、公共行为规范和环境的定义。多个主体为完成系统的共同目标,必须建立相互信任并做出共同的承诺。设联合意图 I_j 为一系列子意图的集合$\{I_1, I_2, \cdots, I_n\}$,其中有的子意图可以由单个主体独立实现,有的则作为子联合意图由几个主体共同完成。联合意图进程可以定义为:

$$\text{JointIntention}(t, I_j) =_{\text{def}} \text{jintention}(t, I_j) \cdot ((\text{believe}_{\text{idl}}(id2, t, i2) \mid \cdots$$
$$\mid \text{believe}_{\text{idl}}(idk, t, \mid ij)) \cdot \text{intention}_{\text{idl}}(t, i1) \mid \cdots$$
$$\mid (\text{believe}_{\text{idk}}(id1, t, il)) \mid \cdots \mid \text{believe}_{\text{idl}}(id_{k-1}, t, ik) \cdot \text{intention}_{\text{idk}}(t, ik) \cdot$$
$$\mid \text{JointIntention}(t, i_{k+1}) \mid \cdots \mid \text{JointIntention}(t, i_n)$$

(3) 制造过程优化模型

优化模型对应企业的目标,然而企业的目标有时比较模糊,但基本目标是收益。不同的行业优化的具体目标存在差别,但是主要围绕质量、时间、成本和服务几个方面。比如装配线的主要目标是最大化生产量，使成本最低并及时交货；化工行业优化目标主要包括高质量、低成本。柔性生产线的目标满足客户产品变化的要求。实际问题中通常是多目标的，同时这些目标之间存在冲突；另外需要将企业目标分解成详细的操作策略。好的描述模型是优化模型的基础。

在制造过程模型中，对于时间方面的优化，需要通过将时间因素分解到制造活动中来控制估计时间和实际时间；对于成本方面的优化，可以采用基于活动的成本法。质量优化包括两方面——过程质量优化和产品质量优化。无论优化目标如何，制造过程优化模型的关键是将优化目标逐层分解至可操作状态。采用演算描述的 BDI 主体模型，适应目标分解的需要。

6.3 工厂整体布局优化

工厂制造除了过程规划之外，生产布局也是复杂制造系统中的重要工作。一般的生产布局是用来设计生产设备和生产系统的二维原理图和纸质平面图，设计这些工厂布局图往往需要大量的时间和精力。

6.3.1 工厂设计布局规划

由于竞争日益激烈，企业需要不断向产品中加入更好的功能，以更快的速度向市场推出更多的产品，这意味着制造系统需要持续扩展和更新。但静态的二维布局图由于缺乏智能关联性，修改又会耗费大量时间，制造人员难以获得有关生产环境的最新信息，很难制定明确的决策和及时采取行动。

借助数字孪生模型可以设计出包含所有细节信息的生产布局，包括机械、自动化设备、工具、资源甚至是操作人员等各种详细信息，并将之与产品设计进行无缝关联。比如一个新的产品制造方案中，引入的机器人干涉到一条传送带，布局工程师需要对传送带进行调整并发出变更申请，当发生变更时，了解生产线设备供应商中，哪些会受到影响，以及对生产调度产生怎样的影响，这样在设置新的生产系统时，就能获得正确的设备。

基于数字孪生模型，设计人员和制造人员实现了协同，设计方案和生产布局实现了同步，这就能大大提高制造业务的敏捷度和效率，帮助企业面对更加复杂的产品制造挑战。

通常，工厂设计包括 3 个主要设计阶段——概念设计、精细化设计和最终设计。概念设计是设计的第一个阶段，主要是对新工厂的概念进行设计，包括工厂布局、资金投入和产能预测。人们普遍认为，大约 75％的产品生产成本是在概念设计阶段确定的。在概念设计阶段，数字孪生可以帮助设计者和股东验证设计概念，预测资金吞吐量和投资回报率。

精细化设计是第二个设计阶段，是进一步的概念设计，包括机器配置、工艺设计、生产线或生产单元配置、物料搬运系统配置和工位配置。在大多数情况下，精细化设计的目标是进一步验证概念设计。因此，在精细化设计阶段，数字孪生是为了帮助设计师对工厂进行精细化设计和集成验证。

最终设计是最后的阶段。在这一阶段中，需要设计机器和物流单元控制策略，需要整合整个制造系统。由于虚拟工厂所对应的最终设计是与实体工厂最相似的，因此数字孪生体在这个阶段的逼真度最高。数字孪生与 MES(制造执行系统)、PLC(可编程逻辑控制器)等多种控制软件连接。由于两者之间的联系，数字孪生仿真了制造和物流的控制策略，帮助设计者进行控制调试和决策。数字孪生镜像在三个设计阶段的应用框架如图 6.5 所示。

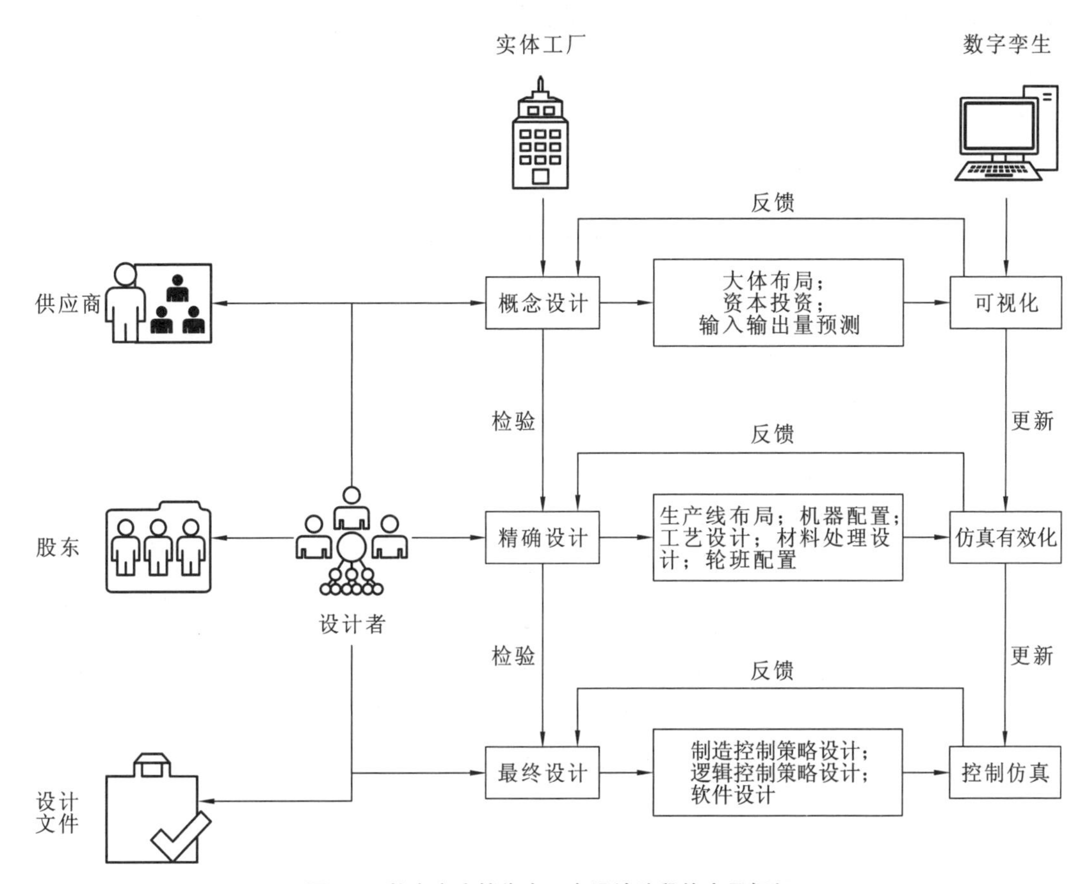

图 6.5 数字孪生镜像在三个设计阶段的应用框架

如图 6.5 所示，数字孪生镜像可反馈三个物理设计阶段。在概念设计阶段，数字孪生镜像通过动画的方式将设计概念映射、可视化。动画可以帮助设计师全面深化概念，清晰地向股东和供应商陈述设计。在精细设计阶段，数字孪生镜像工厂通过仿真验证配置是否能够实现足够的吞吐量。在最后的设计阶段，数字孪生镜像最终批准设计，并将其模拟为虚拟工厂。显然，数字双胞胎的设计是逐步改进的，同时，其逼真度也在逐步提高。

高逼真度是数字孪生最重要的特征之一。然而在工厂设计中，上述三个设计阶段的物理世界是模糊且不同的。

在概念设计阶段，现实世界是隐藏在设计者大脑中的不确定概念。什么时候生产工厂布局可以确定？传统上，工厂布局是二维图，投资和产量只能通过原始计算来确定。数字孪生可以使概念立体化，帮助设计师从细节的角度思考概念。数字孪生在这个阶段的保真度是映射不确定的设计概念。由于大部分数据是不确定的，因此三维动画是数字双胞胎在概念阶段的最大特征。

精细设计阶段的现实世界比概念设计阶段更加明确。这个阶段定义了工厂布局、机器布局、BOM（物料清单）、制作工艺、物料搬运系统、工位、设备效率。因此，这个阶段的现实世界就是设计未来工厂的产品制造机制。只有将产品运输到指定的机器上，才能对产品进行加工。需要有相应的机器、夹具、工具和熟练工人，以满足加工条件。否则产品要排队等候，可能会堵塞工作流程。显然，许多设计参数在这个阶段是至关重要的，如设备数量、工人数量、AGV数量和缓冲区容量。这些参数难以准确验证，因为制造过程具有较高的交互性和动态性。利用离散事件仿真技术，数字孪生可以逐步测试不同的参数组合。因此，可以提供准确的参数验证，有助于决策。精细化设计的数字孪生体结构如图6.6所示。

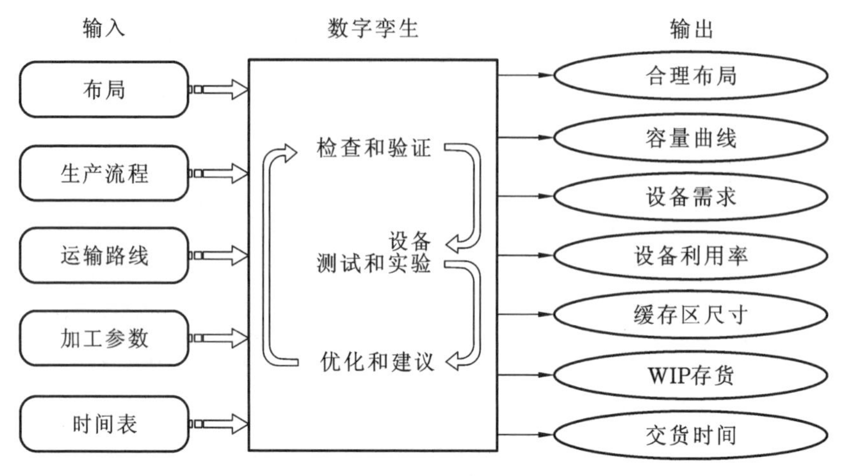

图6.6 精细化设计的数字孪生体结构

在最终设计阶段，现实世界是未来工厂的物理实体。虚拟模型与物理实体之间的主要联系是控制。在智能制造中，控制被分散到不同的物理实体中。数字孪生是对物理实体的分散控制和集成的仿真。在仿真的基础上，设计人员对控制策略进行评估，找出最适合设计工厂的控制策略。

6.3.2 系统布置设计(SLP)方法对车间布局设计的流程

SLP是将物流分析与作业单位关系密切程度分析相结合，得到设施布局的技术方法。NikgaFafandjd(2009)对某一造船厂生产车间生产设备进行了重新规划，用了SLP布局方法得到车间设施的布局方案，并证明了该方案的可行性和有效性。SLP方法需要考虑的5个基本要素分别是P(Product)——产品和原材料种类、Q(Quantity)——生产产品数量、R(Routing)——生产线工艺路线、S(Services)——辅助和服务部门，以及T(Time)——作业时间安排。SLP以这5个基本要素作为系统布置设计的出发点，以作业单位的物流与非物流相互关系分析为主线，采用清晰的图例符号和工作表格，按照SLP的程序进行布局。系统布置设计(SLP)的流程如图6.7所示。

(1) 准备原始资料

在进行系统布置设计之前，需要收集P、Q、R、S、T这5个要素的原始数据资料。同时，根据生产实际情况，对作业单位进行划分，并适当进行分解与合并，使作业单位的划分达到最准确。

(2) 作业单位的相互关系分析

物流分析是布置设计中很重要的一方面，计算各个作业单位的物流强度，根据物流强度将各作业单位的物流相互关系分为A、E、I、O、U五个等级。分析作业单位物流相互关系的同时，还需考虑非物流相互关系，也分为五个等级。作业单位之间的物流和非物流相互关系等级确定后，将两者综合分析得到综合相关关系等级，综合相关关系等级分类如表6.1所示。

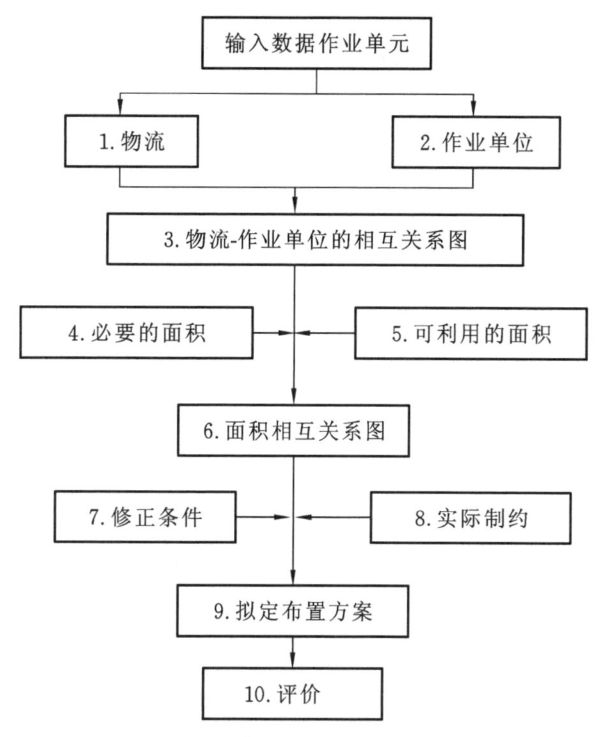

图 6.7　系统布置设计(SLP)的流程

表 6.1　作业单位综合相关关系等级分类

评定等级	字母	数值	线条
绝对必要	A	4	////
特别重要	E	3	///
重要	I	2	//
一般	O	1	/
不重要	U	0	
不能接近	X	−1	~~~~~

(3) 绘制作业单位位置相关图

根据作业单位综合相关关系图，确定作业单位之间相对位置，并绘制位置相关图。

(4) 计算作业单位占地面积

根据各作业单位作业内容所需面积，即根据该区域制品的大小和数量、设备、人员、通道及所需操作空间的情况，计算出每个作业单位的占地面积，计算得到的占地面积应满足作业内容的需求，并且不浪费过多的空间。

(5) 绘制作业单位面积相关图

将计算得到的作业单位占地面积结果添加到作业单位位置相关图，即得到作业单位面积相关图。

(6) 修正调整后得到布局方案

作业单位面积相关图确定后，考虑装配车间的物料搬运方式、操作方式、储存周期以及车间布置成本、安全和员工倾向等方面，对面积相关图进行调整，得到可行的车间布置方案。

6.4 全数字的实验、半实物仿真

计算机仿真技术在诞生之初，通过对仿真系统的深入研究，建立全数字的具有相关的数量关系和逻辑关系的数学仿真模型，并组建一个完整的仿真系统，提供与实际系统运行情况相似的仿真环境，从而为系统设计以及后期维护提供一个通用性强、效率高的分布式仿真实验平台。

6.4.1 全数字仿真系统

全数字仿真系统采用RTI集中式分布星形结构，即每个仿真计算机中都设计有RTI接口程序(LRC)，对于中央RTI软件则是驻留在单独的一台仿真计算机中，每个仿真计算机通过本结点驻留的RTI接口程序和中央RTI软件进行通信，所有的仿真计算机都通过RTI进行通信，使得各个节点间的通信更为有序，同时具有较好的扩展性，并且可以减少网络流量，从而减轻网络负担。基于HLA的模块化设计思想，兼顾系统平台的硬件结构，把整个系统按仿真功能划分为设备仿真、故障仿真、仿真管理、回放管理、数据收集等组成部分，同时可以根据仿真试验的需要进行扩展。

全数字仿真技术因其具有高效率、安全便捷等优点，被广泛应用在教育、工业、军事等各个领域。然而，随着各个领域的大型系统越来越复杂，各个子系统之间的交互随之增加。在一些系统的仿真过程中，对于物理模型的规律尚未明确，难以建立数学模型。为了解决这一难题，全数字仿真技术进一步发展到半实物仿真技术。对于没有规律，难以建立数学模型的部分，在仿真过程中通过接入实物的形式，不仅解决了建模的难题，而且使得仿真环境更接近真实的实验环境，从而使得仿真结果具备更高的可靠性。

在实验领域，也可以通过一个实验数字双胞胎概念，比如说全数字的实验、半实物的仿真，打造一个工厂数字双胞胎，优化工厂整体布局。在工厂层面，对整个工厂行为方式进行建模，通过这个模型可以研究如何去多品种地生产，到底哪个工厂可以承接这个订单，如何提高关键设备的利用率，出了问题之后分析如何采取一些预防性的措施，防止工厂出现停产。这是一个基本的思路，目前西门子已经提到更高的层面，从质量以及数采系统等上面加一层叫作制造操作系统的概念，形象地说相当于给工厂安装了一个安卓的平台，可以有效地替代人工。在需要人工的环节，我们可以对人的工作效率、工作安全和疲劳做一些分析。

半实物仿真是将控制器(实物)与在计算机上实现的控制对象的仿真模型(数学仿真)连接在一起进行实验的技术。在这种实验中，控制器的动态特性、静态特性和非线性因素等都能真实地反映出来，因此它是一种更接近实际的仿真实验技术。这种仿真技术可用于修改控制器设计(即在控制器尚未安装到真实系统中之前，通过半实物仿真来验证控制器的设计性能，若系统性能指标不满足设计要求，则可调整控制器的参数，或修改控制器的设计)，同时也广泛用于产品的修改定型、产品改型和出厂检验等方面。

半实物仿真的特点：一是只能实时仿真，即仿真模型的时间标尺和自然时间标尺相同。二是需要解决控制器与仿真计算机之间的接口问题。例如,在进行飞行器控制系统的半实物仿真时,在仿真计算机上解算得出的飞机姿态角、飞行高度、飞行速度等飞行动力学参数会被飞行控制器的传感器所接收,因而必须有信号接口或变换装置,比如三自由度飞行仿真转台、动压-静压仿真器、负载力仿真器等。三是半实物仿真的实验结果比数学仿真更接近实际。

6.4.2 半实物仿真体系

半实物仿真体系结构由操作者、实时光电场景生成、测试单元及场景生成与测试单元接口4部分组成。其仿真系统主要包括下述3个部分:

一是控制计算机,进行非实时数据库和场景建立;二是实时紫外场景生成;三是向受试传感器进行紫外线辐射,或向紫外信号处理器直接注入处理后的场景数据。

(1) 半实物仿真的优点

半实物仿真通过构建一个系统的数学模型,对模型进行实际的实验和分析,具有较高的可信度。它具有的优点是:在控制或测试回路中加入硬件环节,因此从本质上更接近实际,而且还解决了整个实验中的环境条件制约,兼有真实性和可控性的优势;实验可控、观察方便,安全、无破坏性,并且可以进行多次重复实验,可以在线实时修改控制参数;大大缩短了研发周期,减少了研发的经费。

半实物仿真技术在大型系统的研制过程中,不仅能缩短研制周期,节约经费,而且可使仿真结果具备更高的可靠性,能在研制初期及时发现并解决潜在的问题。该技术在航天、国防、汽车、工业自动化、电信数据通信、医疗器械等领域具有广泛的应用前景。

目前,实时仿真测试平台的硬件工具,主要有EUROSIM、RTDSdSPACE、RT-LAB。Eurosim运行在UNIX、Linux或Windows NT操作系统,很难建立一个专用于板卡的驱动程序;RTDS实时仿真平台,1993年由加拿大RTDS公司率先推出,致力于设计和开发电力系统中的电磁暂态混合仿真程序,它可以在逻辑芯片中模拟电力系统中所有功能模块和元件的数学模型,在电力系统领域的应用是最广泛和成熟的。具有电力系统元件模型库和控制系统元件的RTDS元件模型库是十分完整的,处理器板具有很高的计算能力和丰富的I/O卡。用于电力系统的实时仿真。RTDS系统的硬件设备价格十分昂贵。由德国dSPACE公司研发的dSPACE半实物仿真系统的一款控制系统测试及开发的软硬件平台可以用于系统的建模分析、离线仿真及实时仿真的整体过程,与MATLAB/SIMULINK的连接也十分紧密。dSPACE半实物仿真平台的优点在于提供了友好的调试界面和简单快捷的代码生成和下载工具,并且系统的可靠性高、实时性强。

(2) 半实物仿真的缺点

随着被控对象的样式的增多和复杂程度的增加,现有的dSPACE系统硬件资源已经不能满足复杂的系统和算法的要求,并且MATLAB/SIMULINK中的建模也更加复杂,对半实物实时仿真的最小工作步长有很大的影响,使得整个系统的最大工作频率也被限制了。

dSPACE为专用的系统,其自身的硬件板卡由dSPACE公司自行开发,在实际应用中的灵活性较差,其价格也相对昂贵,系统的开发时间和成本也相应增加了。

6.4.3 半实物仿真的设计

随着制造系统复杂度不断增大,包含的分系统逐渐增多,表面上看似由多个相互独立的分系统简单组成，但实际上各个分系统之间具有紧密的联系。各个分系统不断地相互影响、相互作用，通过复杂的交互模式形成一个复杂的大系统。正因为系统的复杂度增加，即使各个分系统的功能都完善，组合起来也可能产生不可预期的功能耦合和功能冲突。其中任何一个分系统的改变都有可能影响整个系统的正常运行。制造装备技术含量也越来越高，系统各个部件价格越来越贵，导致系统建设的费用也越来越高。制造系统的复杂性、高成本等特征使得系统的设计面临严峻挑战。因此，为保证系统功能达到效能最大化，在系统建设之前对其进行充分的论证尤为重要。半实物仿真技术在计算机仿真回路中接入部分实物，未接入实物的部分通过建立数学模型进行模拟，通过结合数学模型与物理模型的仿真模式，使得仿真结果置信度更高。对系统中比较复杂的部分或者规律不清楚的部分直接接入物理模式，使得建模更加简单。

半实物仿真通过模拟目标系统的行为过程，达到研究和验证系统的目的，从而为实际系统的研发提供理论基础和技术攻关手段。在设计半实物仿真系统过程中充分考虑仿真对象的功能需求、仿真的条件、研发成本以及研制周期等因素，一般方案研究设计遵循以下原则：

（1）可实现原则

可实现原则是指设计过程中充分考虑当前技术水平，结合实际需求对仿真设备的性能指标进行设计，即设计的性能指标具备可实现性。

（2）先进性和成熟性原则

在系统设计时，充分利用先进和成熟的半实物仿真技术，将先进的技术与实际需求相结合，确保系统具备较强的生命力和长期的使用价值，符合当前技术发展方向和趋势。

（3）模块化原则

将复杂的半实物仿真系统自上向下逐层划分成若干模块，根据功能划分模块，实现各个功能的高类聚低耦合。各个模块可独立工作，即便单组模块出现故障也不影响整个系统工作，具备单点故障隔离功能。模块化设计原则能应对大型系统结构和工作方式的变换需求，提高各个模块功能的重复使用能力。

（4）可靠性和稳定性原则

系统设计以及各个模块的组网设计采用可靠技术，使系统各个环节具备容错和故障恢复能力，并对系统切换、复杂环节解决方案和安全体系建设等各个方面进行全面考虑，使系统具备安全可靠、稳定性强的特点，把各种可能的风险降至最低。

（5）易维护性和可扩展性原则

设计过程充分考虑系统升级、维护、扩充和扩容的可行性，具备一定的前瞻性。系统设计良好的扩展接口，在后期进行型号升级和功能扩展时，可在现有设备基础上通过一定的技术进行性能的改造和功能的扩展。

（6）安全性原则

在系统设计时首先考虑的是安全问题，包括设备的安全性和信息的安全性。设备的安全主要从设备的供配电、过压过流保护、紧急断电处理等方面进行保证。信息安全主要考虑信息的隔离和保护，包括对系统各个层次信息进行访问控制，设置健全的备份和恢复策略、日志系统以及严格的操作权限来增强系统的安全性。

半实物仿真是将数学模型与物理模型或实物模型相结合进行试验的过程。半实物仿真对系统中比较简单的部分或对其规律比较清楚的部分建立数学模型，并在计算机上加以实现；对比较复杂的部分或对其规律尚不清楚的部分，则直接采用物理模型或实物。

一个仿真系统的建立是面向某个系统和问题的。仿真系统的组成取决于所研究的系统问题。仿真系统的一般组成框图如图6.8所示。

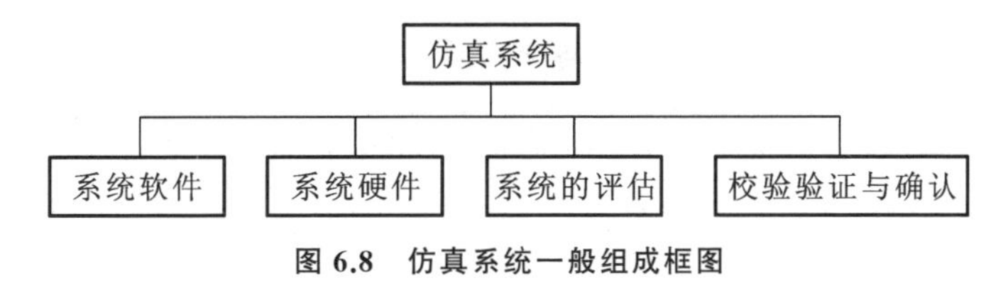

图6.8 仿真系统一般组成框图

半实物仿真技术伴随着智能化制造系统的研制及计算机技术的发展而迅速发展，特别是由于制造系统的实物试验代价昂贵，而半实物仿真技术能为制造产品的研制提供最优的手段，可在没有任何实物的条件下，对制造全系统进行综合测试。美国、英国、法国、日本和俄罗斯等主要国家非常重视半实物仿真技术的研究和应用，特别在武器制造系统中的应用。

6.4.4 半实物仿真的发展趋势

半实物仿真的发展，将随着数字孪生技术的发展而发展。半实物仿真是将数学模型与物理模型或实物模型相结合进行的仿真，而数字孪生也需要将物理空间和数字空间连接起来，这就说明两者具有共性，或者说具有紧密的联系。其发展趋势主要包含如下几个方面：

(1) 环境特性仿真技术

环境仿真包括动力学、电磁、水声、光学环境仿真，视觉、听觉、动感、力反馈等环境感知仿真以及虚拟制造环境的综合仿真。美军在环境仿真方面逐步建立了各种完善的数据库和模型库，用虚拟现实技术建立了虚拟仿真环境。美国国防部高级研究计划局DARPA已设立“综合环境计划”，正在研究用于平台级仿真的大气与海洋的数据系统，以满足分布交互仿真的需要。

(2) 虚拟现实仿真技术

虚拟现实技术是一种高度逼真地模拟人在自然环境中视、听、动等行为的人机界面技术。它使仿真系统的人机交互方式虚拟化，人可以通过形体动作与其他仿真实体交互并产生沉浸感，从而使人真正成为仿真回路中的一部分。虚拟现实技术具有“沉浸”和“交互”两种基本特性。“沉浸”特性要求计算机所创造的三维虚拟环境能使“参与者”获得全身心置于虚拟世界的真实体验。“交互”特性则要求参与者能通过使用专用设备，以自然的方式对虚拟环境中的实体进行交互考察、通信和操作。随着国外虚拟现实技术的蓬勃发展，以及虚拟现实技术在分布交互仿真中的成功应用，虚拟仿真的概念及其应用已成为国内仿真界的热门话题。

(3) 分布式交互仿真

在20世纪80年代后期，仿真器的数量大大增加了，于是在SIMNET基础上发展了异构性网络互联的分布交互仿真(DIS)技术。SIMNET中的许多原则，如对象/事件结构、仿真节点的自治性、采用DR(Dead Reckoning)算法降低网络负载等都成为今天DIS的基础。DIS在美国的研究和发展很快，1992年3月在第六届DIS研讨会上，美国陆军仿真训练装备司令部提出了DIS的结构，并着手制定DIS协议。

该平台主要包括4个模块：飞机仿真模块、发动机建模模块、半物理仿真模块及数据可视化模块。图6.9为发动机模型。各模块功能如下：

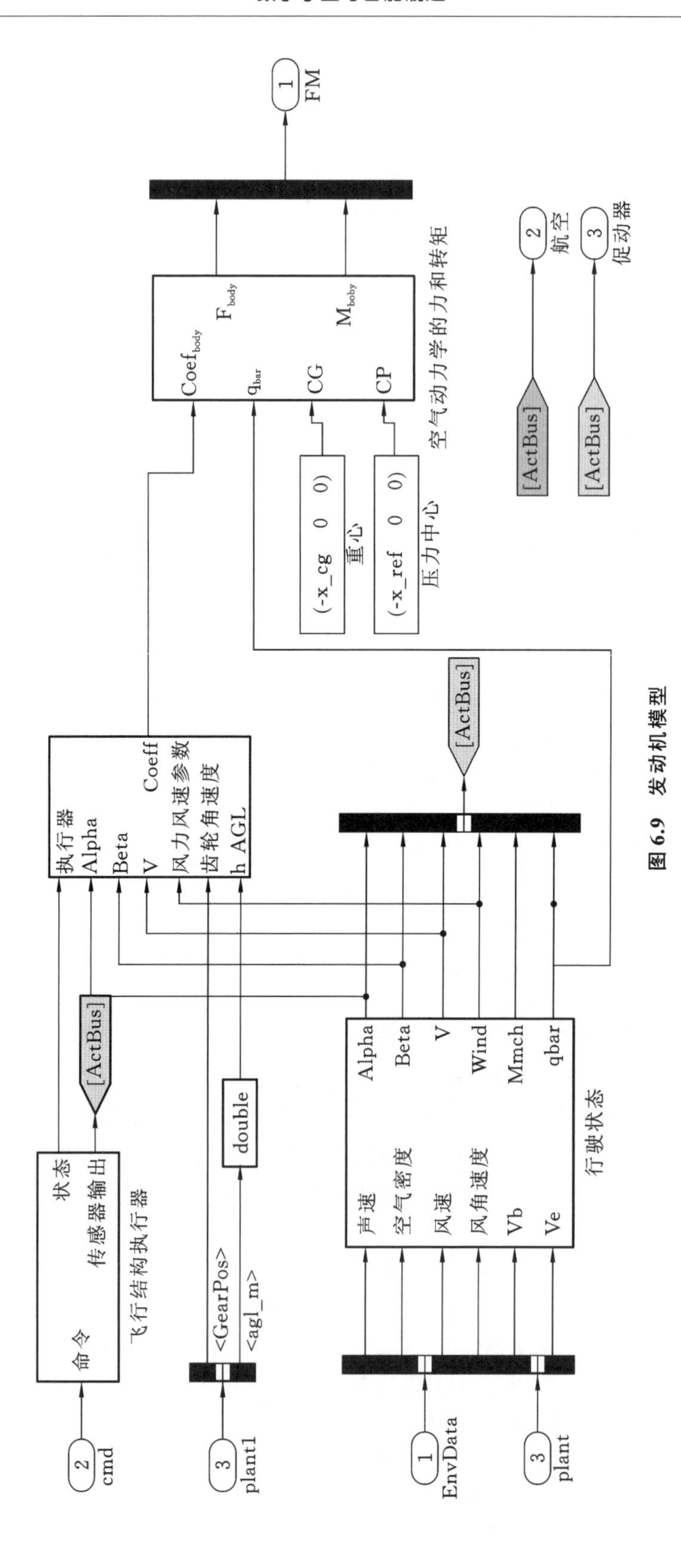
2 cmd
命令
状态
传感器输出
飞行结构执行器
[ActBus]
3 plant1
<GearPos>
<agl_m>
double
1 EnvData
3 plant
声速
空气密度
风速
风角速度
Vb
Ve
Alpha
Beta
V
Wind
Mmch
qbar
行驶状态
执行器
Alpha
Beta
V
风力风速参数
齿轮角速度
h AGL
Coeff
[ActBus]
(-x_cg 0 0)
重心
(-x_ref 0 0)
压力中心
Coef body
q bar
CG
CP
F body
M boby
空气动力学的力和转矩
1 FM
[ActBus]
2 航空
[ActBus]
3 促动器

图 6.9 发动机模型

1)飞机仿真模块

飞机仿真模块主要由主飞行仿真软件、仿真座舱及视景系统组成。模拟驾驶舱含仿真舱体、系统控制面板、起落架手柄、襟翼收放开关、停机刹车等控制组件,PFD、MFD、ED 等飞行仪表以及各种警告、警戒指示灯。视景即飞机飞行过程中外部视觉信息,含大地模型、机场模型、气象模型、时间模型、地面建筑等,作用是为操作人员营造驾驶舱外第一视觉环境。

2) 发动机建模模块

在飞机发动机半物理仿真平台设计中,发动机建模是一个重要的环节。通过建模构建的虚拟发动机可以用来检验发动机控制器的控制算法,分析系统中存在的复杂信号,同时能够减少实验设备的成本,并缩短开发周期。

SIMULINK 是典型的面向图形对象、高度可视化的建模仿真工具。SIMULINK 具有进行动态复杂系统建模、仿真和综合分析的能力。该平台提供了建立发动机各部件数学模型所需的数值计算模块。利用图形模块库可建立层次化的发动机模型,每一层的设计采用可封装模块,并按照发动机及其各部件的特点建立各自独立的部件模块及其子模块。

此外 MATLAB 还提供了 REAL-TIME WORKSHOP 实时代码转换工具,发动机模型开发完成以后,可通过该工具转化成实时代码。

3) 半物理仿真模块

半物理仿真模块用于通过将各种数字信号转换成与发动机匹配的物理信号。该模块通过配置有各类标准信号板卡的仿真机及信号调理箱实现。其间,通过信号转换箱将信号引出至前面板,便于测试。

目前与发动机相关的数据接口主要包括模拟量、离散量、ARINC429 总线、AFDX 总线。

4) 数据可视化模块

数据可视化包括三维可视化与仪表可视化。三维可视化提供发动机重要部件三维模型,可以进行虚拟拆装、部件辨识、运行状态等三维展示。仪表可视化通过系统原理图、指示仪表、数据总线等多种手段,实现仿真过程中数据的可视化,为科研人员提供直观的监控手段和仿真调试手段。

基于数字孪生的监测、诊断与维护

7.1 数字监测与诊断

现代机械设备数字监测与诊断技术是保障机械高效工作的基础，也是保障现代化大型工业发展的基础。随着我国计算机、微电子以及传感技术等智能技术的发展，数字监测与诊断技术也得到快速发展。具体表现在设备的监测和诊断准确率越来越高，其操作变得越来越容易，不仅极大地提高了现代机械设备的维修效率，而且提高了现代化工业的生产力。随着数字孪生技术的产生和发展，现代机械设备数字监测与诊断技术将迎来巨大的飞跃。

复杂的设备，例如飞机、轮船、风力涡轮机，要在恶劣的环境下工作数十年，在其操作期间不可避免地会降低性能，这可能导致故障，从而导致高昂的维护成本。因此，引入了预测和健康管理(Prognostics and Health Management，PHM)，它用于监视设备状况、诊断和预防设备故障以及制定维护性设计规则，以确保复杂设备的可靠运行。

7.1.1 基于数字孪生技术的故障预测与健康管理(PHM)

预测和健康管理(PHM)在产品的生命周期监控中至关重要，特别是对于在恶劣环境下工作的复杂设备而言。为了提高 PHM 的准确性和效率，本章提出了一种用于复杂设备的实现物理-虚拟融合的新兴技术 Digital Twin(DT)。首先构建了复杂设备的通用 DT，然后提出了一种利用 DT 驱动的 PHM 的新方法，有效利用了 DT 的交互机制和融合数据。

数字孪生驱动的 PHM 模式为传统的 PHM 带来以下新的转变：

① 故障观察方式由静态的指标对比向动态的物理与虚拟设备实时交互与全方位状态对比转变；

② 故障分析方式由基于物理设备特征的分析方式向基于物理、虚拟设备特征关联与融合的分析方式转变；

③ 维修决策方式由基于优化算法的决策向基于高逼真度虚拟模型验证的决策转变；

④ PHM 功能执行方式由被动指派向自主精准服务转变。

围绕数字孪生驱动的 PHM 研究，须在以下方面取得突破：

① 故障捕捉方法。研究虚实自主交互机制、虚实一致性/不一致性的判别规则、引发虚实不一致性扰动(故障诱因)的捕捉与消解方法等。

② 故障机理研究。研究基于孪生数据的故障、特征提取及融合、故障过程建模及传播机理等。

③ PHM 服务的精准调度与执行。研究 PHM 服务的自组织、自学习、自优化机制，需求

的捕捉与精准解析，基于虚拟验证的服务精准执行。

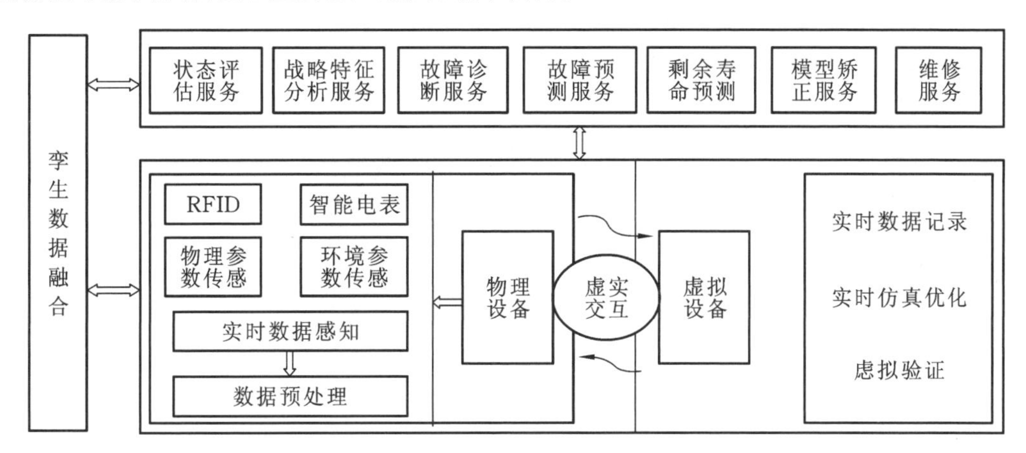

图 7.1　数字孪生驱动的 PHM 模式

7.1.2　机械装备的数字监测与诊断技术

机械装备的数字监测与诊断是通过相应的硬件平台，采用合适的传感器，采集机械设备运行过程中产生的各种运行信息或者状态信号，通过特殊方法对信号进行处理和分析，提取出能够表征设备运行状态的特征量或变量关系，以此来反应机械设备的健康状态。监测设备运行过程中的各种信息包括振动、压力、转速、温度、电压、电流、功率、扭矩等。通过对这些数据的分析，再结合设备的结构、工作原理、技术参数和工作记录，诊断设备运行过程中可能发生的故障，准确定位发生故障的部位、类型和趋势，从而为设备操作和维护提供技术支持。

(1) 机械装备运行状态的数字监测系统的基本组成

机械装备运行状态的数字监测系统的基本组成如图 7.2 所示，主要包括对各种机械部件的状态信号采集和信息获取、提取信号中的特征量和识别运行状态三个方面的内容。

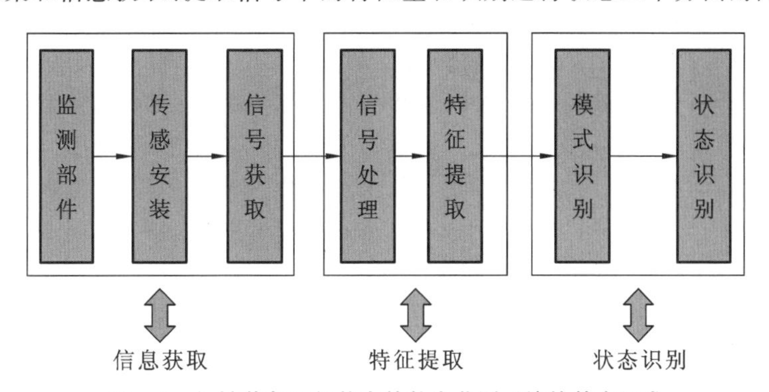

图 7.2　机械装备运行状态的数字监测系统的基本组成

监测的目的是准确获取机械部件的状态信息，然后通过对状态信息进行分析和处理来提取特征信息，再通过状态和模式识别，定位故障点。有关故障诊断的方法有很多，归纳起来如下：

1) 基于解析模型的诊断方法

基于解析模型的诊断方法需要建立对象系统。较为精确的数学模型，通过利用系统可观测的输入输出信息与所构建的数学模型之间的残差来反映系统实际运行与期望模式之间的不对应，然后在残差的基础上进行分析，得出故障诊断结果。这种方法不依赖于对象系统的诊断知识以及相应的诊断经验，然而对于不能建立精确数学模型的非线性系统，此方法则难以满足诊断效果的需求。

从细分的方法上来说，国内外专家学者提出了状态估计、等价空间和参数估计等诸多方法。其中状态估计法是将对象系统的实际测量值与定量模型的估计值之差作为残差信号，对故障进行检测与分离，这一方法对于可以获得精确数学模型的系统最为直接有效，Mehra 等最早应用卡尔曼滤波来实现对系统的状态估计；等价空间法是利用系统实际的输入输出来检验对象系统数学模型的一致性(亦即等价性)，从而进行故障的检测与分离；参数估计法则是依据系统实际参数与模型参数之间的变化来对故障进行检测和分离，比状态估计法更便于故障的分离，Upadhyaya 等在对核电厂的故障诊断应用中最早提出基于参数估计的方法。

2) 基于信号处理的诊断方法

基于信号处理的诊断方法与基于解析模型的方法不同，它不需要建立相应的数学模型，而是通过利用传感器等检测方法来获取被诊断对象的状态信号，通过相应的信号处理如相关函数、频谱分析、小波变换等方法来抑制噪声，同时增强有用信号，进而对所需信号提取相应的特征值(如方差、幅值以及频率等)，并从中得到与故障相关的征兆，利用故障征兆与被诊断对象系统的行为之间的联系进行分析比较来实现故障诊断。这一类诊断方法主要包括变换类分析法、谱分析法和相关分析法等。

3) 基于知识的诊断方法

与基于信号处理的诊断方法类似，基于知识的故障诊断方法也不需要建立对象系统的数学模型，但是它们的不同之处在于：基于知识的诊断方法考虑了被诊断对象系统的许多信息，特别是将专家诊断知识与诊断经验引入进来，使得它更加智能化，因此是非常有生命力、有前景的一类诊断方法。这一类方法中用得比较多的是基于故障树的诊断方法、基于神经网络的诊断方法、基于专家系统的诊断方法和基于模糊理论的诊断方法。随着大数据技术的发展，基于大数据的诊断方法将体现强大的生命力。

① 基于故障树的诊断方法。故障树分析技术采用的是逻辑演绎的方法，从研究对象顶事件开始逐级展开分析，理清故障传播路径，直到找出最基本的原因为止，因而它能很好地反映出系统总体故障状态以及各故障事件之间的逻辑关系。故障树分析法的最大优点就是直观明了，思路清晰，因此它被广泛用来进行系统可靠性分析以及产品风险评估等。但是，由于故障树建树过程比较繁杂，工作量比较大，因而在具体的工程应用中也存在一定的局限。

② 基于神经网络的诊断方法。人工神经网络(Artificial Neural Network，ANN)，简称神经网络，是一种模仿生物的神经网络结构以及功能的数学模型。神经网络是一种非线性、自适应信息处理系统，它能够通过训练和学习的方式获得对应网络的权值与结构，即在获得外界信息的基础上改变自身内部结构，具有自学能力强以及环境适应性好等优点。

③ 基于专家系统的诊断方法是通过将多位故障诊断专家的知识、经验、推理进行综合，然后用大型的计算机程序来模拟专家决策过程，帮助人们分析解决系统相关的复杂问题，扩展计算机系统的功能，使其具有一定的思维推理能力，能够和人之间进行沟通对话，并通过推理的方式给人提供决策建议。故障诊断专家系统是一个非常复杂的系统，它需要构建相对庞大的知识库、规则库，并通过相应的解释器以及智能推理算法来实现最终诊断结果的输出。

④ 基于模糊理论的诊断方法。模糊理论是指采用模糊集合的概念或隶属度函数理论来表征故障征兆与故障现象之间的不确定关系，从而实现对诊断过程中出现的不确定性因素以及不完整信息的处理。目前采用模糊理论进行诊断一般有以下三种做法：一是利用矩阵来表征故障征兆和故障现象之间的模糊关系，由模糊关系方程进行诊断；二是对原始数据进行模糊聚类处理，通过评价划分系数与分离系数进行诊断；三是在模糊理论的基础上建立征兆与故障之间的知识库，再通过模糊逻辑推理进行诊断。对于无法获取精确数学模型且测量值少的对象系统，适于采用模糊理论诊断方法。

4）机械设备故障监测与诊断技术的发展趋势

① 运用在机械设备诊断中的传感器的种类是多种多样的，传感器水平质量参差不齐，劣质传感器直接影响到机械设备诊断技术真实水平的发挥。在机械设备诊断技术中，高质量传感器和检测器的开发和研究已经成为一项重要的工作。例如，基于光纤传感的监测技术。由于光纤传感具有很多传统传感不具备的优势，如抗干扰、一线多点、动态多场以及适应恶劣环境等特点，因此在监测机械装备运行状态方面的应用越来越广泛。监测设备中最为重要的一项因素是参量，可以应用到监测系统中的参量有温度、应力、振动、油液、噪声等。每种方法对机械故障的感应方式不同，能够监测到的故障程度也有所不同，因此，选择最为合适的参量是监测中的重点，是保证高质量诊断的前提。

② 研发人工智能神经网络方法的故障诊断技术，人工智能技术将计算机技术和生物学以及生理学技术相结合，而人工智能网络方法试图模拟人类的大脑，将人类大脑的基本特征运用到技术中。现已将大脑的自适应性和自组织性等特点应用到模式识别和系统辨识中，并取得了良好的成效。神经网络具有其他诊断技术所不具备的记忆能力和学习能力，其显著特点是可以更准确地诊断出机械设备存在的问题。另外，人工智能神经网络方法还具备容错能力强这一显著特点。运用此项技术进行机械设备故障诊断时操作简便，以客观为基础对设备状态进行评价。在诊断过程中技术出现部分故障时，其容错能力强这一特点可以保障诊断结果不受影响。因此，研发人工智能神经网络方法已经成为提高机械设备故障诊断技术的一项重要工作。

③ 应用基于小波分析的机械故障诊断技术。小波分析技术是一种全新的信号分析方法，这种技术具有极强的信号适应能力。机械的零部件较多，在进行机械设备故障诊断时机械本身所带有的大量的零部件会对诊断产生严重的干扰，利用小波分析技术可以将零部件带来的干扰通过分辨频率的方式降到最低，从而快速分析机械产生故障的主要原因。另外前节所述的基于数字孪生的机械系统状态监测是一种最新的发展方向。

（2）机械故障建模和分析

机械故障建模的目的是为了在虚拟现实环境中提供机械故障的信息并将其可视化。机械故障模型包括以下几部分：

1）机械故障的定义和标准

对于机械系统来说，如果故障的标准确定了，那么就不难对机械设备进行故障预测和识别。由于机械故障，机械或零部件在材料性能、形状或尺寸上的任何改变都会致使其无法完成预期功能，所以，可以把机械故障模式定义为一个物理过程或者几种模式联合作用而产生故障的过程。在机械零部件中，存在诸如屈服、疲劳、腐蚀和磨损等故障模式，可以定义不同故障模式的故障标准。

以机械传动齿轮因交变应力的作用而产生疲劳失效为例，这一故障的发生是因为材料特性的改变，所以可以定义为材料失效故障，即如果所选择的材料的应力最大值大于或等于其应力强度时，则可以预测故障发生。因此根据不同的应力失效理论，可以定义不同的故障标准。

2）机械故障分析和预测

机械故障的类型可以分成两种：第一种发生在单一元件上，由于应力和位移的改变致使材料发生损坏，由于不同的材料具有不同的特性和不同的失效形式，因此需要应用不同的应力失效理论来预测它们的失效；另一种形式是发生在两个元件之间的干扰，这种失效可以描述为两个元件干扰点之间的特性（如力和位移等）的关系。

这一过程的实现是通过软件实现的迭代过程，当程序获得故障的充分信息以后，便逐一检验每一个可能的故障标准，对于材料故障，则根据材料的特性，选择合适的失效理论来计算材料的应力和强度，当满足故障标准的时候，则标明该故障将“发生”，而当某一故障预测将要发生时，结果将被输出到虚拟现实系统中进行可视化显示。

3）故障分析模块的输入和输出

机械故障分析是机械故障建模的核心模块，而只有在对机械故障进行准确的建模和预测的基础上才可能借助虚拟现实技术实现故障的可视化；机械故障分析是在对机械零部件进行CAD设计的基础上，借助一些现成的理论和分析方法（如有限元方法和多体动力学理论等）来实现的。其输入为机械结构的尺寸、材料、位移、力、应力以及故障标准等，然后用机械故障分析模块里的现成软件（如 ANSYS、ADAMS 等）进行计算和分析甚至完成机械系统的虚拟试验，输出则是预测的可能发生的故障类别。将 CAD 设计生成的诸多参数（如结构尺寸、载荷、材料特性等）连同机械产品在虚拟试验环境里仿真试验的结果数据输入到应力分析和计算模块，所得到的结果输入到机械故障分析模块。根据故障的定义和标准（有关理论和方法，如疲劳累计损伤理论、故障树分析方法）来决定机械在给定的载荷下是否存在某些故障，并且在可视化模块里显示故障结果（如故障名称、故障位置和故障的原因等）。虚拟现实系统能够使设计者在设计过程中预测可能的故障，从而修改设计使其达到要求。

7.2 虚拟监测与诊断

利用虚拟现实的监测和故障诊断分析技术，可以形象生动地表现系统的状态，把系统事件发生的过程和分析方法以直观、形象、自然的方式展示给专家，从而大大提高故障诊断的准确率。将虚拟现实技术应用在设备状态监测与故障分析和诊断中，以解决传统设备状态监测分析与故障检测及诊断维护中存在的问题。作为一种自然的人机交互接口技术，虚拟现实技术允许用户对大量的抽象数据进行形象化分析，在分析基础上开展故障检测和诊断维护决策。由于人的创造性不仅取决于逻辑思维，还取决于人的形象思维。通过虚拟现实技术，可以发现、了解设备状态数据及健康状况之间的相互关系及发展趋势。海量的运行数据只有通过虚拟现实技术变成图形或图像，才能激发人的形象思维。这种以多种形式、多种感官（视觉、听觉、触觉、嗅觉和味觉等方式）表现出来的图形或图像化信息，可以辅助用户从表面上看起来杂乱无章的海量数据中找出其中隐藏的规律，为用户提供故障检测辅助手段，进一步帮助发现数据中的结构、特征、趋势、异常现象或相互关系等，形成设备故障检测与诊断分析知识。

7.2.1　基于虚拟现实技术的监测和诊断

近年来，虚拟现实技术在信息化虚拟环境展示、状态可视化仿真表达、分析操作辅助引导等方面取得了广泛应用。将虚拟现实技术引入到制造过程以及制造装备运行状态监测与故障检测分析中来，可以构建直观的制造设备监测环境、制造过程参数、制造装备状态监测分析辅助，减小状态监测的难度，提高故障检测分析的准确性，引导用户主动开展故障诊断决策。因此，基于虚拟现实的制造过程和制造设备状态监测、故障检测与诊断分析的基本理论和实现的技术手段具有很高的理论和现实意义。

研究面向机械装备监测分析和故障检测的虚拟现实技术主要是为了使装备维护工作更加直观，提高装备状态信息的可理解性和利用性。设备虚拟现实化方法，是一种集人工智能、机械学、材料学、计算机图形学、人机工程学、计算机视觉和设备状态监测与故障诊断等诸多学科于一体的新型交叉研究方法，其发展越来越受到重视。对机械装备虚拟现实化而言，其目的是利用计算机技术（主要是人工智能、状态监测、故障诊断与虚拟现实技术）来模拟实现装备状态监测和状态表达，对状态监测分析、故障检测流程与故障检测知识等提供辅助，引导用户进行故障诊断，为实现装备状态维修打下坚实的基础。

装备数字特性建模建立在装备物理属性基础上，主要包括零部件数字特性模型的连接及必要的抽象和简化，最后封装成完整的数字特性模型。在装备可视化建模和数字特性建模的基础上，封装完成装备的3D可视化建模。基于虚拟现实技术的装备三维模型查询，由二维平面图纸和文字转变为3D装备模型，提高了资料检索效率，加强了学习效果，并且消除了个体理解上的差异。资料查询不仅可以任意移动、缩放和旋转，还可以从各种视图角度进行选择性观看（包括多视图、剖视图等等），设备三维可视化模型不但包含了装备的所有几何尺寸信息和结构信息，还包含了装备的大部分物理特征信息，可自动进行几何特性（如表面尺寸）和物理特性（如质量、转动惯量等）的计算与查询。

对装备结构以拆装树形式进行展示，利用虚拟现实表达技术可对选中装备（零部件）进行消隐操作，进而显示装备内部结构，实现了不拆开装备也可观察装备内部结构的功能。

基于虚拟现实技术的仿真，作为一种先进的技术手段已经在科学研究和生产实践中得到了广泛的应用，成为继理论、试验之后的第三种科学研究方法。将基于虚拟现实技术的仿真技术应用到装备维护领域将大力推动设备维护，从装备的设计定型、安装、调试、试验模拟、状态监测、故障检测、检修维护及培训考核等方面无不体现出仿真的经济性和优越性。虚拟现实仿真为用户创造了一个全面反映装备对象变化与相互作用“如临现场”的3D世界，让用户可以直接参与交互对象在所处环境中的变化。

下面以基于FBG（光栅光纤）传感技术的龙门起重机健康监测系统为例，来介绍虚拟现实检测和诊断技术。

（1）系统概述

该系统适用于龙门起重机，并允许多通道、多点和高精度的高速工作。此外，桌面虚拟现实技术将被用于设计基于WPF的龙门起重机3D在线监控系统。设计该系统的目的是将桌面虚拟现实技术应用于工业控制。在远程终端虚拟环境中，我们通过应用3DS建模和WPF来显示工作环境。该监视系统可以收集实时数据，以监视虚拟模型的在线设备状况，并获得对设备运行状态的完整跟踪。

虚拟现实技术的发展对港口起重设备的监控系统提出了新的要求。随着计算机图形硬件的发展,用户体验已大大改善。WPF 是 Microsoft 的下一代图形系统,为用户界面、2D/3D 图形、文档和媒体提供统一的描述和操作。它还提供了各种.NET UI 框架,这些框架集成了矢量图形、3D Vision 效果和强大的控件模型框架。WPF 的优越性决定了它将成为实现桌面虚拟化的最常用工具之一。

(2) 整体设计方案

基于光纤光栅的三维状态监测系统是港口门式起重机的在线监测系统。该系统的主要目标是通过人机交互和现场数据的响应实现设备的在线监测。系统总体结构图如图 7.3 所示。

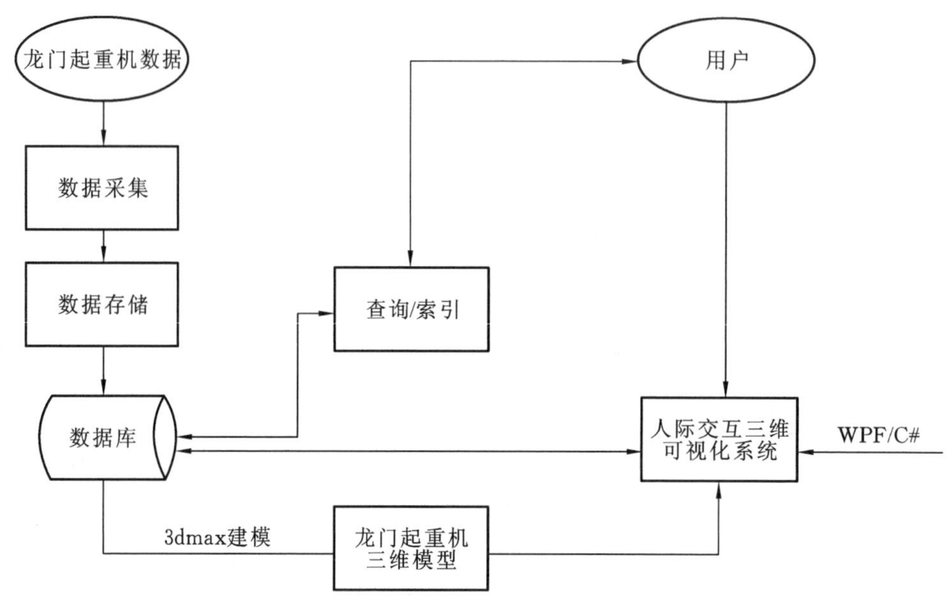

图 7.3 龙门起重机三维状态监测系统的总体结构

本系统将分布式光纤光栅传感器安装在龙门起重机的关键受力部位。它们通过传输光纤连接到控制室的光纤光栅解调器上。然后通过信号处理系统对传感器信号进行处理和分析,实现设备故障诊断、运行状态跟踪和人机交互的在线监测。该系统通过数据库系统对数据进行管理,提供历史查询、基本信息查询、报表打印等功能。

龙门吊车 3D 虚拟现实系统由服务器端和客户端组成。客户端分为七个模块,包括在线监视、报告、统计、3D 模拟动画、权限设置、系统设置和帮助文档。每个模块中都有不同的子模块,每个模块及其子模块都有自己的权限限制,可以根据不同的用户灵活设置。

(3)收集和处理数据

FBG 解调系统接收由传输光纤发送的信号,包括龙门起重机各关键点的应力和温度值。测量主要由数据采集模块进行,数据处理模块主要是采集数据。根据测量点的位置,FBG 传感器具有单点、直角和花环三种安装类型。单点在每个测量点放置一个应变传感器。直角表示两个应变传感器以直角放置在每个测量点。玫瑰花形装置是指将 3 个应变传感器以玫瑰花形方式放置在每个测量点上。FBG 传感器收集的数据是测量点处的应变。测量点处的综合应力值可以通过应变来计算。

数据的分析和处理包括对采样数据的去噪、滤波、解调以及对实际环境参数的处理。对数据进行分析和处理的目的是获得龙门起重机各关键点的准确应力和温度值，为健康监测系统提供实时数据。

(4) 诊断与状态评估

诊断评估系统为专家提供了来自FBG解调的龙门起重机关键应力点的应力值以及数据处理的结果。它还将实时数据值与参考应力值进行比较。如果满足某些特定条件，它将发出警报并将实时测量结果传递给专家，以便专家可以获得特定的故障条件。在线监控系统记录测量点的应变值。当遇到异常情况时，该系统可以分析并找出错误原因。该系统的基本设计包括几个部分，包括数据采集、信号处理、状态检测和故障报警。

由数据采集系统获得的场所数据被转换为站点数据，其格式可以由监视系统识别。状态监视模块对所收集的数据进行不间断的实时监视。如果超过阈值，将启动警报程序，然后专家系统将进行诊断并给出故障诊断结果。如果阈值在扩展范围内，则监视将继续。每个模块系统协同工作以实现实时监视和诊断。

(5) 3D用户可视化界面

建立三维显示系统的第一步是建立一个三维模型，该模型分为几何建模和行为建模两部分。建模三维对象的完整描述是建立3D显示系统的第一步。龙门起重机由几个功能部件组成，包括起升机构、变幅机构、旋转机构和移动机构。龙门起重机的模型可以视为由不同但相关的零件组成的组件，例如动臂系统、山墙、转盘、吊具、圆柱桅杆。

建立港口机械的三维模型时，有必要考虑机械每个功能组织的相对运动特性。这种方法称为“行为建模”。为了方便在WPF场景中建立港口机械模型，我们设置了三个坐标系——世界坐标系、港口机械坐标系和局部坐标系，这三个均是笛卡尔坐标系，与右手规则一致。

龙门起重机的运动包括起重机的行走、与转台有关的转臂变幅运动和与吊杆有关的吊具的升降操作。在进行机械行为分析时，需要考虑以下几个方面：运动、运动方向和自由度分析、运动行程分析和初始位置分析。

该系统将对轨道式龙门吊的三维模型进行仿真，使其工作过程更加逼真。在后台完成初始通信和模型初始化后，系统显示主界面。在该系统中，龙门吊的三维操作过程将提供一个突出的可视性、快速的响应过程和简单的操作方式。

7.2.2 基于增强现实的监测和诊断

增强现实(Augmented Reality，AR)是虚拟现实(Virtual Reality，VR)的延伸。VR是指用计算机生成虚拟环境，刺激人的听觉、视觉、触觉，甚至是味觉和嗅觉等多种感官，让人有一种完全沉浸于现实中的效果。AR则是将计算机生成的虚拟三维模型、动画、视频等多媒体信息叠加到真实世界中，以达到一个虚实结合的效果。AR能够为用户提供一个虚拟环境与真实环境融合的混合场景，其本质目的是为了对真实世界进行增强与扩充，通过叠加在真实世界中的虚拟信息，帮助用户高效准确地处理相对复杂的问题。

应用增强现实技术可在设备监测、诊断和运营维护相关阶段中实现数据信息可视化、直观化，通过大量预设数据信息，将三维虚拟信息叠加到真实世界，并根据追踪标记的变化，不断更新虚拟信息，实现虚拟环境实时的展示。

(1) 用于辅助监测、诊断和维修

在传统的培训模式中：

① 设备价值昂贵，代价较高，操作者出现严重操作失误时损失巨大；

② 大多数操作可能存在危险，新手操作者容易受到伤害；

③ 传统培训以学习理论知识为主，学习过程枯燥，不够直观化，无法提升操作者实际操作能力。

虚拟环境下的监测、诊断和维修培训是一个关于设备知识和设备监测、诊断和维修技能学习的教学过程。为操作者创设有效的仿真训练情景，在现实环境中对操作者所需了解的技能和知识通过虚实结合的方式不断巩固、强化，是弥补传统培训模式不足的有效方式。

复杂的机电设备维护的特点是零件多样、认知困难、操作程序繁杂。首先维护员工须注意力集中；其次维护员工一次性集中地接收大量信息也是不合理的。这两个问题使得增强现实技术在机电设备的维护维修领域成为最佳的选择。增强现实技术实现了培训人员在虚拟环境中更贴近现实的状况，在采用增强现实技术对操作者进行培训时，操作者可以接触到传统培训中无法接触到的东西，任意进入各个培训步骤深入理解其中的要点；同时，节省了培训系统的硬件资源，由于操作者是在虚实结合的环境中通过教程熟悉并操作各种复杂设备，不会对现实的贵重设备造成损失，从而减少了实际操作时危险事故的发生。

目前，大量企业都须进行设备维修培训，并改善传统意义上的人工维修带来的培训成本高、效率低下等问题。改进现有培训模式的需求，把增强现实技术应用于培训领域中就显得更加重要。

(2) 用于引导设备的装配

现在的机电设备制造过程复杂、结构多样化，拆装涉及的工艺知识和技术较多。虽然这些资料都能够在手册中查询，但操作者在翻阅手册的同时，注意力需要在设备和手册之间频繁转换，工作效率必然会受影响，容易造成失误。

虚拟装配技术的产生是为了克服传统产品装配过程中的缺陷。虚拟装配一般由两个部分组成，即由虚拟现实软件内容和虚拟现实外设设备，两者协同工作，缺一不可。

随着 AR 技术的不断发展，大量科研人员的研究使得增强现实环境下的装配操作更加成熟，操作者能够运用显示设备，将虚拟诱导信息叠加在真实拆装场景中，展现虚拟模型与设备构件实体原型虚实结合的场景；操作者一边与虚拟构件进行交互，另一边操作真实构件，解决了虚拟现实的场景真实感不足的问题，大大提高了操作者对周围真实场景的直接感知能力和交互体验。虚拟现实技术由于自身的不足，正渐渐被增强现实技术取代。表 7.1 为增强现实维修与虚拟维修的比较。

表 7.1 增强现实维修与虚拟维修的比较

比较内容	虚拟维修	增强现实维修
表现形式	虚拟人员修理虚拟产品	真实人员修理真实产品
实现方式	控制算法驱动人体模型	增强现实三维注册算法
维修对象	虚拟样机	真实设备
维修工具	虚拟工具	真实工具

续表 7.1

比较内容	虚拟维修	增强现实维修
维修人员	3D人体模型	真实维修人员
主要用途	设计性能评估	真实维修支持、训练
系统理念	先培训、后作业	培训与作业同步
关键技术	虚拟现实技术(完全虚拟)	增强现实技术(虚实结合)

通过将构件名称、维修装配信息、维修装配步骤以动作情景的形式叠加到现实维护环境中，为指导操作者完成维修装配活动实时提供了大量所需信息，尤其适用于大型复杂设备，因此大大简化了维修的难度，使得操作者能够较快获得装配维护经验、熟练掌握装配过程，从而避免装配失误，提高了装配效率及质量。增强现实在设备维护上的应用仍然是全新的研究领域，目前，基于增强现实的维修装配技术还远未成熟，需要更多的探索和研究。

真实环境与虚拟对象是虚实融合环境中的两个部分：真实环境就是机电设备所在的现实环境，通过移动终端的摄像头进行采集；虚拟对象是以真实环境中的设备为原型建模生成，通过 Blender 建模和后期的处理叠加到现实环境中一起呈现在操作者的视野中。从 BIM 信息中提取包含空间位置信息和维护特征等信息的零件几何模型，并将几何模型转化为通用的增强现实格式件供系统使用，其他信息保存于系统数据库中。

如图 7.4 所示，虚实融合模型的层次关系是通过层次树来描述的。"虚实融合模型"是层次树的根节点，其中有"真实环境"和"维护体模型"两个子节点。"虚拟构件"与"真实构件"两个节点共同构成了零件节点的数据结构，并通过"(虚/实)标志物"判断该构件节点的虚/实属性。

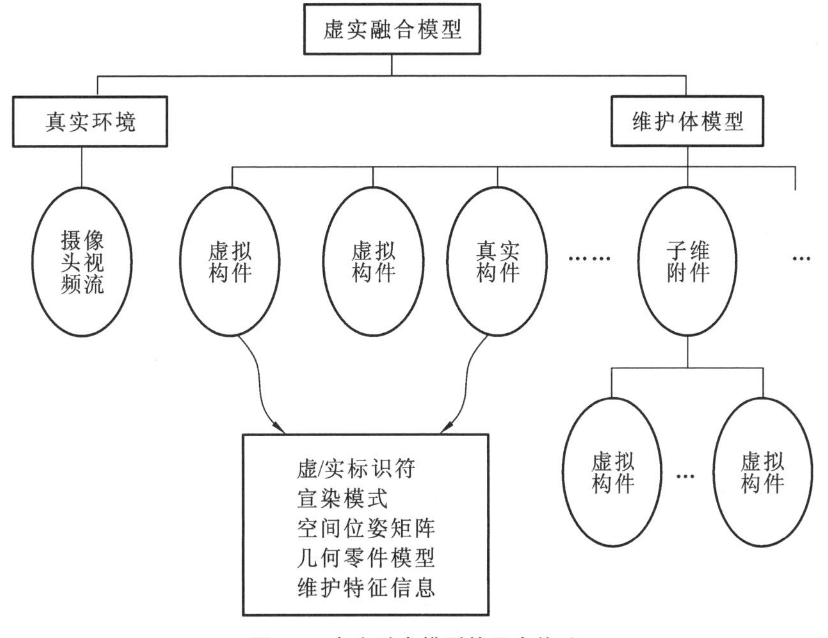

图 7.4　虚实融合模型的层次关系

7.2.3 虚拟现实设计环境

虚拟现实设计环境为设计者提供了一个平台，设计者借助该平台来开展机械系统的设计并进行各种分析。该系统包括机构设计模块、功能分析模块、应力分析模块、维护分析模块、机械故障分析模块、可靠性分析模块、虚拟试验模块、可视化模块。

① 机构设计模块：面向市场，利用CAD、UG等二维和三维建模软件，建立机械系统的产品模型，进行必要的强度、刚度等设计计算。

② 功能分析模块：利用优化分析方法分析设计的产品是否满足功能要求。

③ 应力分析模块：利用有限元分析方法进行机构的应力和应变分析，优化结构、材料、承载和变形等。

④ 维护分析模块：机械产品故障维护体系，如智能维护策略。

⑤ 机械故障分析模块：根据机械的性能预测机械故障是否发生、判断何种故障、采取何种决策等。

⑥ 可靠性分析模块：在线监测机械系统的疲劳破坏和失效，预测其疲劳寿命、失效趋势等。

⑦ 虚拟试验模块：在虚拟现实环境下，导入机械产品模型，构建虚拟现实的实际工况环境，利用动力学分析软件（如ADAMS）进行机械产品或零部件的虚拟仿真试验。

⑧ 可视化模块：实现机械产品设计、组装、试验和分析等结果的可视化。

用户或者设计人员借助虚拟现实设计环境平台，利用CAD模块可以设计机器，其他各分析模块将完成诸如应力应变分析、可靠性预测、维护分析和故障诊断等；根据用户的需要在虚拟现实设计环境里显示所有的结果，用户在虚拟试验环境里可以感觉所设计的机器的运行、故障的发生和发展过程等。

图7.5为基于虚拟现实的机械设备故障诊断与状态监测原理结构图，图7.6为基于虚拟现实的机械设备故障诊断与状态监测模块构建图。

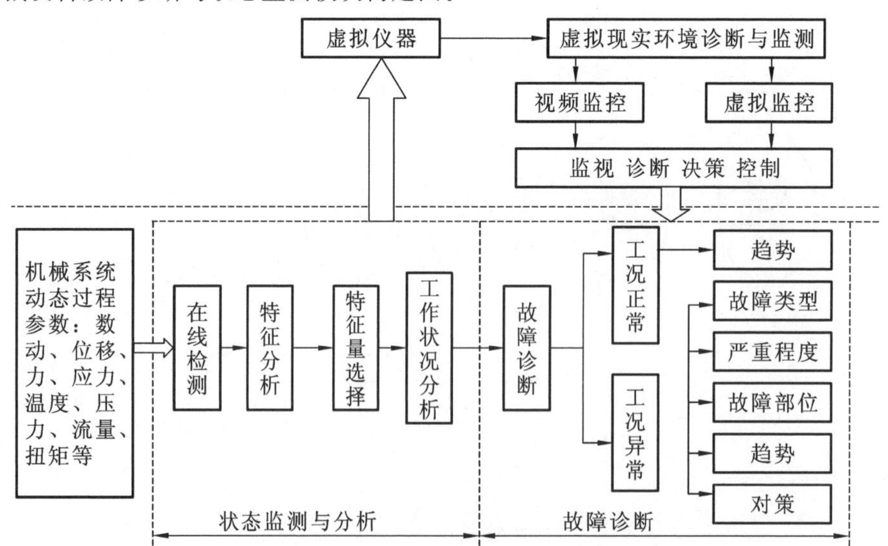

图7.5 基于虚拟现实的机械设备故障诊断与状态监测原理结构图

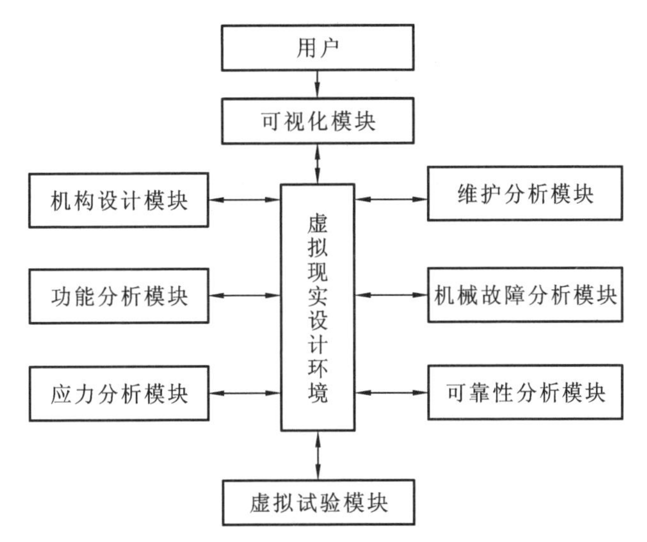

图7.6　基于虚拟现实的机械设备故障诊断与状态监测模块构建图

7.3　基于IoT与CPS的监测、诊断与维护

美国麻省理工学院的实验室首次了提出物联网的概念,实验室以研究新兴的感应技术和无线射频识别技术为主,它提出可以将互联网与装上信息传感器的物品连接起来,实现信息识别和管理的智能化。在突尼斯举行的信息社会世界峰会上,“物联网”的概念正式由国际电信联盟提出,发布的报告《互联网报告:物联网》指出:通过因特网,世界上所有的物体,从汽车到纸巾、从住宅到牙刷,都可以进行信息交换,人类即将迎来无所不在的“物联网”通信时代。在物联网的发展过程中,射频识别技术、纳米技术、无线传感器网络技术等信息采集技术的应用将会更加广泛。

7.3.1　基于IoT物联网的诊断与维护

射频识别技术、传感器感知技术、信息网络技术和信息处理技术统称为物联网的四大关键技术。其中,射频识别技术为非接触式的自动识别技术,它对目标对象的识别无须人工干涉,可通过射频信号自动识别,主要用于控制、监测以及跟踪目标对象;传感器网络由许多具有相同或不同功能的无线传感器节点组成,每个节点均由四大模块组成,分别为数据采集模块、通信模块、数据处理和控制模块以及供电模块,它借助内置传感器测量周边环境中的热、红外信号,探测到包括温度,湿度,移动物体的大小、速度以及方向等信息。综上所述,物联网技术结合了感知技术、人工智能与自动化技术及现代网络技术,是实现物与人对话、智能诊断与维护的基础。

(1) 感知与识别技术

感知与识别技术作为物联网的基础,主要通过采集物理世界中发生的事件和数据信息,实现对外部世界信息的识别与感知。它可分为感知技术与识别技术,其中感知技术主要是指传感器,它是获取物理世界信息的关键元件,是构成物联网的技术单元。国家标准对传感器的定义是:传感器是能够感受物理量并转换电信号的器件或装置。传感器的种类较多,可以按不同标准分类。按输入量可分为温湿度、速度、加速度、位移、力等传感器;按工作原理分为电感式、压电式、电阻式、光电式等传感器;按采用的效应可分为生物、化学和物理传感器。

作为实现对物理世界全面感知基础的识别技术涵盖了三种识别,分别为物体识别、位置识别以及地理识别。物体识别以射频识别技术为代表,它是物联网实现感知设备的核心技术。最基本的系统由四部分组成,分别为电子标签、阅读器、数据交换和系统软件。电子标签是附着在物体上的数据载体,由耦合元件和芯片组成,每个电子标签有唯一的标志码。阅读器指非接触式读取或写入标签信息的一类设备。作为位置识别技术的代表,全球定位系统可在全球范围内对物体进行实时定位和导航。此外,北斗、伽利略和基于蜂窝网基站的定位技术也逐渐成熟并进入商业化应用阶段。另外近几年小范围或室内、复杂环境的定位技术也获得了比较大的发展,其典型代表为实时定位系统,这些技术都可在不同环境条件下为物联网位置识别提供支持。作为地理识别技术的代表,地理信息系统以空间数据库为基础,同时运用信息科学和系统工程的理论,对空间数据进行综合分析和科学管理。地理信息系统同时结合了地理学、测绘学、地图学、遥感和计算机科学等学科和技术,它主要用于输入、存储、查询分析以及显示物体的地理数据,现已广泛应用于许多领域。

物联网中的节点主要包括两大类,分别为网关节点、感知节点。其中网关节点是有线设备与无线传感器网络连接的中转站,是连接感知层之间的关键设备,主要负责发送命令、接收请求和数据。感知节点是感知层设备,主要负责采集物理信息并将信息传输到应用层,它不仅具有感知和识别的能力,而且还具有一定的通信和计算能力。

物联网信息服务系统硬件设施主要由应用服务器组成,用来对采集到的数据信息进行转换、分析。在硬件技术方面,主要完成信息感知、数据传输和处理等工作。根据实现工艺的差异,硬件系统主要包括微机电系统、嵌入式系统及系统级芯片等。软件平台作为物联网的神经系统,在软件的技术方面,主要包括面向不同行业应用的感知系统、中间件系统、操作系统等,通过这些系统来实现信息的管理。

(2) 网络通信技术

通信网络是支撑物联网信息传递和服务的基础设施,无线传感网络技术为物联网感知层网络技术的核心。近年来,我国在传感网络结构与协议、定位算法、覆控制、仿真工具和操作系统等方面取得了阶段性成果。在之后物联网的应用中,可将传感器节点部署在移动对象上,通过移动网络或移动自组织网络来完成低功耗感知节点数据的传输。网络通信技术作为物联网数据信息传送通道,主要包括无线(卫星通信、全球微波互联接入、蓝牙等)通信技术和有线(同轴电缆、双绞线、光纤等)通信技术两大类型。鉴于设备终端连接便利性、信息基础设施可用性的需求,无线通信技术以它建设成本低、覆盖面广以及移动性等特点被广泛应用于物联网。

(3) 云计算

随着网络时代信息数据的迅速增长,大量的数据信息需要处理。在降低成本和实现系统的可扩展性的需求下,云计算的概念顺势产生。它的计算原理是将各种计算分布于分布式计算机上,而不是远程服务器或本地计算机中,使得用户可以根据自己需求对计算机和存储系统进行访问。然而对获取到的海量信息数据的计算和处理是物联网的核心,通过云计算的运用使得物联网以兆为单位计算各类信息数据成为可能。云计算是物联网技术应用和发展的基石,它是分布式计算技术,它有超强的数据信息处理和存储的能力,同时具有单中心、多终端,多中心、多终端，信息应用层处理、海量终端三种应用模式，可以满足物联网对无所不在的数据信息的采集要求。

基于物联网的技术能够实现物与人对话、物与物交互，因此它是制造系统智能诊断与维护的基础。

7.3.2 基于 CPS 的诊断与维护

(1) 数字孪生与 CPS

CPS 概念于 2006 年由美国自然基金委员会提出，是一种计算资源和物理资源紧密结合协作的系统，能通过智能计算、通信和控制的深度融合以及相关技术的新发展来改变客观世界。通过 CPS 将物理设备与信息网络融合，使物理设备具有感知、推理、分析、判断、远程协调、决策和控制等智能功能，将人力与资源、信息、服务和物理设备紧密融为一体，形成智能制造系统，具体表现为生产过程协同智能、生产资源管控智能、质量过程控制智能、计划排产智能、决策支持智能。基于 CPS 的智能制造系统以产品全生命周期(Product Lifecycle Management，PLM)为核心形成创值链，无疑将会是一个高效融合全社会制造资源的庞大复杂的体系，但从技术角度来看，只包括两个简单的方面，即制造过程的智能和制造设备的智能，而后者又是前者的基础和依托。

CPS 是支撑两化深度融合的综合技术体系，是推动制造业与互联网融合发展的重要抓手。CPS 将人、机、物互联，将实体与虚拟对象双向连接，以虚控实、虚实融合。CPS 内涵中的虚实双向动态连接有两个步骤：①虚拟的实体化，如设计一件产品时，首先进行模拟和仿真，然后制造出来；②实体的虚拟化，实体在制造、使用、运行的过程中，将状态反映到虚拟端，通过虚拟方式进行监控、判断、分析、预测和优化。

CPS 通过构筑信息空间与物理空间数据交互的闭环通道，能够实现信息虚体与物理实体之间的交互联动。数字孪生体的出现为实现 CPS 提供了清晰的思路、方法和实施途径。以物理实体建模产生的静态模型为基础，通过实时数据采集、数据集成和监控，动态跟踪物理实体的工作状态和工作进展(如采集测量结果、追溯信息等)，将物理空间中的物理实体在信息空间进行全要素重建，形成具有感知、分析、决策、执行能力的数字孪生体。因此，数字孪生体是 CPS 的核心关键技术。

CPS 系统有如下特征：

① 网络与物理的高度有机集成，局部具有物理性，全局具有虚拟性。

② 系统的每个物理组件中都嵌有传感器与执行器，具有在线通信、远程控制与各部件间自主协调等功能。

③ 闭环控制与事件驱动过程，组件嵌入的传感器通过对对象姿态的感知与反馈，将控制决策作用于执行对象，从而形成基于事件驱动控制的闭环过程。

④ 大规模、高效协调分配的网络化复杂系统，CPS 系统通过末端传感器采集对象的信息，最终形成自下而上的信息数据传输模式，该模式融合各类信息并提供精确而又全面的信息。

⑤ 在时间和空间等维度上具有多重复杂性。

⑥ 系统具有自学习、自适应、自主协同功能，高度自治，满足实时鲁棒控制。

⑦ 系统安全、可靠、抗毁、可验证，CPS 系统必须在保证自身的安全性、隐秘性的基础上，抵御各类外部攻击，并实现各种功能、结构各异的子系统之间协调运行。

图 7.7 为基本 CPS 系统的构成图。基本的 CPS 系统由决策控制部分、检测感知部分与驱动执行部分构成,决策控制部分根据控制要求下达控制指令;驱动执行部分根据控制指令驱动物理对象;检测感知部分与驱动执行部分是物理世界和计算世界的接口,检测感知部分根据感知信息,经过计算得到控制指令并反馈给决策控制部分。

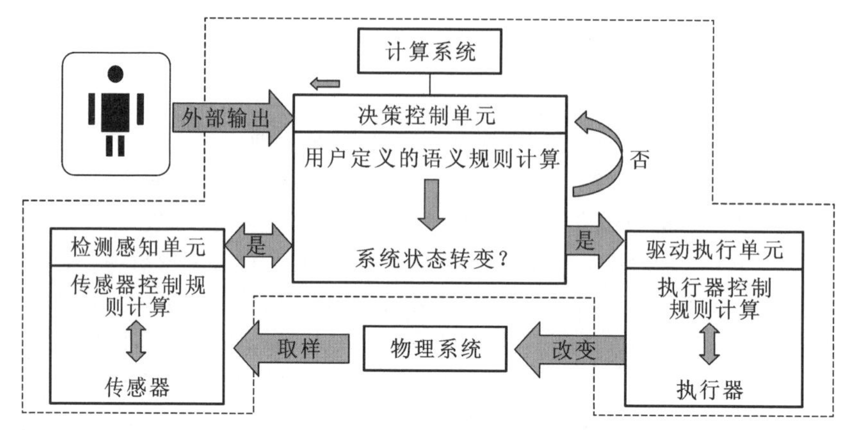

图 7.7 基本 CPS 系统构成图

由此可见,基于 CPS 的监测和诊断,使机械制造系统的监测与诊断技术上了一个新的台阶。实现了从静态到动态、从局部到全局、从虚拟到物理的监测与诊断。

(2) 制造与 CPS

CPS 是指根据智能制造装备在实际生产过程中的需求,能够实时感知、处理制造装备的加工状态与稳定性的融合加工三维实时情景、智能参数识别、实时状态评估、异常预警和智能自组织能力的,由多重分布式网络融合为一体形成高精度、更实时的智能系统。此外,对于高速数控机床加工性能与工况的监测,传统的传感器布置需要考虑计算机的计算能力,往往牺牲了监测的精度,而 CPS 可以扩展高性能云计算,因此可以布置更多传感器,获取更真实、精度更高的动态特性。

CPS 架构包括服务层、资源层、网络层和节点层。服务层是整个 CPS 体系的最顶层,主要功能包含决策、分类、任务管理及状态反馈。资源层包括数据库、巨型计算中心、模型库、知识库等需要有硬件支撑的软件管理方式。网络层是包含了网络传输协议、网页编辑技术、网络编程技术、路由技术以及共享技术等的数据转发协议层。节点层包含了物理信息采集单元与执行机构执行系统。

7.4 产品全生命周期的监测、诊断与维护

产品全生命周期管理(Product Lifecycle Management,PLM)是对产品从设计、生产、流转至使用,以及最终报废全过程的数据信息进行管理的过程,其主要包含产品创新的工具类软件、产品创新的管理类软件和相关的咨询服务三部分内容。目前,PLM 理论的应用范围已经非常广泛。

7.4.1　面向装备全寿命周期的诊断维护理念

装备全寿命过程(或寿命周期过程)是指装备从立项论证开始直到退役处理的整个过程。不同类型的装备,其全寿命过程的阶段因性质、功能、复杂程度等的不同而有所不同。但是一般装备的寿命周期大致可以分为论证、方案、工程研制、生产与部署、使用与保障、退役处理等阶段。

装备的形成过程是系统开发的技术集成阶段,不仅要对系统整体进行设计,而且还要对系统的各个组成部分进行详细安排和实现,开展故障控制活动,提高系统的可靠性和安全性。故障控制(即可靠性工作)的中心是把可靠性需求设计到产品中去,通过应用故障控制技术,发现和确定薄弱环节,并进行改进,提高产品的固有可靠性。故障控制是装备形成过程中提高其可靠性的重要手段,将故障控制技术从一开始就融合到整个系统的开发中去,主动寻找故障并预防故障发生应该且已经成为装备形成过程中的一个重要环节。这样不仅能够降低研发成本,且能够极大地提高装备的可诊断性和可维修性。

装备的故障诊断,即通过各种故障诊断方法和手段对正在使用或者待修的装备进行检测监控并且发现故障、定位故障进而隔离故障的行为。

面向装备全寿命过程的诊断理念是以信息技术为依托,以检测监控和人工智能技术为手段,以提高装备的可靠性和完好率为目标,强化系统设计开发阶段的故障控制活动,保障装备使用维护阶段的故障诊断活动,实现装备全寿命周期内的信息管理和创新应用,并通过远程系统为使用中的装备提供可承受的、持续的监测和诊断维护服务。

将系统研发阶段的故障控制活动和信息采集活动纳入系统,便于解决故障诊断维护信息缺乏的问题,有利于形成由设计数据到诊断信息、再到决策应用的过程。综合起来讲,其主要特点有:

(1)以用户为中心,实现了从用户到用户的诊断

任何一种产品,不论是大型装备或小型设备,都是为了满足用户的某一需求而出现的。用户的需求是设计制造的出发点和落脚点,装备系统的优劣也只能通过用户在使用中来评价。即产品是从用户的需求开始,经过规划、研制、设计、制造,最后由用户评价,其寿命过程是从用户到用户的过程。面向全寿命过程的故障诊断正是从用户的需求开始诊断,到用户的使用结束诊断的。

(2) 跟踪装备的全寿命周期

在装备研发的过程中搜集、整理并形成故障诊断维护信息,通过故障控制技术提高系统的可靠性,而且能够提供完善的售后服务,使装备制造者和装备的使用者能够在任何地点、任何时间都对装备的使用状况了如指掌,可对关键设备的使用情况提供实时的、连续的信息交流,从而大大地减少装备的故障时间和维修时间。

(3)信息化

强调提供可承受的、持续的监测和诊断维护服务,敏捷地消除装备的故障;实现设计、制造、使用、维护信息一体化,可大大提高服务资源的使用范围和利用率。

(4)敏捷化

大量使用现代信息技术,采用网络化系统模式消除时空障碍,将诊断维护服务由传统的人员流动、慢响应的方式变为信息流动、快速响应的方式。

(5)智能化

强调以人工智能技术为主要手段,充分利用相关的知识资源,提高诊断维护工作的决策水平。

面向装备全寿命周期的诊断贯穿了系统设计、试验、制造、检测、使用、维护等全过程。其真正实施又涉及多个方面:对装备系统的全寿命过程进行分析,对其中所生成的故障诊断知识进行搜集并整理形成统一的信息模型;对知识进行处理和转换,达到共享和创新应用的目的;在信息技术支撑环境下开展各种诊断维护服务。图 7.8 为面向装备全寿命周期诊断维护的三维视图,展示了数据、知识、信息、技术、模型和功能等的组织和集成框架。

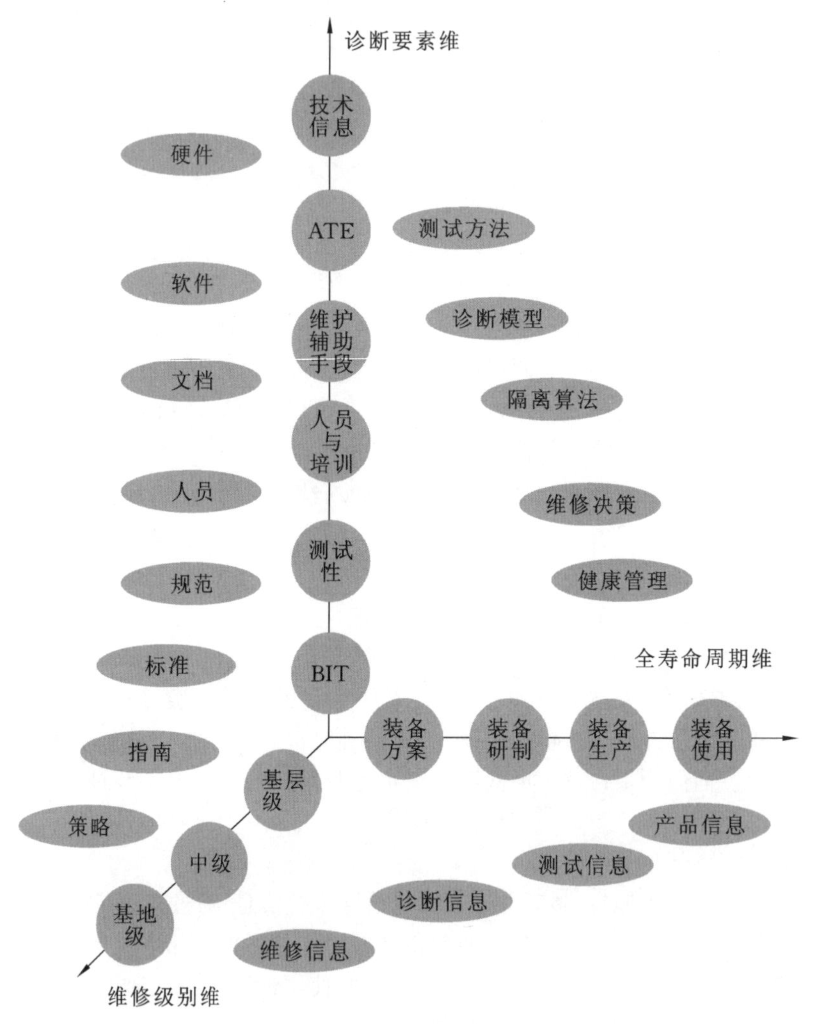

图 7.8　面向装备全寿命周期诊断维护的三维视图

(1) 全寿命周期维

全寿命周期维反映了装备从方案论证开始直到使用维护的生命历程。通过它可实现装备信息的可追溯性,明确了展开故障诊断和预测维护服务的要求、任务。

(2) 诊断要素维

诊断要素维反映了各诊断要素的综合集成,根据装备特点及使用和保障要求,考虑各诊断要素的特性及费用，利用通用诊断数据库的信息，通过诊断要求分配及权衡分析确定以最低费用满足各产品层次诊断要求的各诊断要素组合。每个要素产生的信息可供其他要素利用，通过通用诊断数据库使诊断数据在整个诊断系统中流动。

(3) 维修级别维

维修级别维描述了在装备研制过程中各维修级别的诊断要求、诊断特点及各诊断资源的特点。通过诊断要求和诊断资源分配、测试性分析、诊断权衡和信息反馈，使装备在生产线级(O 级)、车间级(I 级)和企业级(D 级)维修中，各级的测试容差的大小成倒锥形(生产线级测试容差大、车间级的容差小、企业级则更小)，保证各维修级别的测试结果一致，以消除装备在生产线级经常发生的“不能复现”和车间级和企业级的“重测合格”问题。

(4) 全寿命周期维、诊断要素维以及维修级别维之间的关系

寿命周期各阶段包括论证、方案、工程研制、生产与部署、使用与保障、退役处理等，在全寿周期中所形成的诊断信息流也称纵向信息流。利用系统工程和并行工程方法，通过权衡分析，把测试性、BIT、自动测试、人工测试、人员与培训、维修辅助手段和技术信息等相关诊断要素综合起来，产生满足装备诊断要求的硬件、软件、技术文件，以最低的费用获得所要求的诊断能力；检测和隔离所有(100%)已知或预期可能发生的故障，提高装备的完好性，降低使用和保障费用，最终通过对现有的规范、标准、指南和政策文件进行修改或重新编制相应的文件使之形成制度。从装备论证研制开始，根据装备采办各阶段的要求和特点，考虑各阶段的测试要求，通过实施系统工程管理(并行工程)和计算机辅助采办和后勤保障(CALS)计划，加强设计、生产和保障等各有关部门之间的信息交互与反馈以及各学科之间的协调，减少研制、生产、外场和基地维修等的不兼容性，避免重复开发各种测试程序集(TPS)、重复进行人员培训和重复编制各种手册。

7.4.2　装备全寿命周期诊断维护的体系结构

面向装备全寿命周期的诊断维护理念的实施涉及多个功能子系统，包括信息模型、互联模型、智能诊断维护中心等，如图 7.10 所示。这些功能子系统的实现需要多种相关技术和工具支撑，主要包括(但不限于)系统工程技术、并行工程技术、测试性和综合诊断工具、智能 BIT 技术、故障预测与状态管(PHM)技术、综合维修信息系统(IMIS)、ATE/ATS 技术等。

(1) 信息模型

信息模型是一种在系统测试和诊断领域内使用的严格、正式的信息规范。这里的信息模型由产品域、测试域、诊断域和维修域的数据实体构成。信息模型表达了某一过程和有关关系中所产生数据的存在状态，提供了一种获取和表述数据的统一方法，这种方法能够在支持信息融合诊断功能的物理数据库中实现。

(2) 互联模型

互联模型将过程的组元视为一个虚拟网络的节点，利用已建立的网络标准来控制信息模型中的信息流，是信息模型和智能维护中心的信息交换的通道。各节点之间通过物理媒体通信，所用的物理媒体可以是特殊的，也可以是符合某些标准的，如 MIL-STD-1553、ARINC629 和 ARINC420。

(3) 智能维护中心

智能诊断维护中心的主要作用是将装备全寿命周期各个阶段的数据、信息、知识加以搜集、管理、组织、转换和使用。它集中了研发装备的各种资料，主要包括装备数据库、模型库和FMEA、FTA知识库。同时智能诊断维护中心还包括各种数据挖掘、知识发现、智能诊断和数据处理分析等方法，完成故障知识的提取、故障诊断和趋势预测等功能。图7.9所示为装备全寿命诊断维护理念的体系结构。

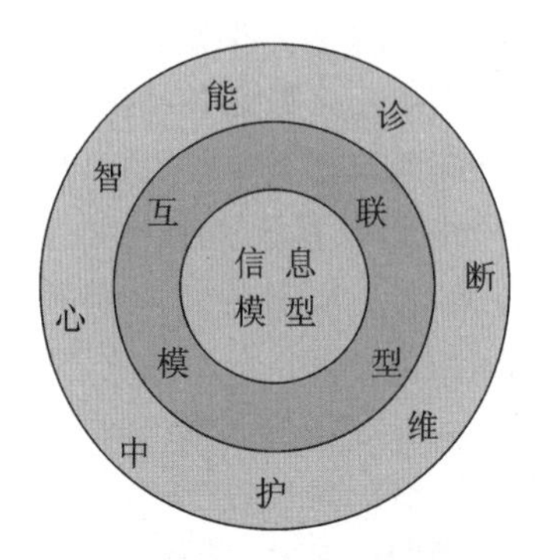

图7.9 装备全寿命诊断维护理念的体系结构

7.4.3 产品数字孪生体在产品全生命周期各阶段的作用

作为物理产品在虚拟空间中的超写实动态模型，产品数字孪生体首先要有一种自然（便于理解）、准确、高效，能够支持产品设计、工艺设计、加工、装配、使用和维修等产品全生命周期各个阶段的数据定义和传递的数字化表达方法。近年来兴起的基于模型的定义(Model Based Definition，MBD)技术是解决这一难题的有效途径，因此成为实现产品数字孪生体的重要手段之一。MBD是指将产品的所有相关设计定义、工艺描述、属性和管理等信息都附着在产品三维模型中的数字化定义方法。

(1) 产品设计阶段

MBD技术使得产品的定义数据能够驱动整个制造过程下游的各个环节，充分体现了产品的并行协同设计理念和单一数据源思想，而这也正是数字孪生体的本质之一。产品定义模型主要包括两类数据：一类是几何信息，也就是产品的设计模型；另一类是非几何信息，存放于规范树中，与三维设计软件配套的PDM软件负责存储和管理该数据。

在实现基于三维模型的产品定义后，需要基于该模型进行工艺设计、工装设计、生产制造过程（甚至是产品功能测试与验证过程）的仿真及优化。为了确保仿真及优化结果的准确性，至少需要保证以下三点：

① 产品虚拟模型的高精确度/超写实性：产品的建模不仅需要关注几何特征信息（形状、尺寸及公差），也需要关注产品的物理特性（如应力分析模型、动力学模型、热力学模型以及材料的刚度、塑性、柔性、弹性、疲劳强度等）。通过使用人工智能、机器学习等方法，基于同类产品组的历史数据实现对现有模型的不断优化，使得产品虚拟模型更接近于现实世界物理产品的功能和特性。

② 仿真的准确性和实时性：可以采用先进的仿真平台和仿真软件，例如仿真商业软件

ANSYS、ABAQUS等。

③ 模型轻量化技术:模型轻量化技术是实现数字孪生体的关键技术之一。首先,模型轻量化技术大大降低了模型的存储大小,使得产品工艺设计和仿真所需要的几何信息、特征信息和属性信息可以直接从三维模型中提取而不需要附带其他不必要的冗余信息。其次,模型轻量化技术使得产品可视化仿真、复杂系统仿真、生产线仿真以及基于实时数据的产品仿真成为可能。最后,轻量化的模型缩短了系统之间的信息传输时间、降低了成本和速度,促进了价值链端到端的集成、供应链上下游企业间的信息共享、业务流程集成以及产品协同设计与开发。

(2) 产品制造阶段

产品数字孪生体的演化和完善是通过与产品实体的不断交互开展的。在生产制造阶段,物理现实世界将产品的生产实测数据(如检测数据、进度数据、物流数据)传递给虚拟世界中的虚拟产品并实时展示,实现基于产品模型的生产实测数据监控和生产过程监控(包括设计值与实测值的比对、实际使用物料特性与设计物料特性的比对、计划完成进度与实际完成进度的比对等)。另外,基于生产实测数据,通过物流和进度等智能化的预测与分析,实现质量、制造资源、生产进度的预测与分析;同时智能决策模块根据预测与分析的结果制定出相应的解决方案并反馈给实体产品,从而实现对实体产品的动态控制与优化,达到虚实融合、以虚控实的目的。

近几年物联网、传感网、工业互联网、语义分析与识别等技术的快速发展为数字孪生体提供了一套切实可行的解决方案。另外,为了发挥数字孪生体在产品数据集成展示、产品生产进度监控、产品质量监控、智能分析与决策(如产品质量分析与预测、动态调度与优化)等方面的作用,人工智能、机器学习、数据挖掘、高性能计算等技术的快速发展为此提供了重要的技术支持。以某产品装配过程为例,建立如图7.10所示的面向制造过程的数字孪生体实施框架。鉴于装配生产线是实现产品装配的载体,因此该架构同时考虑了产品数字孪生体和装配生产线数字孪生体。该框架主要包括以下三个部分:

1) 实体空间的动态数据实时采集

产品在装配过程中产生的动态数据可分为生产人员数据、仪器设备数据、工装工具数据、生产物流数据、生产进度数据、生产质量数据、实做工时数据、逆向问题数据八大类。首先,针对制造资源(生产人员、仪器设备、工装工具、物料、AGV小车、托盘),结合产品生产现场的特点与需求,利用条码技术、RFID、传感器等物联网技术,进行制造资源信息标识,对制造过程感知信息采集点进行设计,在生产车间构建一个制造物联网络,实现对制造资源的实时感知。其次,将生产人员数据、仪器设备数据、工装工具数据、生产物流数据等制造资源相关数据归为实时感知数据;最后,将生产进度数据、实做工时数据、生产质量数据以及逆向问题数据归为过程数据。实时感知数据的采集将推动过程数据的产生。另外,针对以上数量庞大的多源、异构生产数据,需要在预定义制造信息处理与提取规则的基础上,对多源制造信息关系进行定义,进行数据的识别和清洗,最后进行数据的标准化封装,形成统一的数据服务,对外发布。

2) 虚拟空间的数字孪生体演化

通过统一的数据服务驱动装配生产线三维虚拟模型以及产品三维模型,实现产品数字孪生体实例及装配生产线数字孪生体实例的生成和不断更新,虚拟空间的装配生产线数字孪生体、产品数字孪生体实例与真实空间的装配生产线、实体产品进行关联，彼此之间通过统一的数据库实现数据交互。

3）基于数字孪生体的状态监控和过程优化反馈控制

通过对装配生产线历史数据、产品历史数据的挖掘以及装配过程评价技术，实现对产品生产过程、装配生产线和装配工位的实时监控、修正及优化；并通过实时数据和设计数据、计划数据的比对实现对产品技术状态和质量特性的比对、实时监控、质量预测与分析、提前预警、生产动态调度优化等，从而实现产品生产过程的闭环反馈控制以及虚实之间的双向连接。具体能实现的功能包括产品质量实时监控、产品质量分析与优化、生产线实时监控、制造资源实时监控、生产调度优化及物料优化配送等。

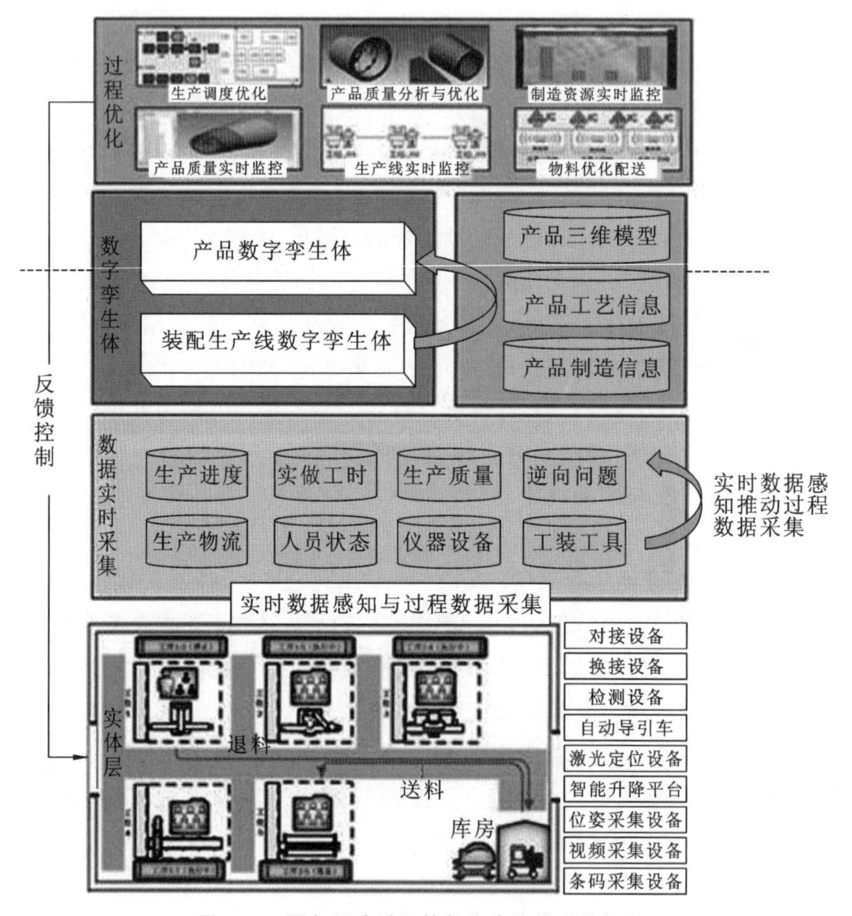

图 7.10 面向制造过程的数字孪生体实施框架

(3）产品服务阶段

在产品服务阶段（即产品使用和维护）阶段，仍然需要对产品的状态进行实时跟踪和监控，包括产品的物理空间位置、外部环境、质量状况、使用状况、技术和功能状态等，并根据产品实际状态、实时数据、使用和维护记录数据对产品的健康状况、寿命、功能和性能进行预测与分析，并对产品质量问题进行提前预警。同时当产品出现故障和质量问题时，能够实现产品物理位置快速定位、故障和质量问题记录及零部件更换、产品维护、产品升级甚至报废、退役等。

一方面，在物理空间，采用物联网、传感技术、移动互联技术将与物理产品相关的实测数据（最新的传感数据、位置数据、外部环境感知数据等）、产品使用数据和维护数据等关联映射至虚拟空间的产品数字孪生体。另一方面，在虚拟空间，采用模型可视化技术实现对物理产品使用过程的实时监控，并结合历史使用数据、历史维护数据、同类型产品相关历史数据等，采用动态贝叶斯、机器学习等数据挖掘方法和优化算法实现对产品模型、结构分析模型、热力学模型、产品故障和寿命预测与分析模型的持续优化，使产品数字孪生体和预测分析模型更为精确，仿真预测结果更加符合实际情况。对于已发生故障和质量问题的物理产品，采用追溯技术、仿真技术实现质量问题的快速定位、原因分析、解决方案生成及可行性验证等，最后将生成的最终结果反馈给物理空间。与产品制造过程类似，产品服务过程中数字孪生体的实施框架主要包括物理空间的数据采集、虚拟空间的数字孪生体演化以及基于数字孪生体的状态监控和优化控制三部分。

8 数字孪生系统的应用案例

8.1 车间调度数字孪生系统

8.1.1 数字孪生车间调度机制

(1) 虚实演进的车间调度策略

车间生产调度作为车间生产的基础,在制造业中扮演着不可忽视的作用。它可以充分利用车间现有的各种生产资源,合理地分配生产加工任务,从而提高车间生产的效率,同时保证生产过程的长期稳定运行。然而在新的智能制造的大背景下,传统的车间调度方式已经不再满足生产需要。一方面由于车间生产资源的多样性,其与车间调度相关的数据众多,如何精确获取各项调度资源信息,实现准确的车间调度,是新的制造模式下面临的一个重要问题;另一方面,由于车间生产过程的复杂性,车间生产调度参数会不断变化,导致难以保证计划的准确性,同时车间也经常会发生一系列不确定和动态的随机扰动事件,如机器异常、工人缺勤、新订单到达以及交货时间变化等,这些动态干扰会导致生产过程偏离调度计划,影响生产执行效率。因此必须赋予车间生产调度新的内涵,以适应新形势下的制造模式。

数字孪生的虚实映射和实时交互技术可以实现整个车间生产的数字化,并在不断的虚实迭代过程中形成共同演进,很好地满足新的车间调度需求。本章提出一种基于数字孪生的车间调度策略,主要由物理空间和虚拟空间两部分组成,这两部分通过虚实交互实现反馈迭代和共同演化。在虚拟空间中,可以获取来自物理空间中的生产资源调度数据,例如设备、工人、任务信息等。基于获得的相关资源数据,建立调度模型并利用优化算法获得调度方案,并通过虚拟仿真验证后反馈给物理空间供其执行。在物理空间中,计划被分解为任务安排、设备加工、工人分配和物料运输等各部分,通过实际的生产执行再次产生新的生产数据。

在虚实空间交互映射的基础上,结合车间调度问题,实现车间调度的虚实演进优化。基于数字孪生的车间调度机制如图 8.1 所示,主要运行流程如下:实际的物理车间生产执行系统可以实时感知获取车间生产中与调度相关的信息,如设备运行信息、人员在岗信息、加工任务信息以及生产状态信息等各种调度数据,并且基于感知数据监测分析出实际车间生产中的机器异常、工人缺勤等各种动态事件,将其反馈到相应的虚拟空间中,虚拟空间在感知的调度数据的基础上,结合监听到的生产动态事件,触发虚拟空间的更新优化过程,通过车间调度中的调度优化目标以及相关约束条件,建立考虑设备和工人的双资源柔性作业的车间调度模型,并采用多目标优化算法生成新的调度方案,在虚拟仿真验证后反馈回物理车间执行调度方案,形成虚实不断迭代演化的车间调度过程。

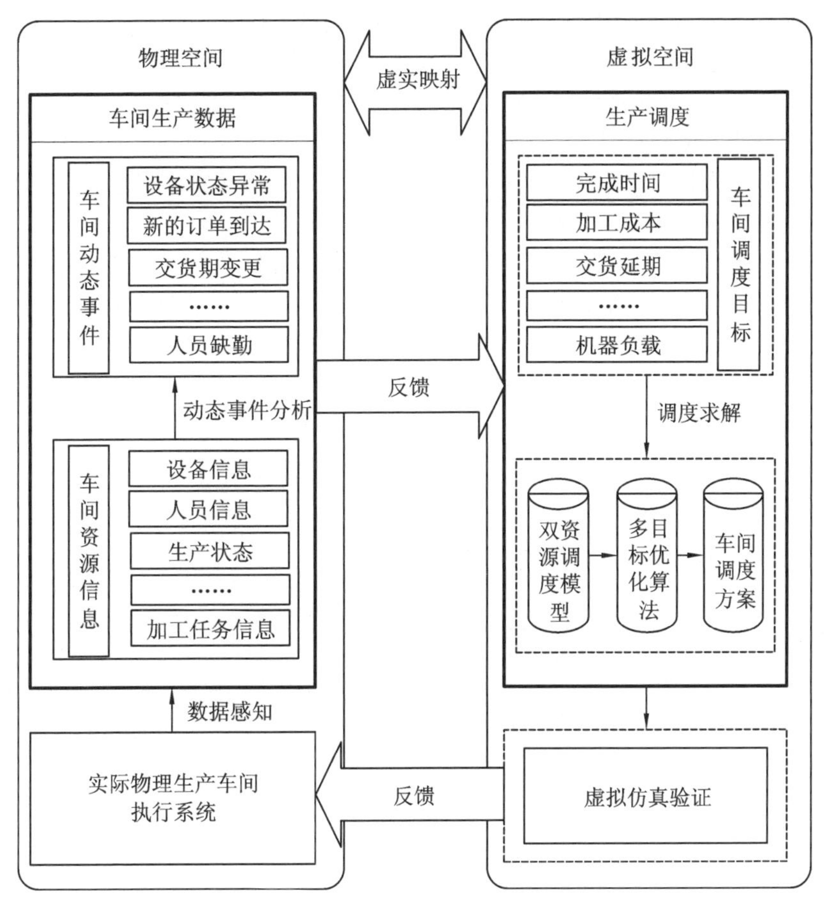

图8.1　数字孪生车间调度机制

在这种调度机制下，一方面通过对车间生产资源的实时感知，可以准确获取生产调度所需的各种数据，同时通过实时加工数据的补充，得到更加准确的生产加工参数，从而保证车间生产优化调度的准确性；另一方面，基于物理车间的感知数据分析监听得到的各种车间生产动态干扰信息，通过虚实空间的实时交互，虚拟空间便可对车间生产中的各种动态干扰事件进行实时调整，从而更好地适应车间环境的变化，及时响应生产异常。

(2) 基于生产异常的动态重调度

在实际的车间制造过程中，由于其生产复杂性，车间经常会发生一些异常扰动事件，极大地影响了车间调度方案的准确性，制约着生产制造效率。基于数字孪生驱动的车间调度机制，能实时感知生产过程中的各种数据，从感知数据中获取各种动态变化事件，如机器状态异常、工人缺勤、新任务到达等，并且通过虚实交互获取生产实时事件，确认受影响的工件、工序以及设备和操作工人等，虚拟车间更新调度参数，并基于实时事件动态调整调度方案，或生成新的调度方案，以适应车间生产的变化。

在进行车间生产的动态重调度时，除了要考虑完成时间、加工成本、机器负载等多种调度优化指标，同时还要考虑重调度前后调度方案的偏离程度。这是因为车间的生产资源都是根据调度方案准备的，一旦调度方案发生变化，相应工序的加工配套资源都会随之发生变化和转移，导致生产资源的重新分配并产生额外的费用，因此应尽量减少与原调度方案间的偏离。调度方案中影响最大的偏离度包括两个方面：一是重调度前后两种调度方案中尚未执行加工操作的工序，即工序偏离度；二则是重调度前后两种调度方案中加工设备是否一致，即机器偏离度。

双资源动态调度流程如图 8.2 所示。在重调度时，首先考虑的是已参与初始调度但未执行加工操作或者正在执行中尚未完毕的工件工序，已加工的工件工序不再考虑。其次，针对正在执行中尚未完毕的工件工序，则需要分情况采取不同的操作。如果该时刻正在进行加工操作的工序与异常事件无关并且没有受到影响，则按照原始方案继续执行当前工序直至完成；如果该时刻正在进行加工操作的工序与异常事件有关，如正在加工过程中的工序的加工设备状态异常，则该工序应在重调度后重新加工，并且异常设备在维护时间内不可用。因此，需要更新的参数有剩余工件信息参数、设备和工人的可用时间范围、工件的交货期参数等。通过更新调度相关参数，结合基本的调度优化指标并且考虑最小化调度方案偏离度，采用多目标优化算法重新生成调度方案从而实现调度调整。通过对车间异常事件的实时感知，不断调整更新调度方案直至整个生产过程结束。

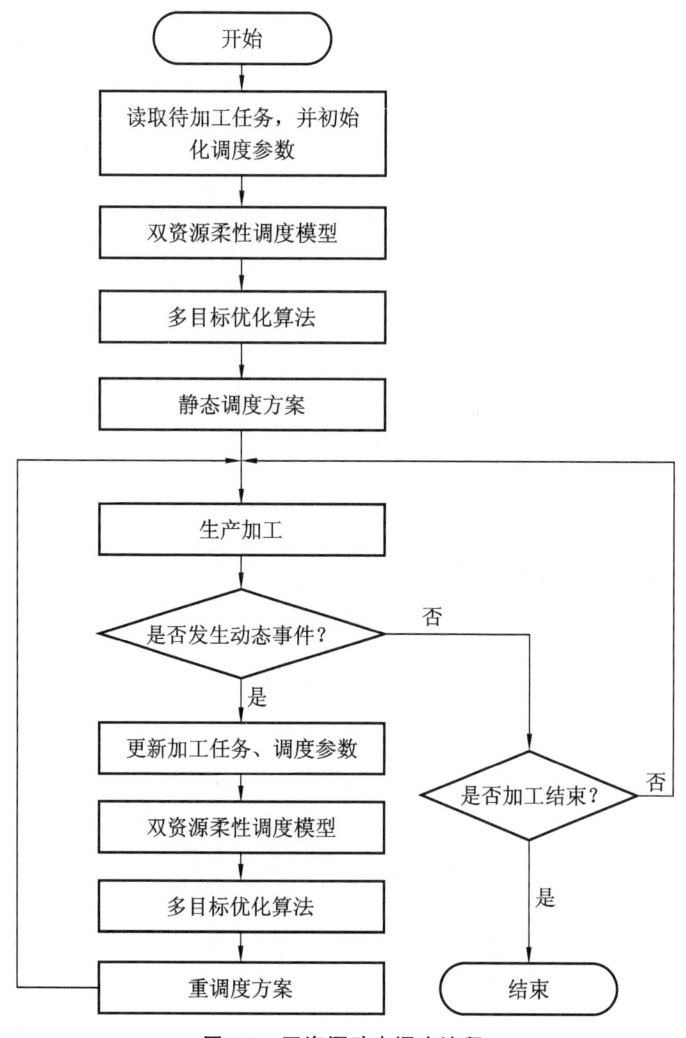

图 8.2 双资源动态调度流程

(3) 基于数字孪生的车间调度系统实现

车间调度模块是车间生产中的核心功能模块，车间的生产加工任务都是基于车间调度方案进行有效组织安排生产完成的，通过车间调度模块可以生成更加优化的调度方案，更好地安排每个工件工序的先后顺序，更加高效地组织生产。车间调度模块主要包括调度方案生成及虚拟仿真功能。

1) 调度方案生成

调度方案生成主要包括通过待调度任务信息生成调度方案，并且可以根据车间异常事件进行动态重调度(其中待调度任务列表信息主要包括每个工件任务的基本信息及其交货期)，并且结合调度参数信息中的每道工序的双资源柔性下的加工信息，为车间调度提供更完整准确的数据，从而实现更优化的调度方案，待调度任务列表信息如图 8.3 所示。点击页面上方"开始调度"按钮，即可生成同时优化多个目标后的初始调度方案，其中调度方案的甘特图如图 8.4 所示，通过调度甘特图可以直观看出各工件的调度安排结果，即每道工序分别被分配到哪一台机床设备并且由哪位操作工人进行加工。由于车间生产中存在异常事件，通过对异常事件的监测，可以对现有调度方案进行调整，从而实现车间生产动态调度过程，图 8.5 所示展示了机床状态异常后的车间动态调度甘特图。

编号	工件编号	工件名称	工序总数	工件交货期
1	20000100000000000097	工件1	5	230h
2	20000100000000000032	工件2	5	235h
3	20000100000000000067	工件3	4	225h
4	20000100000000000049	工件4	4	232h
5	20000100000000000075	工件5	5	238h

共5 条记录 (1/1) [首页] [上页] [下页] [尾页]　跳转到第 1 页(共1页)

图 8.3　待调度任务列表信息

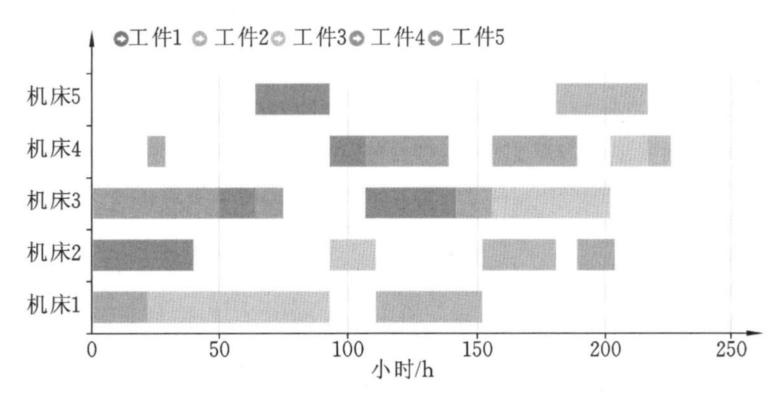

图 8.4　车间初始调度方案甘特图

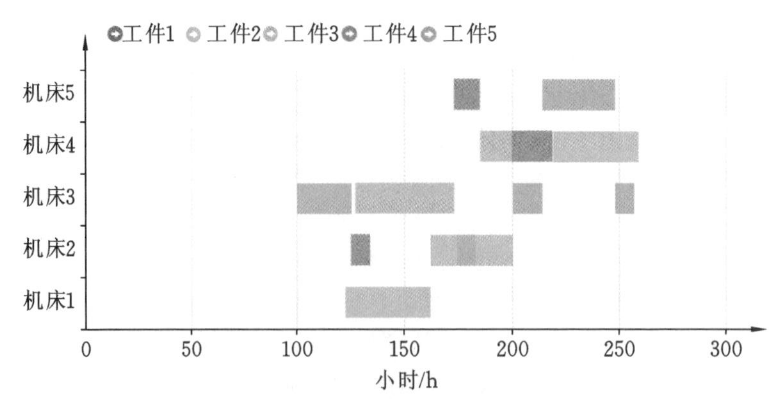

图 8.5 机床状态异常后的车间动态调度甘特图

2）虚拟仿真功能

针对车间生产调度过程，本章设计了数字孪生车间调度3D虚拟仿真模块，从而实现网页中的车间调度过程的三维仿真。生产车间三维可视化模型如图8.6所示。

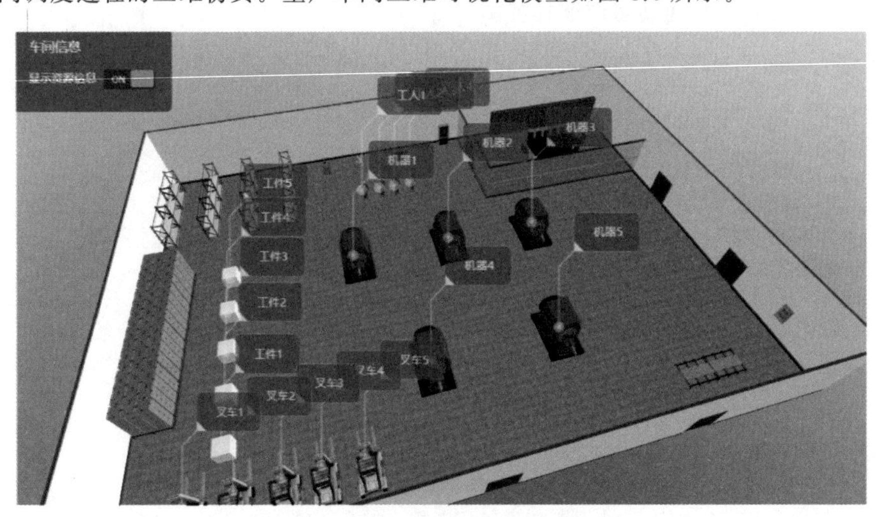

图 8.6 生产车间三维可视化模型

进入车间调度虚拟仿真模块时，系统会根据所生成的调度方案进行车间调度3D仿真，同时可以依据对车间动态事件的监测，实现车间生产的动态重调度，并可相应地展示车间动态信息，其车间生产动态调度虚拟仿真如图8.7所示。在初次进入车间调度虚拟仿真模块时，系统会根据所生成的调度方案进行默认的调度仿真，按照调度方案中每道工序以及相应的所选设备和操作工人信息，进行压缩时空比的快速调度仿真，如图8.7(a)所示。同时，车间生产过程中会存在动态异常事件，因此在基于感知数据监测到车间生产异常事件时，虚拟仿真模块会针对异常事件进行响应，生成新的调度方案。如图8.7(b)所示，当检测到设备状态异常时，虚拟仿真模块会将对应的异常设备变为红色并且闪烁以表示该设备异常，在更新调度方案的同时会在左上角的面板上展示异常信息并下发新的调度任务。另外，在调度虚拟仿真中，工件工序加工完成后会暂时存放在所加工设备旁边，当调度方案收到下一道工序的加工任务时，工件会由叉车自动送到对应设备进行加工，并且当工件的最后一道工序完成时，工件颜色会变成绿色，如图 8.7(c)所示。车间调度虚拟仿真模块能够实现车间生产的动态调整优化仿真，实现基于数字孪生的车间调度的虚实共同演进，从而保证了系统的有效性。

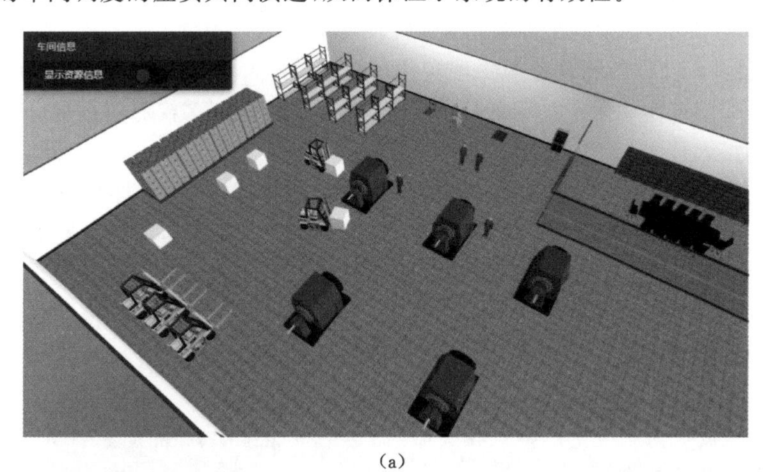

(a)

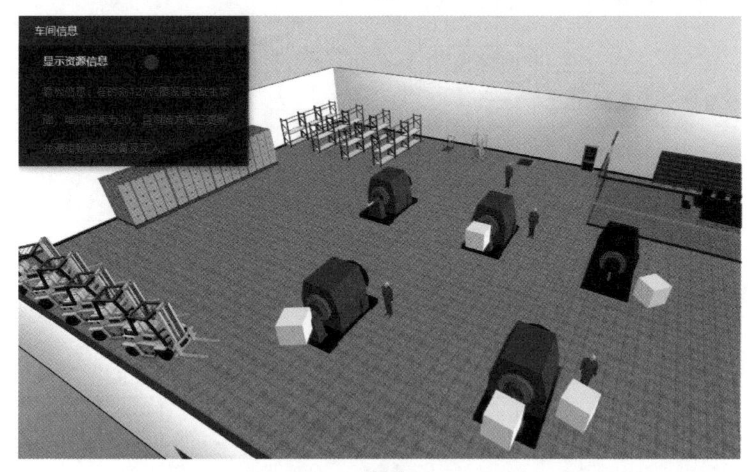

(b)

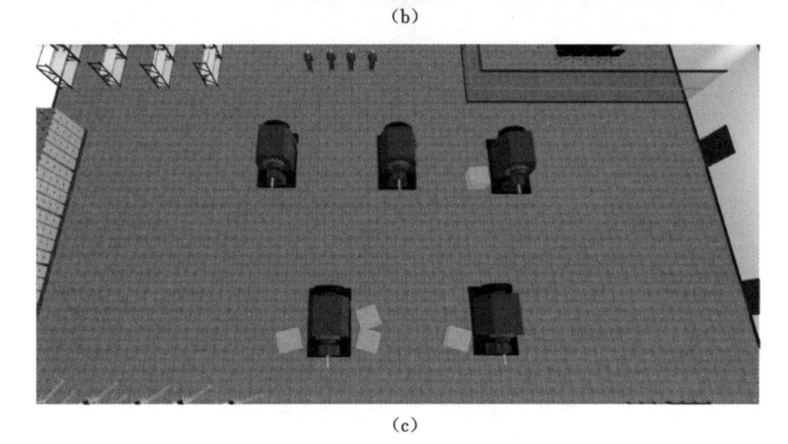

(c)

图 8.7　车间生产动态调度虚拟仿真

(a) 初始调度方案模拟仿真；(b)设备状态异常时的车间生产模拟仿真；(c)车间生产调度完成时的模拟仿真

8.1.2 数字孪生冲压生产线建模

基于数字孪生的内涵以及针对数字孪生生产线运行机制，本节提出了数字孪生生产线模型架构，如图 8.8 所示，该架构主要包括 4 层：

① 物理层：由人、物料和设备等物理实体以及相关生产活动的集合，通过优化配置的资源按照生产指标完成现实中生产加工的任务，需要融合异构多源多模态数据融合封装技术、异构制造资源感知接入技术、分布式协同控制技术等。

② 数字层：是相关生产线信息服务平台，为数字孪生冲压生产线的运行提供各种支持服务，包括物理感知数据的清洗、关联和挖掘等功能，同时具备孪生数据的集成、融合和处理功能；涉及智能生产运行优化技术、多源异构数据融合技术、迭代运行与优化技术等。

③ 模型层：是物理实体的高度刻画和映射，包括几何、行为、规则等模型以及相关仿真、分析、优化等活动，需要有虚拟生产线构建、仿真和验证技术、虚拟现实和增强现实技术、虚实融合技术等。

④ 应用层：负责为制造生产提供相关服务，包括智能排产、产品质量管理、能效优化分析、精准管控等各类生产服务。

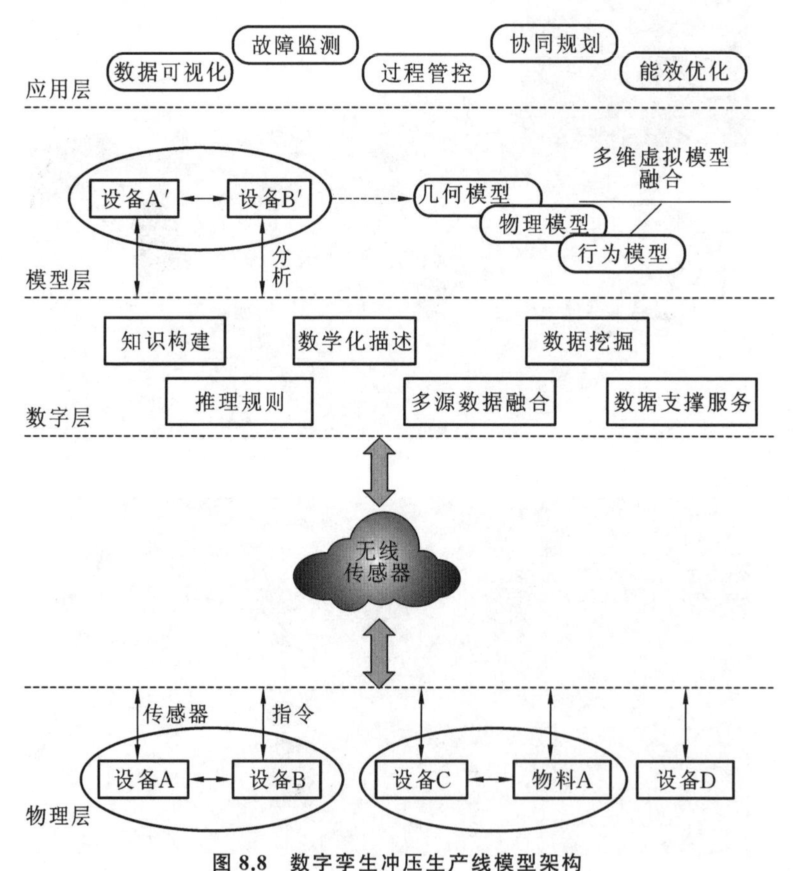

图 8.8 数字孪生冲压生产线模型架构

(1) 冲压生产线物理数据模型

研究和构建数字孪生冲压生产线模型要求对生产线进行详细刻画和分析。在生产加工过程中，运行环境复杂多样且具有动态性，冲压生产线物理模型如图8.9所示。狭义来讲，生产线由物料、人员、设备、环境和知识组成。广义来讲，生产线是利用现有或者外来资源，通过一系列生产加工工艺对制造资源进行加工处理，转化成半成品或成品来实现生产任务所经过的路线。

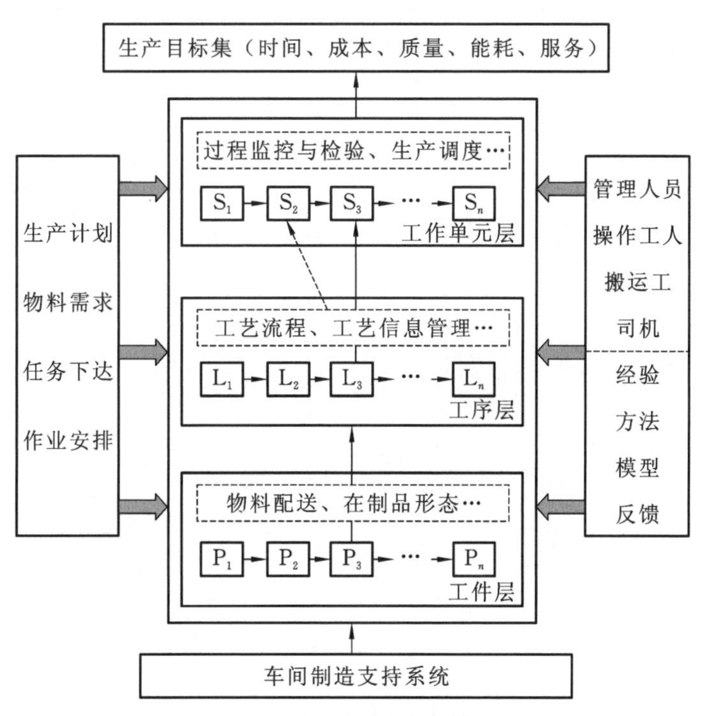

图8.9 冲压生产线物理模型

数字孪生冲压生产线模型的实现依赖于丰富的制造资源信息库，制造资源是制造过程所需要素总和，实际生产环境的复杂性也决定了制造资源的多样性、异构性及动态性。根据实际生产情况和用途将制造资源分为有形资源和无形资源，如图8.10所示，其中有形资源是生产过程中有明显物理特征的，包括物料、人、设备，物料涉及原材料、零部件、半成品、成品和外购件，设备涉及感知设备、监控、加工设备、装配设备、计算机和服务器等，人分为管理人员、操作工人、搬运工等；无形资源包括制造过程中所需的领域知识、方法、规则、模型和经验等。

本章采用面向对象建模方法(Object-Oriented Methodology，OOM)，利用统一建模语言(United Modeling Language，UML)建立物理数据模型。生产线物理数据模型如图8.11所示，根据建模规则，将生产线物理数据抽象为生产线物理数据类、人员类、设备类、物料类、环境类和知识类，可对每个子类单独展开分析，每个子类之间存在多种关联。

(2) 冲压生产线数字信息模型

1) 冲压生产线系统本体建模

数字孪生冲压生产线要求实现物理空间和虚拟空间的虚实映射。物理空间中生产线是完成生产活动的主体，有着复杂、多样的特点。在生产线物理数据模型构建过程中，需要对生产线范围内的制造资源、生产活动等进行定义及分类分析，建立物理数据模型。本体作为一种知识描述方法，不仅具有充分的知识表达能力，还具有推理功能，能够充分满足对生产线的数字

生产线制造资源
有形资源
无形资源
物料
人
设备
知识
环境
原材料
零部件
半成品
成品
外购件
原材料
管理人员
操作人员
搬运工
司机
硬件
…
软件
经验
方法
模型
…
推理
规则
电源
湿度
…
温度
网络
仓储设备
搬运设备
加工辅具
加工设备
装配设备
传感器
监控器
…
计算机
服务器
MES
ERP
…
DNC

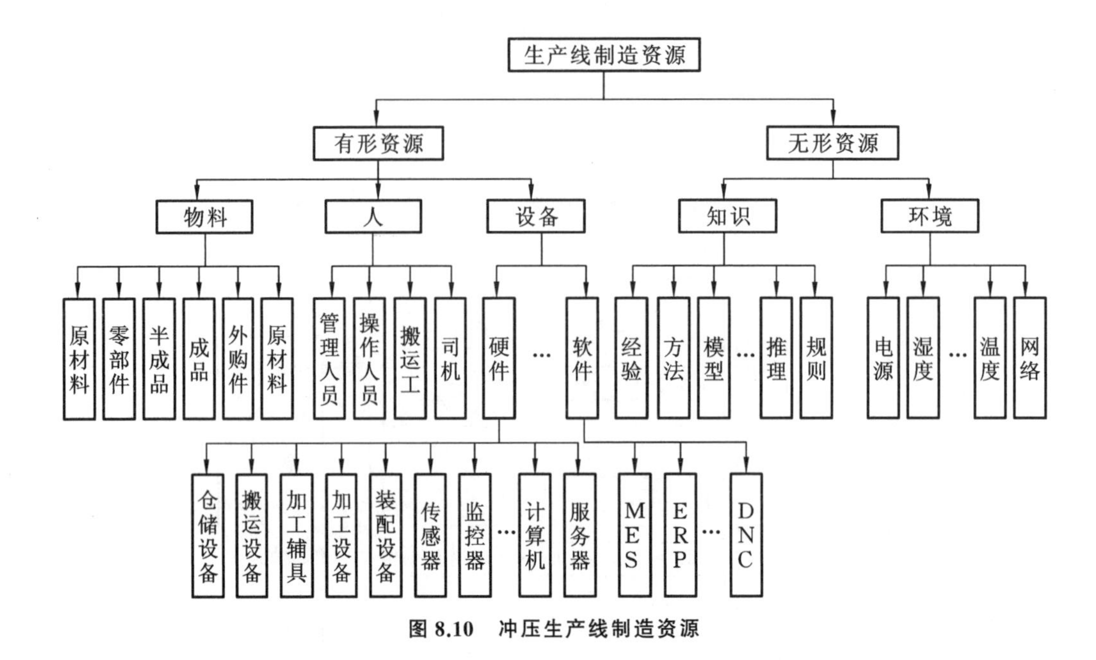

图 8.10 冲压生产线制造资源

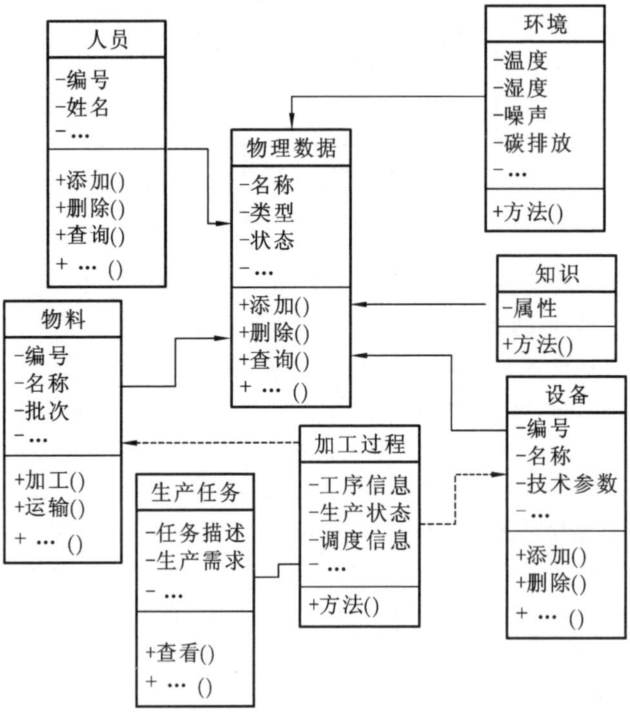

人员
-编号
-姓名
-…
+添加()
+删除()
+查询()
+ … ()
环境
-温度
-湿度
-噪声
-碳排放
-…
+方法()
物理数据
-名称
-类型
-状态
-…
+添加()
+删除()
+查询()
+ … ()
知识
-属性
+方法()
物料
-编号
-名称
-批次
-…
+加工()
+运输()
+ … ()
设备
-编号
-名称
-技术参数
-…
+添加()
+删除()
+ … ()
加工过程
-工序信息
-生产状态
-调度信息
-…
+方法()
生产任务
-任务描述
-生产需求
-…
+查看()
+ … ()

图 8.11 生产线物理数据模型

化描述需求。基于上述模型，利用本体对生产线进行描述并依托 Protégé5.0 软件实现本体模型的构建。本体对生产线的形式化描述如下：

production_Line=(Resource_Information，Task_PL，Process_PL)

生产线生产系统本体信息如图 8.12 所示，将其分为 Resource_Information 本体、Task_PL 本体和 Process_PL 本体三部分，其中 Resource_Information 指的是生产线涉及的所有资源信息，Task_PL 表示生产线接收到的生产任务信息，Process_PL 是制造过程相关信息。

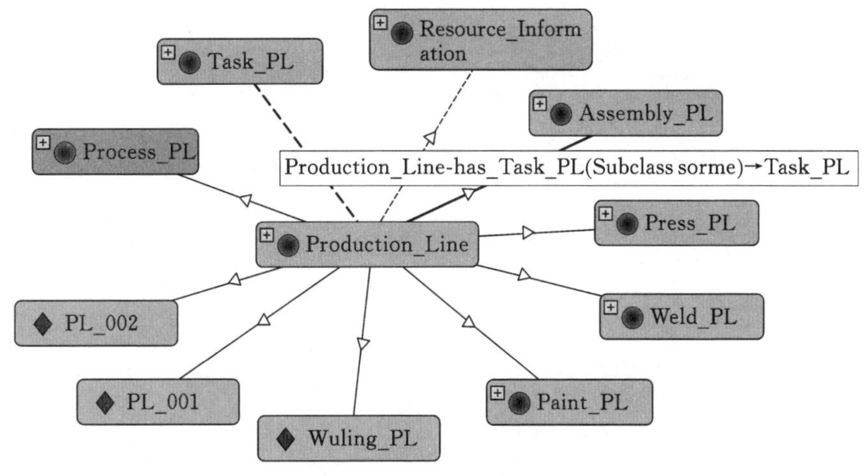

图 8.12　生产线生产系统本体信息

① 资源信息本体。生产线资源信息本体的形式化描述为：

Resource_Information=(Basic_Information,State_Information,
TechnicalPara,Material_Delivery...)

其本体结构如图 8.13 所示，该本体描述了生产线环境中涉及的资源信息，例如各资源的基本信息、状态信息、设备的技术参数、物料的交付等。每个类还可以进行细分，比如基本信息类 Basic_Information 还可以分为 ID、类型、重量、使用时间等属性。

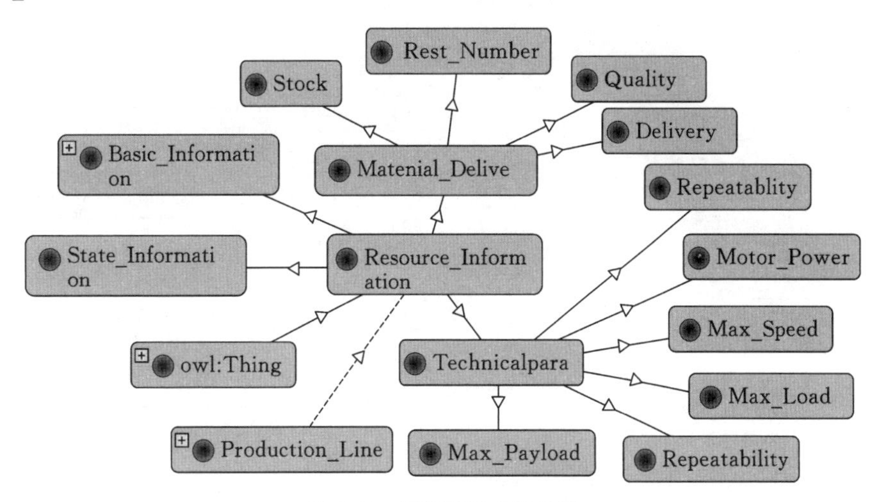

图 8.13　资源信息本体结构

② 生产任务本体。生产线生产任务本体的形式化描述为：

Task_PL=(Basic_property,Manufacturing_Objects,
Production_Demand...)

该本体描述了生产线的生产任务信息，Basic_property 指加工基本属性，包括发布方、时间、任务名称等，Manufacturing_Objects 表示加工对象相关信息，Production_Demand 是任务加工需求，包括生产需求、精度要求、成本要求、能源消耗等。其本体结构如图 8.14 所示。

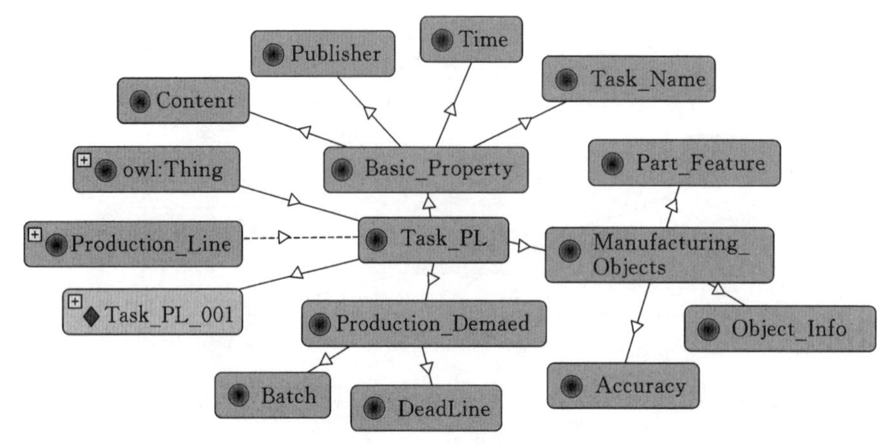

图 8.14　生产任务本体结构

③ 制造过程本体

生产线制造过程本体的形式化描述为：

Process_PL=(Current_Load，Current_States，Current_Speed，
Design_Process，Manufacturing_Process，
Equipment_Ability，FaultMessage，Diagosis_Results...)

该本体描述了生产线制造过程相关动态信息，包括了当前负载、生产状态、当前速度、工艺流程、设备能力、生产节拍等，其本体结构如图 8.15 所示。

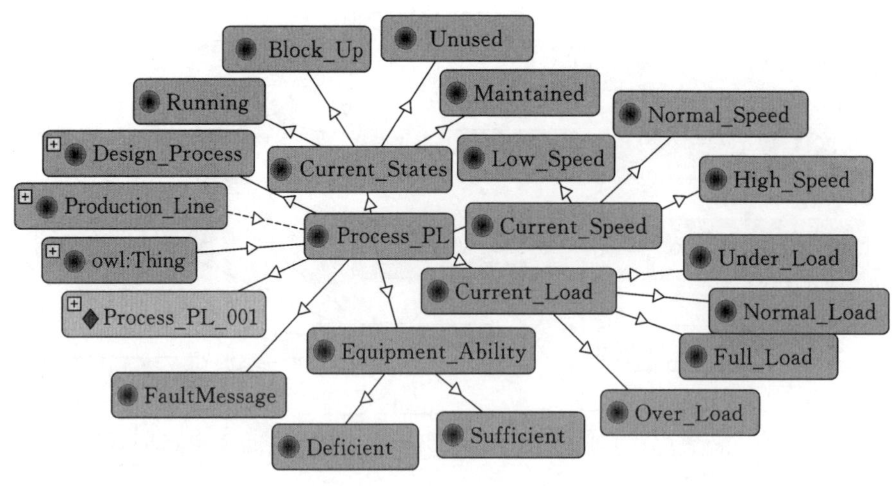

图 8.15　制造过程本体结构

以上构建的制造资源本体、任务信息本体及动态过程信息本体，从三个方面描述了生产线的相关信息。当生产线本体的实例与这三个基本本体之间建立联系时，这条生产线才能够完整地获取这三类信息的本体描述，即成功赋予其语义信息。

2）冲压生产线三维可视化虚拟建模

数字孪生生产线是围绕物理空间中的物理生产线、虚拟空间中的三维生产线模型以及信息服务平台之间的交互融合与互联互通。由孪生数据驱动整个模型的运行，相关信息在物理空间和虚拟空间之间传输，知识的不断积累使得数字孪生模型得以不断完善和丰富。数字孪生冲压生产线可视化虚拟模型是物理生产线实体的真实刻画，需要呈现出逼真的三维效果。

数字孪生要求实现虚实映射，生产线虚拟空间中的可视化模型搭建采用 SolidWorks 与 Demo3D 协同的方法，在构建数字孪生模型时有利于完善良好的人机交互、增强平台可视化效果。某车间冲压生产线是由 1 台 LS4-2250/1 型、3 台 JF39-1000C/2 型闭式四点单动压力机和单臂快速送料系统组成的 PLS4-5250 全自动化快速柔性冲压生产线，图 8.16 为对应的可视化三维虚拟建模平台。

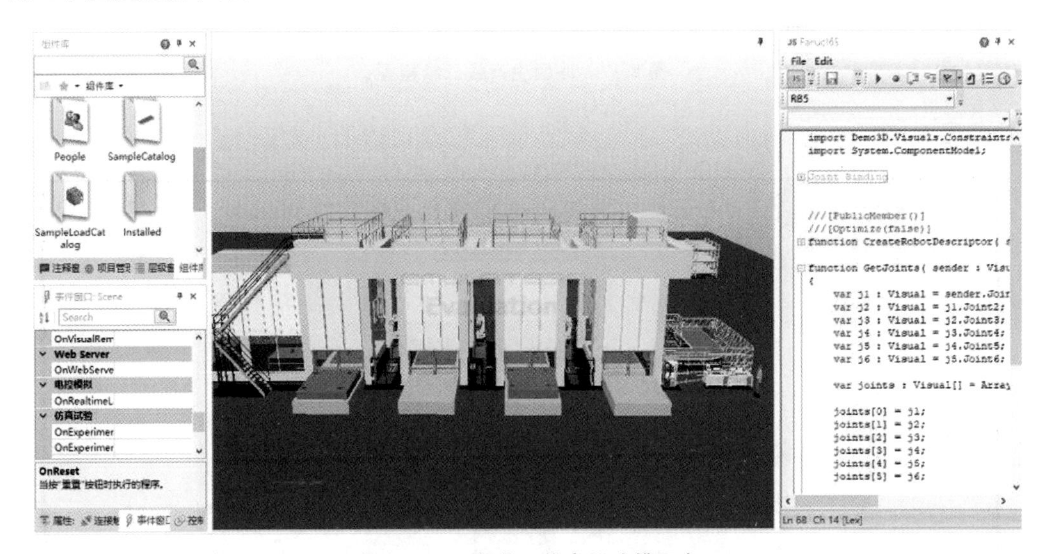

图 8.16　可视化三维虚拟建模平台

3）车间数字模型运行行为分析

静态的三维模型仅能够反映设备的外观、结构等信息，无法展现设备的运动行为规则，所以需要对虚拟空间中冲压生产线的设备进行运动行为分析。

图 8.17 为由四台压力机、五台上下料工业机器人组成的车间冲压生产线三维模型。机器人负责搬运物体到指定工位。在第一个压力机之前有一个工业机器人，负责从对中台上取下物体，放到第一个压机模具上。当传感装备监测到物体与机器人在安全位置时就发送指令信号，压力机对物体进行冲压动作，当完成一个动作回到安全位置之后，后面的上下料机器人接受指令取出物体放置在后一台压力机上，当机器人和物体在运动轨迹的安全位置时，前一台机器人收到上料指令传送新的物体到冲压线进行加工，这样循环下去直到完成生产任务。由于加工需求的不同，不同的物体有不同的加工工序，当需要三次冲压的物体冲压工序完成后，空闲的压力机将起到传送物体的作用。

以冲压线中压力机之间的上下料工业机器人为例进行设备运动行为分析。冲压生产线上下料机器人动作流程单一，只有上料、卸料两个主要动作，如图 8.18 所示，它的主要轨迹点可

图 8.17 冲压生产线三维模型

以归纳如下：

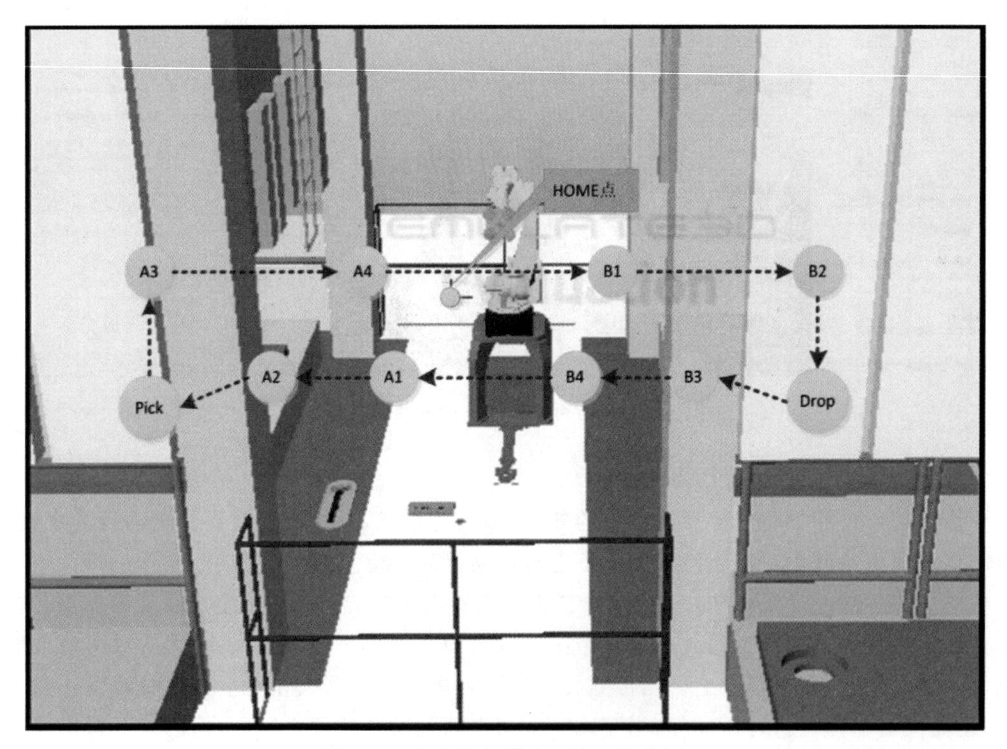

图 8.18 上下料机器人运动行为分析

HOME 点是一个机器人的开始点和结束点，当设备出现问题或其他故障，需要人员进行干涉时，机器人都要停在这个位置。原点位置的选择须保证机器人各个轨迹点到原点的轨迹不与周围的设备干涉。

A1 点是等待卸料点，位于前一台压力机外面。A2 点是准备抓料点，位于 Pick 点的上方。

Pick 点是抓料点，机器人在这个点将物体吸住。A3 为抓料完成点，位于 Pick 点上方，机器人抓取物体后将上升到这一点。A4 为退出下料点，位于压力机外面。

B1 点为等待上料点，位于下一台压力机外面，机器人在此等待上料。B2 点是准备放料点，位于 Drop 点上方。Drop 点是放料点，机器人在这点释放物体。B3 是放料完成点，位于 Drop 点的上方。B4 点是退出上料点，位于压力机外面。上下料机器人的轨迹点要确保机器人、端拾器、物体与压力机等设备不产生干涉，尤其注意在机器人进入以及退出压力机时不要与其产生干涉。

(3) 冲压生产线数字孪生模型

基于物理数据的冲压生产线数字孪生模型如图 8.19 所示，该模型由生产线物理数据模型以及数字信息模型相互关联组成，并通过相应的通信接口和映射关系实现信息的互联互通。

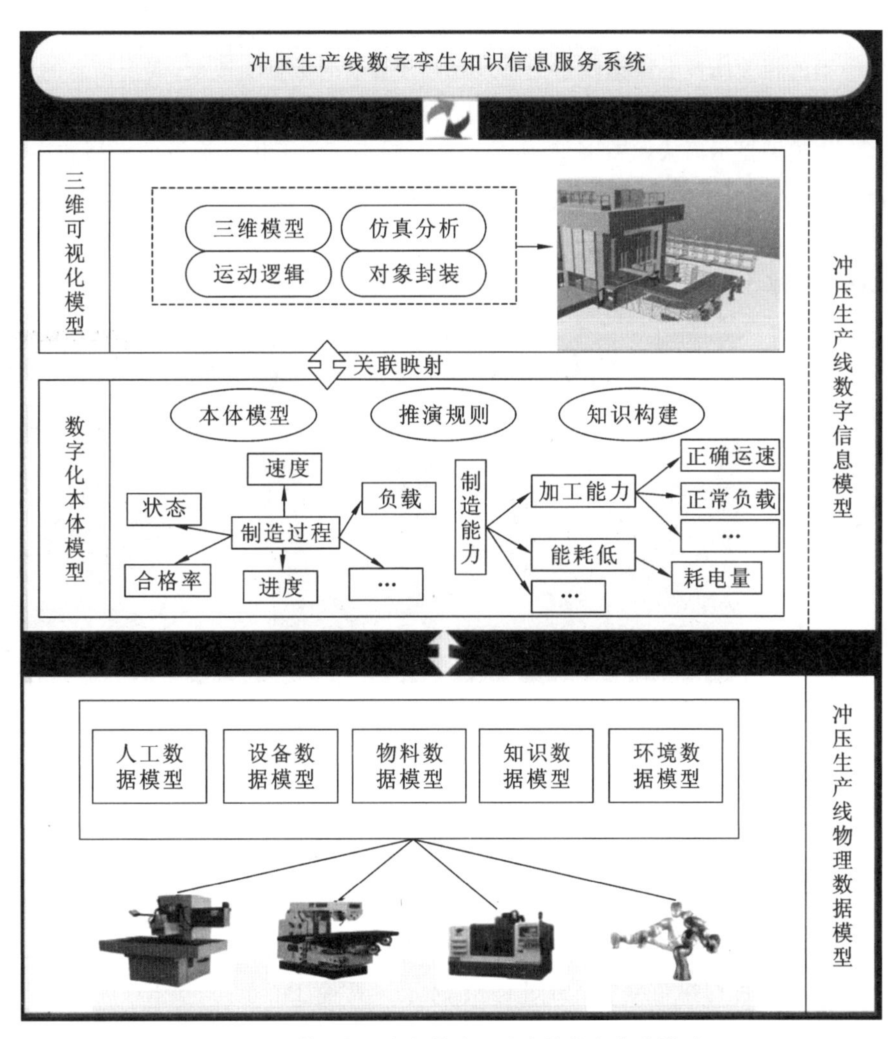

图 8.19　基于物理数据的冲压生产线数字孪生模型

在物理空间层面，生产线实体按照生产任务进行相关的生产活动，车间内的一些传感设备如传感器、智能电表、RFID设备等部署于生产线各工位的监测点，感知数据通过无线传感网络上传到系统。采用面向对象的方法建立冲压生产线物理数据模型，按照制造资源及活动把物理数据模型分成人员类、设备类、物料类等，在各个类的属性及操作信息之间建立相互关联，方便对数据进行统一管理，为后面工作提供数据基础。

在虚拟空间层面，一方面，采用本体的方法建立数字化描述模型，将冲压生产线的制造资源、生产活动等进行数字化、虚拟化映射。另一方面，搭建冲压生产线三维模型，从几何形状、物理属性、行为响应等方面对物理生产线实体进行真实刻画和描述。依托SolidWorks三维建模软件建立相关设备的几何模型，导入Demo3D平台，设置模型相应的物理属性，搭建专用组件库。

搭建好的数字孪生冲压生产线模型，其物理空间与虚拟空间的信息交互通过孪生数据建立关联。一方面生产线本体模型通过Jena框架进行读取、推理以及修改；另一方面基于虚拟现实的三维虚拟模型则依托平台数据接口很方便地与数据库或者PLC建立关联，这样冲压生产线孪生模型的相关属性会根据映射关系及规则随着实时数据而改变，实现信息的互联互通。

(4) 基于数字孪生的冲压生产线系统实现

数字孪生模型显示模块如图8.20所示。界面同步显示了仿真运行的模型和实时监测的相关数据，可以支持对不同生产线进行查看，还可以选择相应设备实时显示其电压、电流、能耗的折线图。

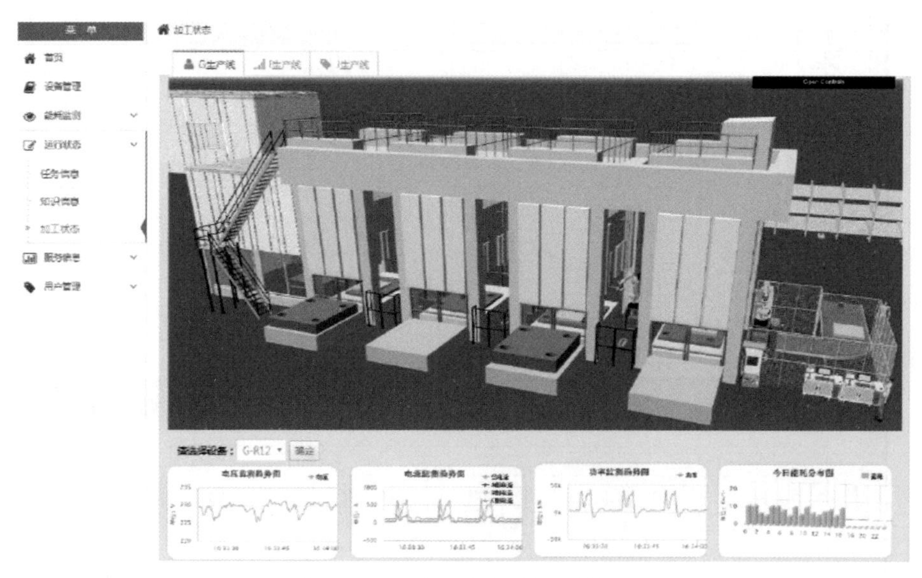

图8.20 数字孪生模型显示模块

系统中通过Browse WebGL工具嵌入了模型，基于B/S的访问机制，通过ajax方式请求模型数据，在界面使用Unity引擎对三维模型进行解析。界面可以看到模型同步运行，使用鼠标和滚轮可以进行视角变化，如图8.21所示。其他PC也可通过对应端口访问该模型，既能达到多人共同扩展开发的效果，也有利于不同工作人员监测生产过程，实现企业利益最大化。

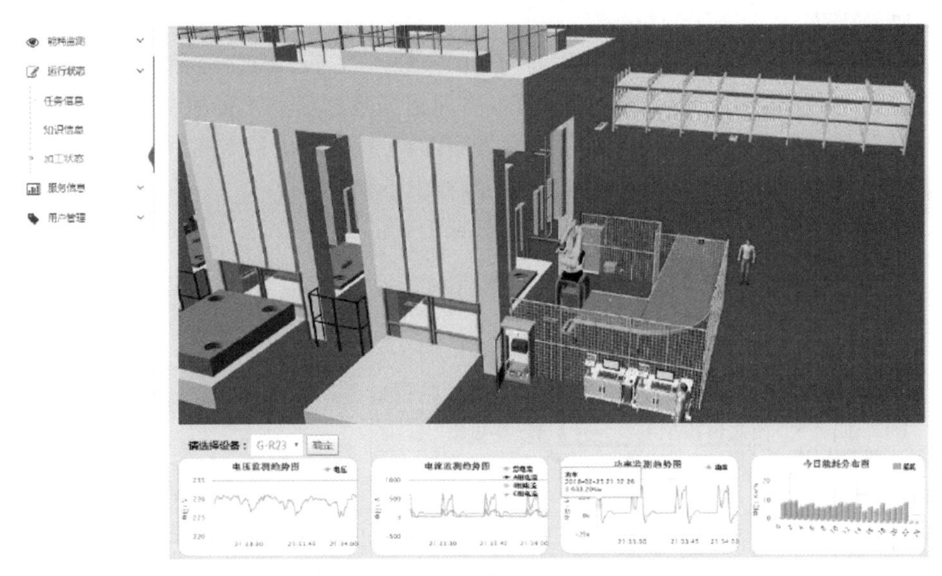

图 8.21 数字孪生模型不同角度显示

8.2 机床数字孪生系统

8.2.1 数字孪生机床模型

考虑到数控机床在制造业中的重要性，在数控加工中引入数字孪生的概念，构建数字孪生机床(Digital Twin Machine Tools，DTMT)。DTMT 在几何、物理以及功能方面能准确地描述数控机床加工运行过程，实现虚拟信息空间对物理空间的精准描述。DTMT 不是单一的仿真模型，而是多学科、多尺度仿真模型的集合，每个模型都基于特定的目的与用途，高保真地模拟数控机床的运行状态。此外，数控机床加工运行状态会随着时间不断发生变化，DTMT 也将同步迭代更新相应模型的参数，使得 DTMT 不仅可以模拟物理机床的当前运行状态与性能，还可以借助其预测功能发现潜在问题，如数据异常、刀具磨损、干涉碰撞等情况，最终达到物理驱动、虚拟控制的目标。DTMT 基本架构如图 8.22 所示，包括物理空间、虚拟空间以及二者间的语义交互三部分。

在物理空间中，与传统数控机床相比，DTMT 除具备传统数控机床的功能和作用外，还具备多源异构数据的实时感知与互联功能。传感网络是对物理空间中数控机床的全方位信息(例如声音信息、温度、湿度、报警以及微位移等信息)进行实时感知，通过有线或无线网络与虚拟空间进行信息传输与交换，为虚拟空间构建描述模型和智能模型提供数据支持。

在虚拟空间中，DTMT 对物理数控机床进行全息复制，实现与物理空间的真实完整映射，分为描述模型和智能模型两部分：其中描述模型从几何、物理、功能等多个层面对实际物理机床进行建模，通过网络本体语言(Ontology Web Language，OWL)对各模型进行了统一的描述与表达；智能模型是 DTMT 的“大脑”，通过实时感知数据不断地更新和完善数控加工知识库，并结合优化算法调整加工参数，给出相应的加工方案与控制指令，进而指导物理空间的实际数控加工过程。

语义交互是实现虚拟空间与物理空间沟通的桥梁：一方面，物理空间的感知数据通过语义模型的转换与识别后上传到虚拟空间，虚拟空间依据数据信息不断更新其描述模型，使得DTMT能始终维持在高保真的状态下；另一方面，语义模型将虚拟空间智能的决策转换为控制指令，确保智能模型的指令能够被物理空间数控中心有效执行。

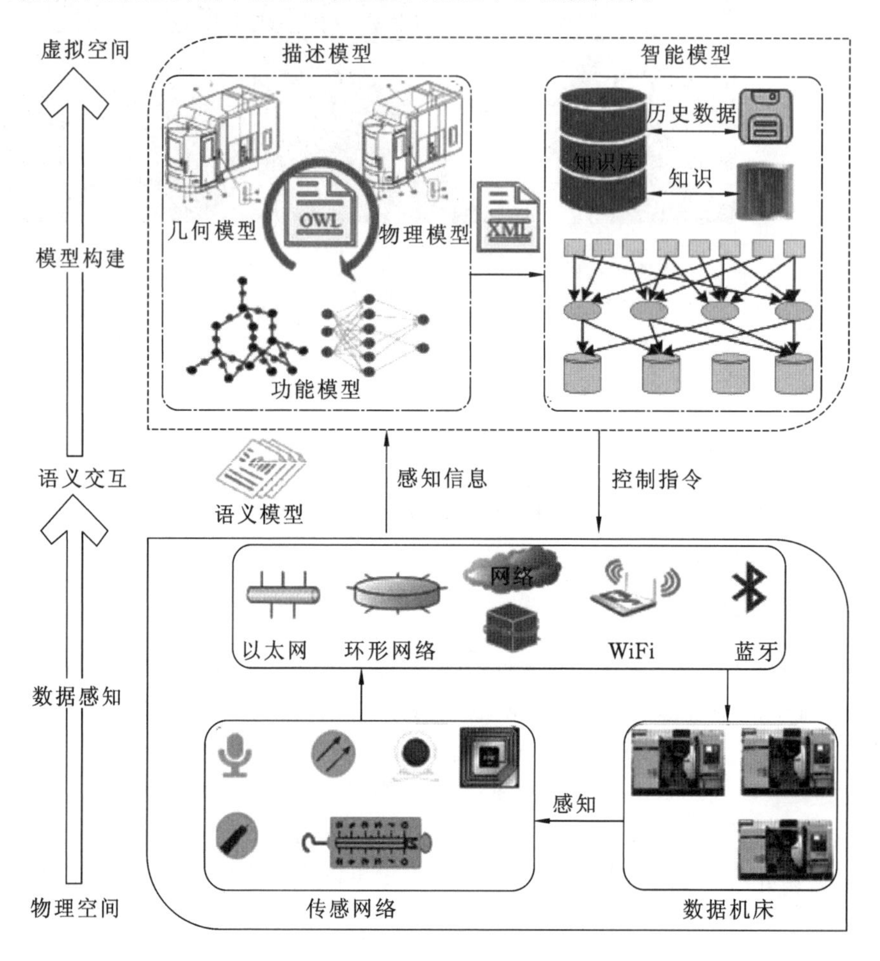

图 8.22 DTMT 基本架构

8.2.2 物理空间数据感知方法

为了确保DTMT与物理空间机床的一致性，以便DTMT能完全反映物理空间中数控机床的实时工况与运行状态，需要对数控机床进行实时数据感知。依据机床感知数据变化的频率，可将感知数据分为静态数据、动态数据和仿真数据三类，如图8.23所示。

(1) 静态数据感知

静态数据指变化可能性很小甚至不会变化的数据，包括数控机床的设备编号、几何信息、工件的材料尺寸信息、刀具信息等，这些数据不随数控机床加工运行而变化，在数控机床运行之前就已经存在，因而，静态数据感知主要是依据人工录入或者是文本提取的方式获得。

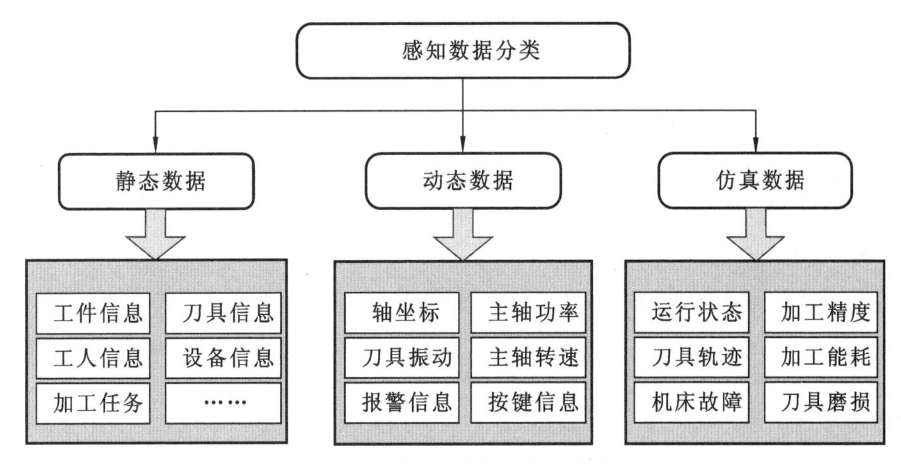

图 8.23　数控机床加工数据分类

（2）动态数据感知

动态数据是指在加工过程中时常发生变化的数据，如数控机床的主轴功率、各运动轴坐标、转速等。这些信息随数控加工的执行而不断发生变化，具有实时性，这给数据感知带来了不小的难度。为保证能实时监测到数控加工中的动态数据，采用软件与硬件相结合的方式监测动态加工数据，将待感知的数据按采集方式的不同分为内部感知数据和传感器感知数据两类，如表 8.1 所示。

表 8.1　动态数据感知方式

数据类型	感知数据	感知方法
内部感知数据	主轴功率 X、Y、Z 轴坐标 进给速度 主轴转速 报警信息 主轴负荷	基于 PLC 的数据感知 （数控系统二次开发）
传感器感知数据	温度信息 声音信息 微位移 振动信息 ……	温度传感器 声发射传感器 CCD 传感器 压电式加速度传感器 ……

其中内部感知数据包括轴功率、轴坐标、轴负荷、进给速度等信息，可以直接从数控系统中获取。传感器感知数据无法从数控系统中直接获取，要获取相应的数据，必须依据待监测的感知数据的特点，选择适用于动态数据感知的合适类型的传感器，比如在数控机床温度感知过程中，选用光纤布拉格光栅 FBG 传感器能够更好地适应数控机床在复杂加工环境下对温度数据的实时感知。

(3) 仿真数据感知

仿真数据主要指机床的运行状态、刀具磨损、加工能耗等信息，是结合静态数据与动态数据进行学习、预测、推理得到的一类数据，因此，对于这类数据的感知，不能直接通过数据感知系统得到，均须结合相应的动态或静态感知数据及历史数据对其进行预测建模，比如基于温度数据预测机床热误差，通过机床转速、切削力、切削深度等数据预测刀具剩余寿命等。

8.2.3 实空间语义交互模型

在虚实空间语义交互中，物理空间通过实时感知信息与虚拟空间进行交互，虚拟空间则通过数控仿真将相应的决策以G代码的形式发送给物理空间数控机床，实现虚拟空间向物理空间“交流沟通”。

为了充分描述数控机床的加工过程，并在一致描述的基础上进行虚实空间语义理解与交互，本节采用基于OWL的统一语义描述方法。图8.24展示了基于OWL本体的数控机床统一语义描述框架，首先建立数控机床加工的相关知识库，利用XML对知识库中的数据或信息进行统一的表达，实现数据的同构化。然后，使用OWL对数控机床加工过程中所涉及的知识资源进行形式化描述，提供统一的语义描述环境，进而保证语义理解和交互的可行性与准确性。最后，随着时间的累积，依据数控机床的历史运行情况，淘汰过时的加工知识，如随着数控机床运行时间的延长，数控机床的健康状态、加工能力、切削误差等都会发生一定的变化，如不对上述数据进行更新，可能会影响数控机床的加工。通过更新本体知识库，能够增强知识库的准确性，进而为Web端提供精确的应用与服务。

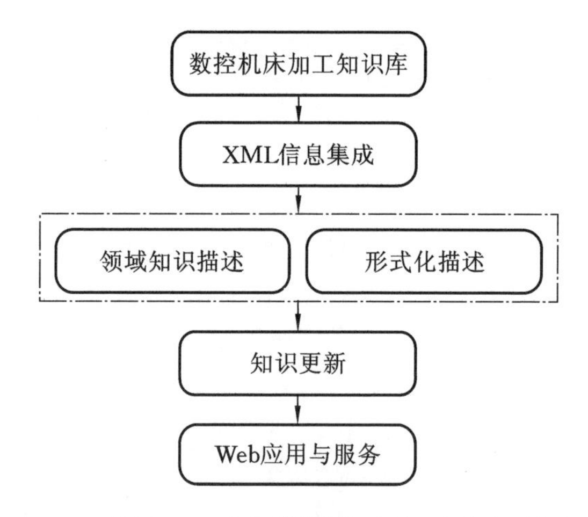

图8.24 基于OWL本体的数控机床统一语义描述框架

本节结合数控加工的实际需求，对大量领域术语进行了总结和分析，建立了数控加工本体CNC_Machining_Ontology，主要包括基本属性信息类Basic_Attr_Info，动态加工信息类Dynamic_Mfg_Info以及仿真信息类SL_Info，其形式化描述如下：

CNC_Machining_Ontology=(Basic_Attr_Info,Dynamic_Mfg_Info,SL_Info)

其中Basic_Attr_Info是指在数控加工过程中不会发生变化的信息，比如机床、工件、刀具及辅助设备的ID、类别、材料、尺寸等属性信息，这类信息主要用于描述加工设备和工件的基本参数和加工能力，其形式化描述如下：

Basic_Attr_Info=(MT_Basic_Info,Workpiece_Basic_Info,
Tool_Basic_Info,Aux_Eqp_Info)

Dynamic_Mfg_Info 是指在数控加工过程中不断变化的感知信息，比如切削参数、主轴功率、轴位置等属性，这类信息直接反映了加工设备的运行状态和工件的实时状态，其形式化描述如下：

Dynamic_Mfg_Info=(MT_Dyna_Info,Workpiece_Dyna_Info,Tool_Dyna_Info)

SL_Info 主要指机床在整个加工过程中的刀具轨迹、刀具寿命、加工能耗以及其他辅助信息，是结合 Basic_Attr_Info 与 Dynamic_Mfg_Info 中相应的数据进行仿真分析与计算后获得的，其形式化描述如下：

SL_Info=(Tool_Path,Tool_Life,Mfg_Energy,Aux_Info)

此外，每个子类还可以进行细分，比如 MT_Attr_Info 还可以分为机床的 ID、类型、工作台尺寸、切削参数范围等属性。最终，构建的数控加工本体如图 8.25 所示。

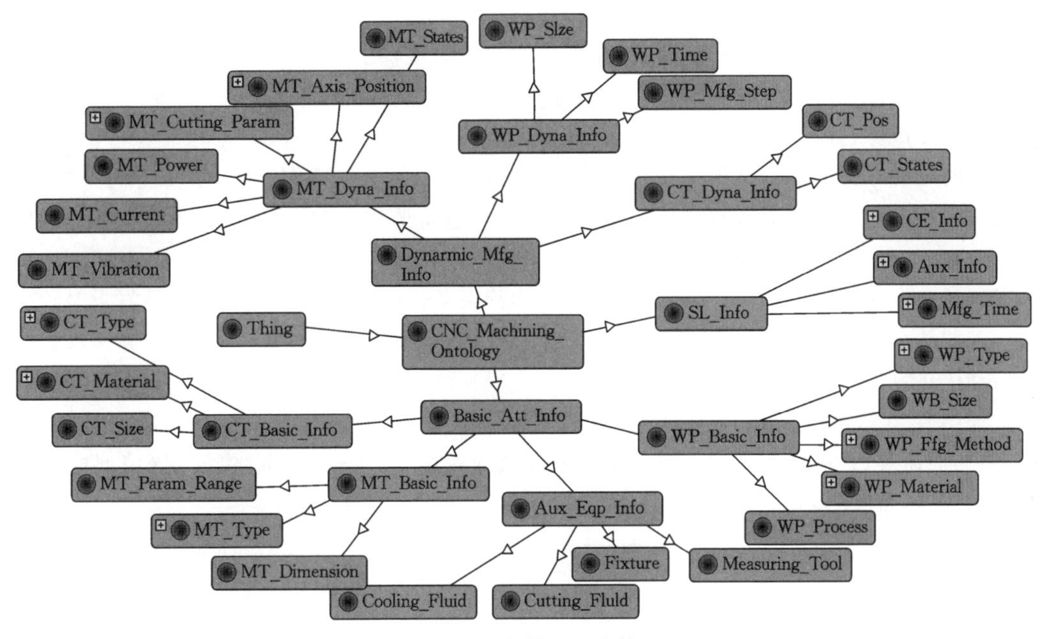

图 8.25　数控加工本体

本节构建的虚实空间交互的语义模型一方面能够对物理空间的感知数据做出相应的识别转换，另一方面对虚拟空间的仿真决策进行解析。比如当物理空间数控机床接收到零件的加工 G 代码开始加工时，动态感知数据被不断地获取，并传送到虚拟空间中，语义模型需要依据 XML 解析规则对感知数据进行解析，以确定每个感知数据代表的具体含义，比如将运动数据进行解析并进行相应的运动参数转换，然后发送给虚拟模型的运动模型，从而实现虚拟机床与物理机床实时联动的效果；当感知到数控面板上有按键按下时，语义模型需要按照其与 DTMT 虚拟模型的映射关系，调整虚拟模型的状态，“手动”按键按下时，虚拟空间中数字孪生模型的运动方式调整为点击运行状态；当虚拟空间仿真模型对数控机床加工路径进行仿真后，语义模型通过比例尺(三维模型尺寸与实际尺寸比例)来计算物理空间中实际数控机床所须走的加工行程与轨迹，完成其运动行程的转换。

8.2.4 数字孪生驱动的加工路径优化方法

(1) 感知信息驱动的加工路径优化方法

加工路径的优化效果直接影响到数控机床的加工成本及加工时间。数控加工的成本主要包含固定成本与可变成本两部分,前者主要指数控机床的损耗及工件材料的消耗,后者包括加工时间、加工行程与换刀成本等。本节针对数控加工中的可变成本进行数学建模,以最小的换刀成本(次数)与最短的加工行程为优化目标,采用改进的遗传算法对数控机床加工路径进行优化。

在实际加工过程中,由于数控机床加工运行情况受加工环境、操作人员熟练程度、加工损耗等因素的影响,往往会与预期加工情况有一定的误差,因而原有最优加工路径并不能完全适用于实际情况,即并非实际最优加工路径。基于该问题,本节提出数字孪生感知数据驱动的加工路径优化方法,通过结合前述内容所构建的数字孪生机床模型,对数控机床实际加工过程进行监控和仿真。一方面,利用DTMT监控数控机床的实际加工过程,包括对数控机床加工轨迹、加工进度、刀具寿命等的监测,做到对数控机床实际加工过程的全方位远程监控。另一方面,数字孪生机床在虚拟信息空间中的仿真为数控加工提供了一个低成本的试验平台,规避了实际加工中的潜在问题,如刀具碰撞、干涉等情况,实现了对加工路径与数控代码的检验,从而降低了加工成本、提高了工件质量与机床效率。

实时感知数据通过语义模型进行语义理解与转换后传送到虚拟空间,虚拟空间中的描述模型依据实时感知数据对数控机床的加工运行状态进行监控,实现虚实空间数控机床实时联动的效果。一旦感知到数控机床加工工艺参数或数控机床相关运行参数与原先预期不相符,即机床状态发生变化时,分析路径优化算法中的约束条件(包括运动干涉约束、重复走刀约束、加工工艺约束及刀具寿命约束)是否发生变化,一旦约束条件发生改变,则须更新算法参数,重新启动优化算法,进行路径优化。

如图8.26所示,在感知信息驱动的加工路径优化中,主要通过仿真数控机床刀具运动轨迹、刀具寿命等,来避免实际加工过程中的干涉碰撞及由刀具磨损引起的换刀等情况的发生:

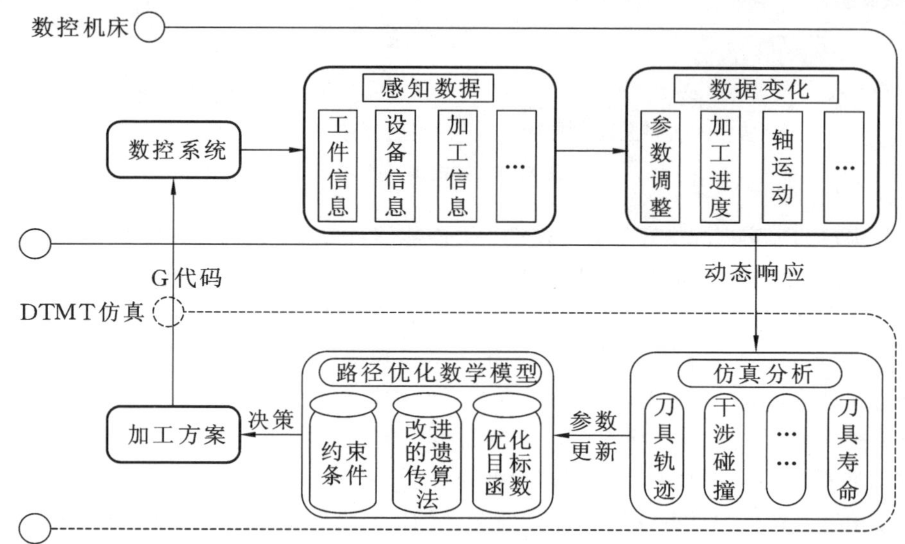

图 8.26 感知信息驱动的加工路径优化机制

若刀具与工件存在干涉碰撞情况，则须重新调整加工方案，通过抬高刀具以增大其与工件的距离，避免碰撞的发生；若存在数控机床刀具寿命不足以支撑其完成下一个基元加工的情况，立即重启优化算法，给出加工剩下基元的新加工方案，同时在加工完当前基元后，进行刀具更换操作，然后按照新的加工路径加工。

数字孪生驱动的加工路径优化方法的基础是数字孪生虚实共同演进的思想。当在虚拟空间中使用优化算法确定数控机床原始加工路径后，结合基元的加工工艺参数，可以得到零件的整体加工方案，虚拟空间通过语义模型将其转换成 G 代码的形式，而后传输给物理空间中实际机床的数控系统进行数控加工，物理空间中的传感网络不断采集感知数据，虚拟空间依据实时感知数据对加工运行情况进行监控与仿真，实现对不合理加工路径的预先调整，由此虚拟空间的数字化机床孪生体与物理空间的数控机床可以同时演进，进而形成了数字孪生驱动的“以实驱虚、以虚控实”的闭环数控机床加工路径优化方法。

(2) 基于数字孪生的加工路径优化系统实现

基于前述加工路径优化数字孪生方法的研究，采用 MVC 设计模式对其原型系统进行详细设计，系统通过实时跟踪数控机床的加工状态，实现对其加工路径的优化，该系统主要包括感知数据和数控加工仿真功能。

1) 感知数据处理模块

以温度数据为例，其异常数据监测结果如图 8.27 所示，绿色代表传感器正常，红色代表传感器异常。机床健康状态分析如图 8.28 所示。

图 8.27　异常数据监测结果

2) 数控加工仿真模块

① 数控机床虚实联动。虚拟数控机床通过数控面板解析 G 代码，获取机床运动参数，通过各运动轴实时坐标结合 Jena 工具解析语义本体模型，将数控机床加工数据展示在网页端。

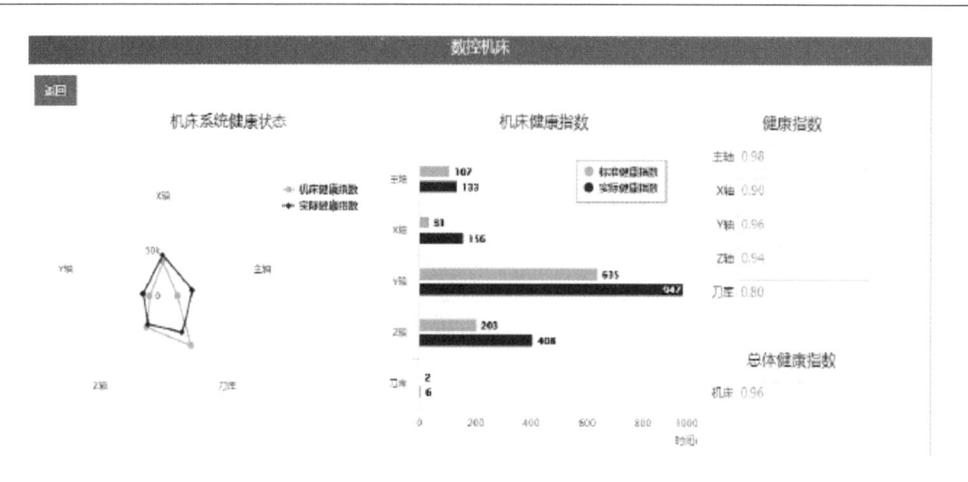

图 8.28 机床健康状态分析

然后采用 Three.js 与 Tween.js 技术相结合的方法，实时仿真数控机床运动情况，实现虚拟 DTMT 与实际数控机床的实时联动，如图 8.29 所示。

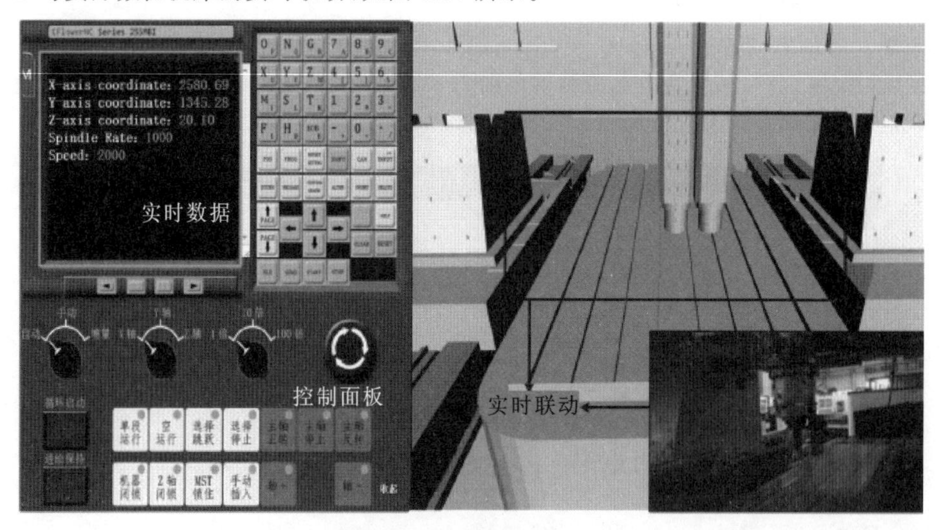

图 8.29 以实驱虚的 DTMT

② 刀具轨迹仿真模块。图 8.30 展示了刀具轨迹仿真模块，虚拟机床的坐标系 Y 轴、Z 轴与实际机床相反，因此在 DTMT 加工仿真中，G 代码的 Y 轴移动距离代表实际机床的 Z 轴运动距离。

③ 加工路径更新模块。在实际加工过程中，后台依据感知数据不断地对运动误差与刀具寿命进行监测与预测，当数据超过其对应阈值时，加工路径优化算法会自动重启，然后对加工路径进行动态更新，如图 8.31 所示。

8.2.5 数字孪生驱动的切削参数优化方法

(1) 动态切削参数优化方法

随着全球气候变暖的加剧以及碳税和碳标签等碳政策的实施，碳排放问题已引起广泛关

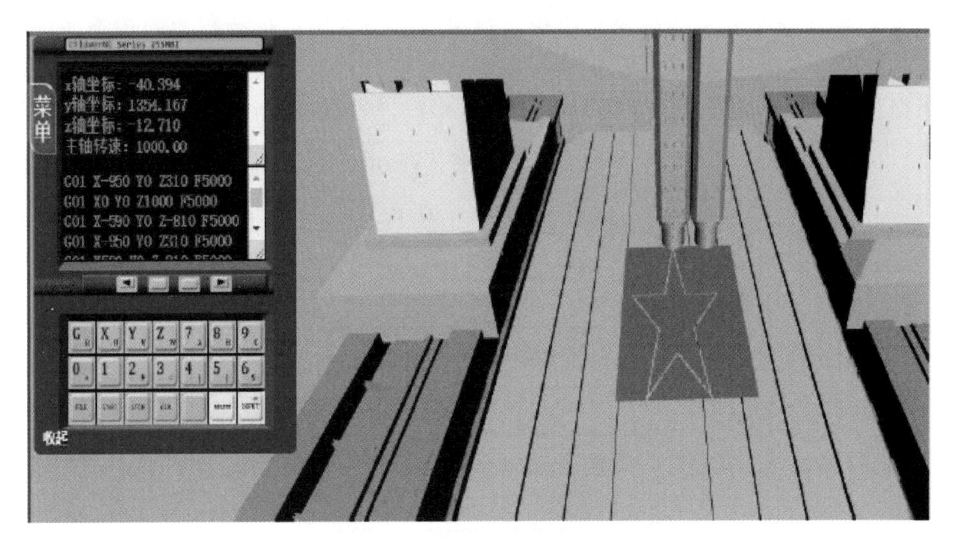

图 8.30　刀具轨迹仿真模块

加工路径动态更新

当前加工基元：0　　预期基元剩余加工时间：20 min

下一加工基元：2　　下一基元预期加工时间：30 min　　刀具剩余寿命预测：25 min

原始加工路径：7,5,3,0,2,4,6,8,1,9　　加工路径更新：7,5,3,0　换刀点：4,2,6,8,1,9

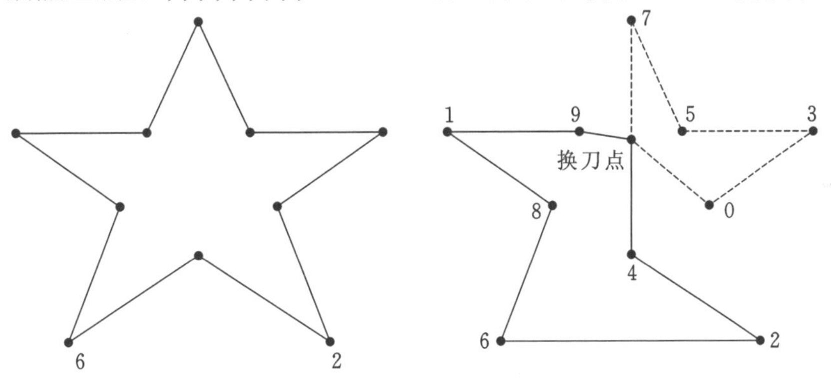

图 8.31　加工路径动态更新

注，制造业必须积极应对生态环境和生产成本的双重压力。在数控加工过程中，切削参数的选择对碳排放、加工效率有着巨大影响。因此，需要借鉴传统方法，分析切削参数与生产指标的量化关系，建立一种多目标切削参数优化模型，以低碳排放、高加工效率为优化目标，以主轴速度、进给速度为决策变量，采用 NSGA-II 算法求解该问题以得到最佳切削参数，减少碳排放量并提高加工效率。然而，该方法的实现是基于一个理想的加工环境和条件，在实际加工过程中，由于数控机床加工运行状态受加工环境和加工设备等因素的影响，具有复杂性、动态性和随机性，会与预期的加工情况存在偏差，因而原先的切削参数并不一定完全适用于实际加工过程。基于上述问题，通过结合前述内容所构建的数字孪生机床模型，本节提出了基于感知数据的动态切削参数优化方法，对实际数控加工过程进行仿真和优化。

如图 8.32 所示为动态切削参数优化流程图。虚拟空间依据物理空间传来的感知数据对数控机床的加工状态进行仿真，同时根据感知数据分析其是否与预期值一致；若不满足，则须根据实际情况使用优化算法重新优化切削参数，然后将更新后的数控程序传输至物理空间中，指导实际数控加工，即“以实驱虚，以虚导实”。不断重复执行上述优化过程，直到加工结束。

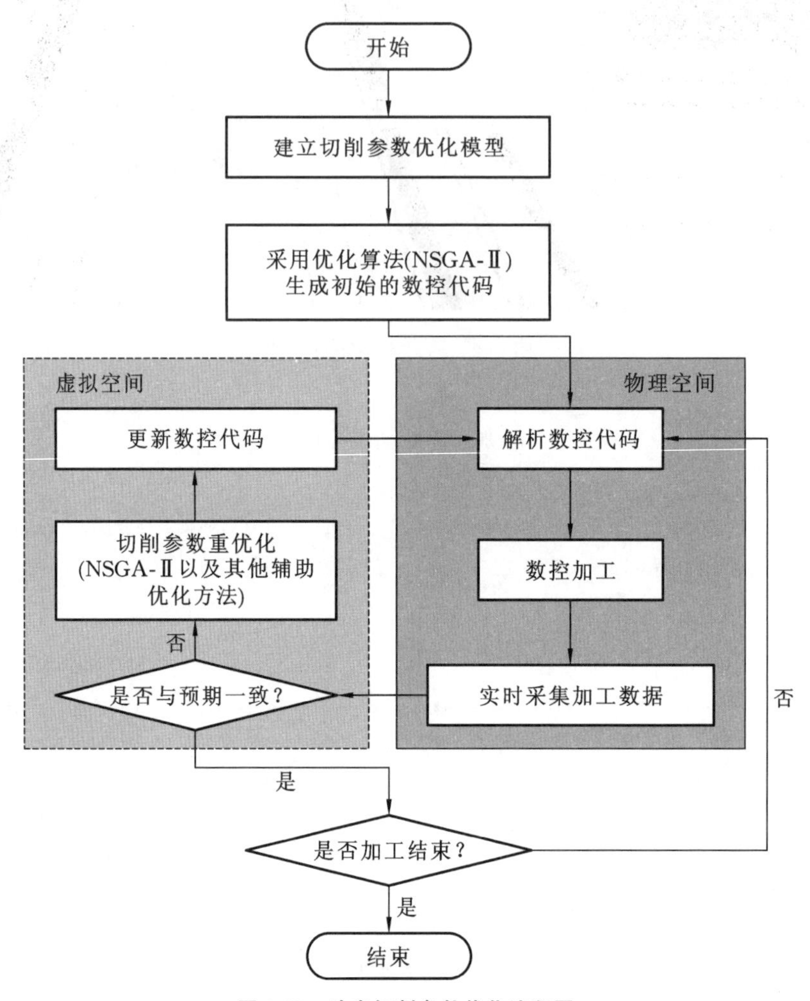

图 8.32 动态切削参数优化流程图

在复杂零件的粗铣加工过程中，切削深度不断变化，铣削力急剧增加，严重时会导致机床颤振和刀具破损。因此，有必要在加工过程中根据物理空间中传感器实时采集的数据对进给速度进行适当调整，使得加工时的铣削力波动性降低。

1）预测切削力模型

根据经验模型，切削力可以由主轴功率进行估算得到。切削力 F_C 可以看作切向切削力 F_t 和径向切削力 F_{th} 的合力，如式(8-1)— 式(8-4) 所示。

$$T_s = \frac{60000P_m}{2\pi n} \tag{8-1}$$

$$F_t = \frac{2T_s}{D} \tag{8-2}$$

$$F_{th} = 0.5F_t \tag{8-3}$$

$$F_C = \sqrt{F_t^2 + F_{th}^2} \tag{8-4}$$

其中，T_s 是切削扭矩，P_m 是主轴功率，n 是主轴速度，D 是刀具直径。

2）进给速度优化方法

根据切削力经验公式可知，对某个具体的加工操作，在其他参数一定的条件下，切削力与进给速度之间近似满足比例关系，所以可以用式(8-5)对进给速度进行优化，并取出满足约束条件的最大值作为最终优化后的进给速度。

$$V'_f = \max\left(V \mid V = l(i) \times V_f \times \left(\frac{F_C^e}{F_C}\right)^{-y_F} \in S, i = 1,2,3,4,\ldots\right) \tag{8-5}$$

其中，V_f 和 V'_f 分别表示优化前后的进给速度，F_C 和 F_C^e 分别表示优化前的切削力和优化后所期望的恒定切削力，y_F 是切削力系数，$l \in [0.5, 1.5]$ 是优化能力因子，随迭代次数 i 随机生成，S 表示满足数控加工约束条件(包括切削参数范围、切削功率、表面粗糙度等)的可行区域。

在实际加工过程中，感知数据是由传感器按一定的采样频率采集得到的，因此每行数控程序会相应地采集到数量不等的数据。V_f 和 F_C 分别为感知数据中某行数控程序进给速度和切削力的平均值，其中切削力值由前述预测切削力模型计算得到。F_C^e 的计算方法：首先分别计算每行数控程序切削力的平均值，再取出所有高于平均值的切削力，最后对这部分切削力求平均值，作为最终的期望切削力。这种方法可以避免直接选用最大值带来的风险，使得进给速度得到优化且安全可靠。

(2) 动态切削参数优化方法验证

如图 8.33 所示为虚拟空间中的 3D 仿真模型，在此模型中实现切削参数的仿真和优化过程。本节以批量铣槽加工为例说明动态切削参数优化方法的有效性，注意所加工的槽为阶梯形，因此，加工过程中切削深度会发生变化。

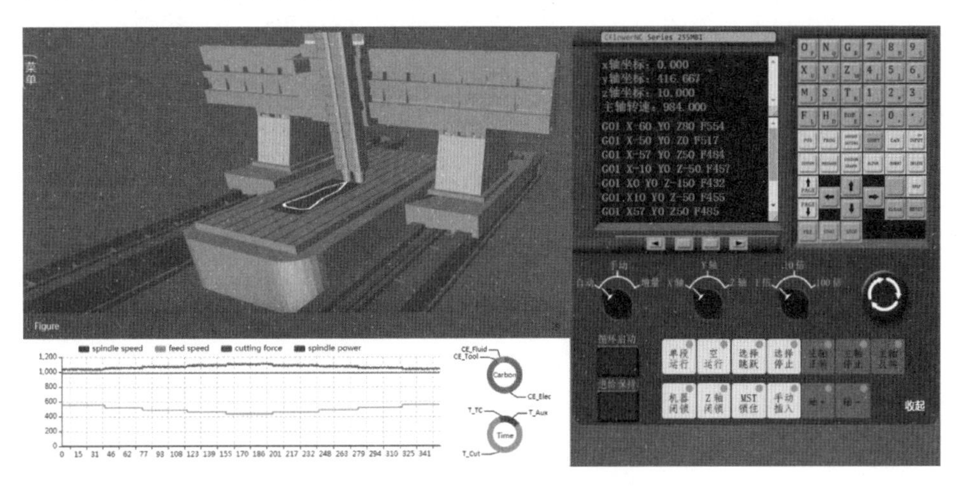

图 8.33　虚拟空间中的 3D 仿真模型

首先，依据通过 NSGA-II 算法得到的工艺方案进行一次铣槽加工。在加工过程中，各类传感器实时采集感知数据，用功率传感器实时采集主轴功率。这些感知数据经语义模型使用

Jena 工具进行语义解析后传送至虚拟空间，虚拟空间将根据感知数据同步仿真实际加工行为。图 8.34 所示为铣槽加工中切削深度、主轴功率数据和预测的切削力的波形图。可以发现，主轴功率和切削力在切削过程中存在明显的波动，这是由不同的切深引起的，因此需要对进给速度进行优化。图 8.35 为优化前后进给速度对比，可见优化前设定的进给速度是恒定的，经过优化后，进给速度不再恒定，随切深的变化而变化，以维持恒定的切削力，且大部分进给速度值高于原始设定值，为节省加工时间提供了可能性。该优化方案将发送至物理机床，指导下一次铣槽加工，所加工的槽仍为阶梯形槽。同样，再次采集主轴功率等实时数据，图 8.36 为优化前后切削力对比，可见，通过优化进给速度，切削力波动性减小，证明了优化方法的可行性。

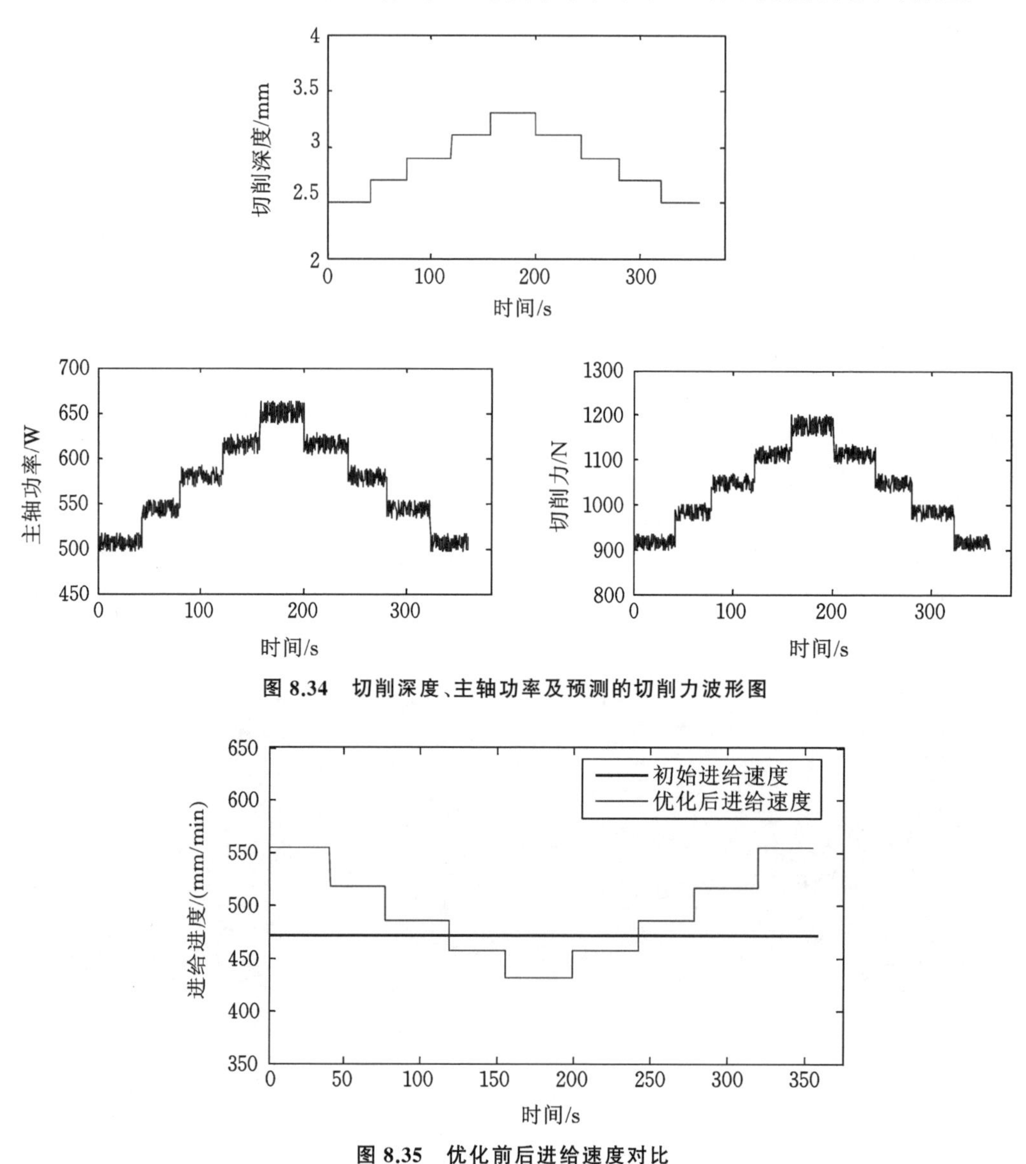

图 8.34 切削深度、主轴功率及预测的切削力波形图

图 8.35 优化前后进给速度对比

如表 8.2 所示，对优化前后的数据进行统计分析。对于切削力，优化后的峰谷比值变小，

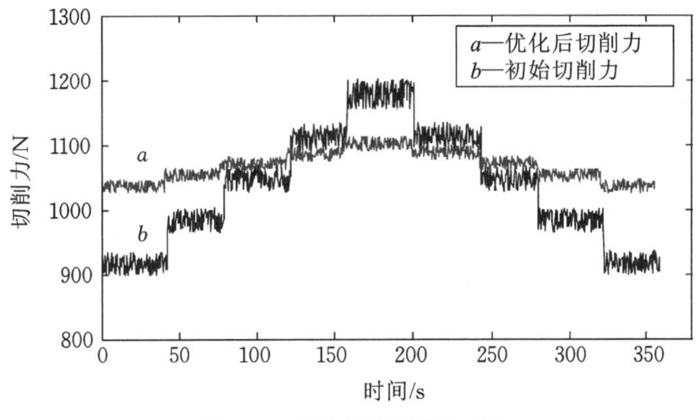

图 8.36　优化前后切削力对比

方差较小，表明优化后的切削力更为恒定，从而对机床和刀具起到保护作用。此外，由切削参数与加工时间和碳排放的量化关系，可以进行计算，发现优化后的两个目标函数值略微减小，在一定程度上提高了加工效率，减少了碳排放，进一步证明了该方法的可行性。由此可以看出，本节所提出的基于感知数据的动态切削参数优化方法，充分考虑了实际加工情况，在传统优化算法的基础上得到了更加合理的切削参数。

表 8.2　优化前后统计数据对比

	切削力					加工时间/s	碳排放/$kgCO_2$
	最大值/N	最小值/N	峰谷比值	均值/N	方差		
优化前	1200.6	898.7	1.3	1033.6	7671.8	358.65	0.2184
优化后	1111.6	1025.1	1.1	1066.8	512.2	354.42	0.2157

8.3　智能小车数字孪生系统

“智能装备制造业是装备制造业中唯一尚未被市场充分认识的金矿。”智能装备产业是战略性新兴产业的重要组成部分，属于装备制造领域范畴，尚属比较新的概念。数字孪生技术在智能装备上的应用推广，十分切合当下的研究热点，如智能感知、CPS、工业 4.0 等。然而，目前国内针对数字孪生研究的深度大多只停留在理论与架构层面，所研究的对象也主要以车间、生产线为主，缺少针对装备级别的理论研究与实践方案。因此，将先进的数字孪生技术应用于装备的智能优化控制，对于工业装备的信息化与智能化发展有很大的价值。随着汽车工业的迅速发展，关于汽车的研究也就越来越受人关注。全国电子大赛和省内电子大赛几乎每次都有智能小车这方面的题目，全国各高校也都很重视该题目的研究，可见其研究意义很大。数字孪生技术能够对物理对象的各类数据进行集成，是一个对物理对象的忠实映射；其存在于物理对象的全生命周期，并与其共同进化，不断积累相关知识；不仅能够对物理对象进行描述，而且能够基于模型优化物理对象。智能小车搭载各种传感器以感知环境信息，为小车控制决策提供基础。因环境因素和小车控制机理的复杂性，适合使用数字孪生技术为智能小车的自主优化控制提供一种有效的解决方法,即通过采用信息融合与深度学习理论与方法,对多传感器感知信息进行分析处理,从而实现对智能小车工作环境的智能感知与数字化建模;并利用多物理场仿真与基于多体动力学理论的智能小车的动力学模型与仿真相融合,构建智能小车数字孪生体;最后,在以上研究的基础上,研究智能小车的自主控制优化决策方法,从而为智能小车人机协同控制和高效决策提供有效的理论和方法。

8.3.1 数字孪生小车控制机制

基于数字孪生技术的智能小车遵循"以实驱虚,以虚导实"的思路。通过多传感器融合感知综合环境信息,针对不同的传感器信息采用对应的信息处理方法进行处理。虚拟空间包含小车模型和环境模型,小车模型由智能小车实际物理条件和动力学性能决定,环境模型则由多传感器融合感知的综合环境信息决定。物理空间的改变实时驱动虚拟空间进行仿真,并生成新的仿真策略,仿真策略转而引导实际小车的决策。如此一来,智能小车能优化控制决策,提高工作效率。如图 8.37 所示,智能小车的数字孪生系统主要由四个部分组成,分别是设备层、数据处理层、仿真控制层以及实际应用层。设备层主要负责环境数据的采集,通过数据处理得到环境信息,在仿真控制层导入环境信息得到智能小车控制策略,最终在实际应用层执行。

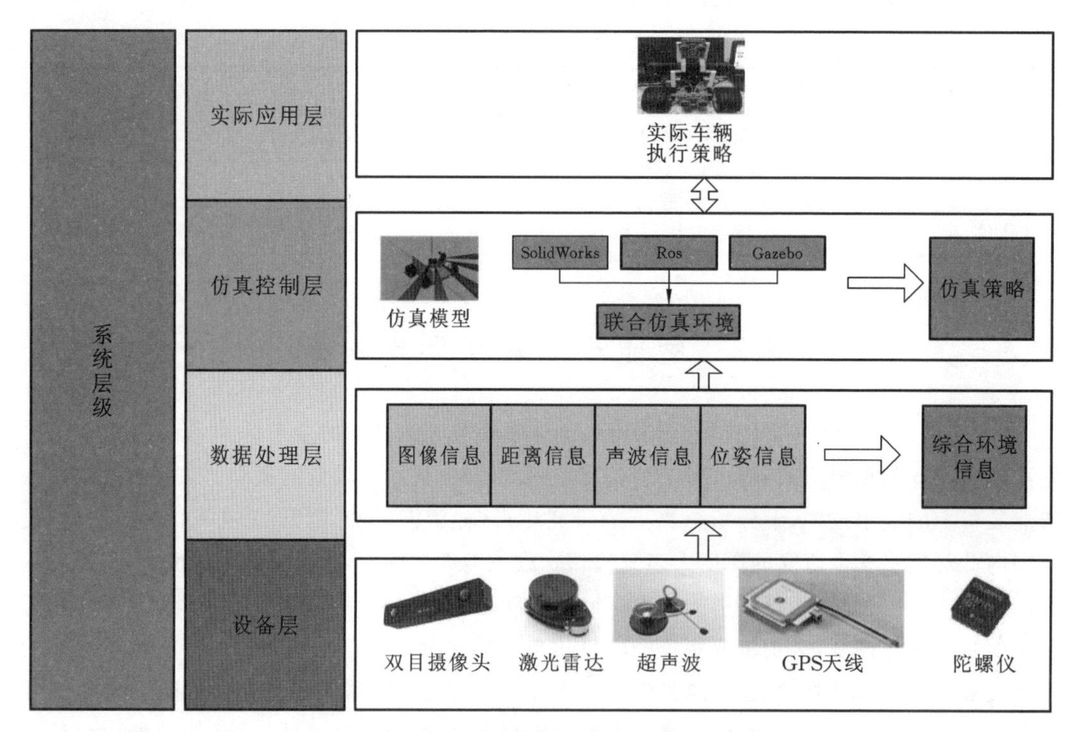

图 8.37 智能小车数字孪生系统

(1) 环境感知

由于工作环境复杂,需要多种不同的传感器对环境进行感知。不同传感器存在如何同步数据的问题,视觉传感器的处理速度比较慢并且容易受环境因素(天气、光照等)的影响,需要用标准的协议对数据进行同步。如图 8.38 所示，使用原始的传感器获取的数据也会存在噪声和缺省值，需要对原始数据进行预处理，降低噪声，得到标准数据。最后使用深度学习和图像处理的方法对数据进行处理，实现对数字环境模型的建立。传感器的数据可视化见图 8.39。

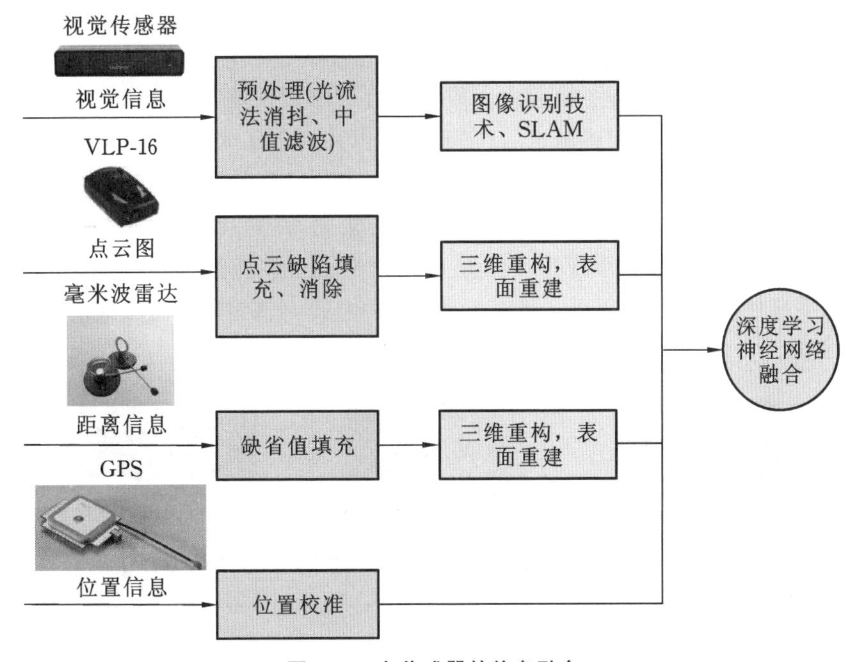

图 8.38　多传感器的信息融合

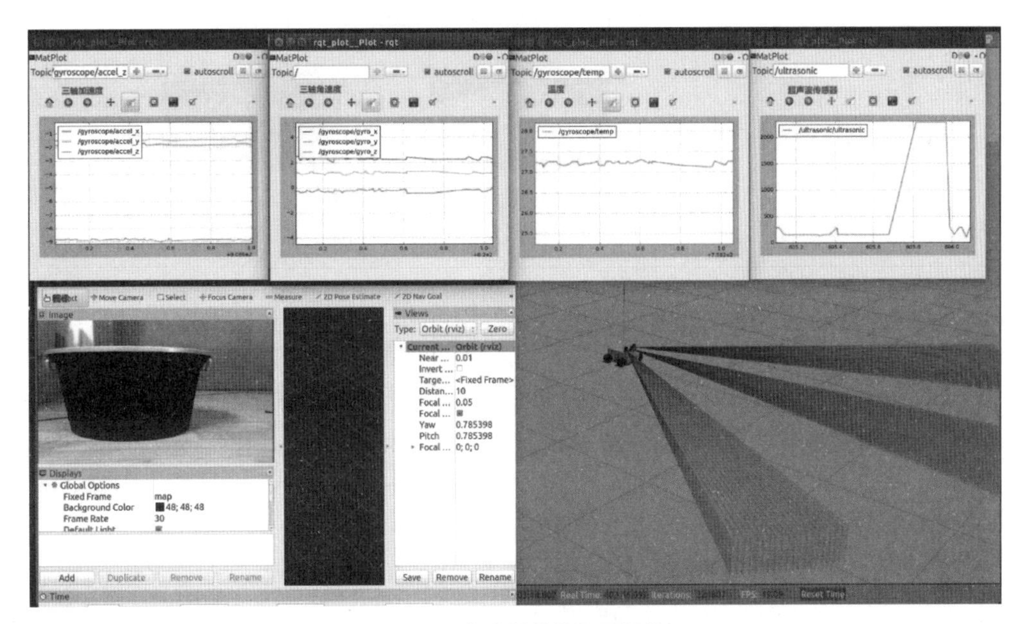

图 8.39　传感器的数据可视化

1）使用双目视觉对路面进行三维重建

双目视觉是机器视觉的一种重要形式，它是基于视差原理并利用成像设备从不同的位置获取被测物体的两幅图像,再通过计算图像对应点之间的位置偏差来获取物体三维几何信息的方法。融合两只眼睛获得的图像并观察它们之间的差别可以获得明显的深度感,建立特征间的对应关系,将同一空间物理点在不同图像中的映像点对应起来,这种差别称作视差图。双目视觉具有效率高、精度合适、结构简单、成本低等特点。在对运动物体的测量中,由于图像获取是在瞬间完成的,因此双目视觉是一种更为有效的测量方法。图 8.40 所示为利用双目视觉对路面进行三维重建。使用双目摄像头采集路面图片,采集的图片是无序的,须将其全部排序,利用相机标定、特征提取等方法获取像素的深度;根据世界坐标系和相机坐标系的转换关系获得路面的点云矩阵;将含有点云信息的文件利用 PCL 进行转换,导入 MeshLab 软件对点云进行处理,计算每个点云的法向量;随后使用模型表面重构算法对点云进行处理,得到路面的三维模型。重建后的模型由于误差会存在孔洞,孔洞分为网格中的孔洞和小部件区域两种,须进一步对模型进行修补得到最终的路面三维模型。具体步骤如图 8.40 所示。

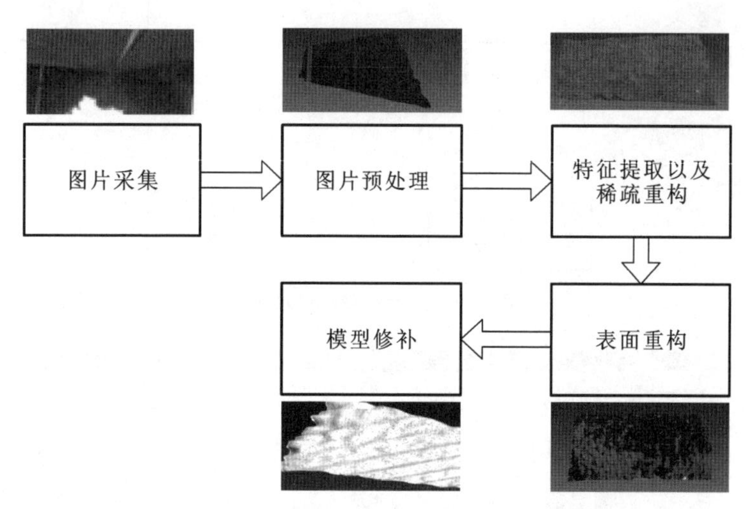

图 8.40 基于双目视觉对路面进行三维重建

2) 超声波传感器测距

超声波传感器可用于测量小车行驶过程中与障碍物之间的距离,为小车提供避障信息。超声波测距是超声波发射器向某一方向发射超声波,在发射的同时开始计时,超声波在空气中传播时碰到障碍物就立即返回来,超声波接收器收到反射波就立即停止计时,如图 8.41 所示。而超声波测距传感器采用超声波测距原理,运用精确的时差测量技术,检测传感器与目标物之间的距离。然而,超声波传感器的测量范围有限,使用单个超声波传感器会存在探测盲区,所以须使用多个超声波传感器共同为小车提供避障信息。

3) 陀螺仪加速度计测量位姿

在智能小车的控制过程中,准确而实时地获得小车的姿态信息,是决定控制精度和系统稳定性的关键。加速度计用于测量物体的线性加速度,加速度计的输出值与倾角呈非线性关系,随着倾角的增加而表现为正弦函数变化。陀螺仪用于测量角速度信号,通过对角速度积分,便能得到角度值。陀螺仪本身极易受噪声干扰,微机陀螺仪不能承受较大的震动,同时由于温度

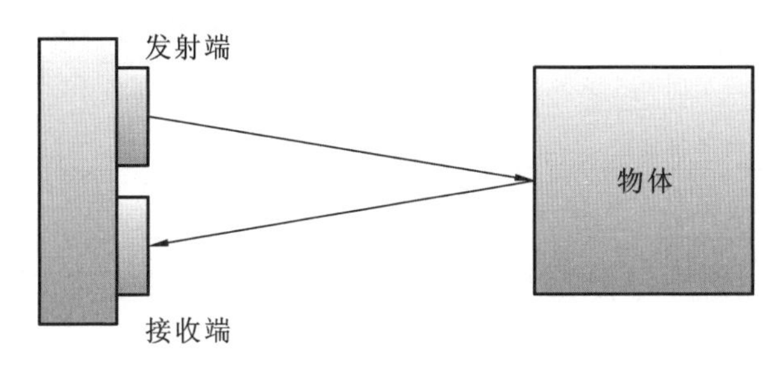

图 8.41　超声波传感器测距原理

变化、不稳定力矩等因素，陀螺仪会产生漂移误差，并随着时间的推移而累积增加，通过积分误差会变得很大。除此之外，测量噪声也会对传感器的精度有所影响。所以，需要使用陀螺仪和加速度计协同测量小车的姿态信息，为缓解漂移误差和测量噪声对传感器的影响，使用卡尔曼滤波融合的方法减小姿态角度的测量误差，提高运算精度。如图 8.42 所示，对陀螺仪和加速度计的数据进行高速 A/D 采样后，通过卡尔曼滤波器对传感器信息进行补偿和信息融合，得到准确的姿态角度信号，进而输出到小车控制器。

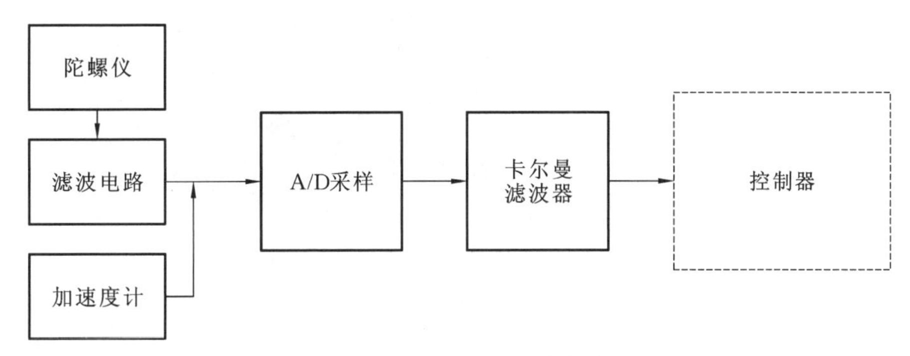

图 8.42　陀螺仪加速度计的卡尔曼滤波流程

(2) 模型建立

构建智能小车的数字孪生体是以数字化的方式创建物理实体的虚拟模型。理想状态下，数字孪生体可以根据多重反馈源数据进行自我学习，几乎实时地在数字世界里呈现物理实体的真实状况。数字孪生的反馈源主要依赖各种传感器数据，如图 8.43 所示，分别利用传感器数据和工具对数字环境模型和装备模型进行搭建。

8.3.2　智能小车数字孪生体构建

(1) 运动学模型

车辆的运动学结构如图 8.44 所示，其中 xOy 为全局坐标系；$x'O'y'$为车辆的局部坐标系，R_{CC}为车辆进行转向时的瞬时曲率中心，W 为左右轮的间距；θ 为车辆当前行驶方向与世界坐标系下 x 轴的夹角，表征车辆行驶方向的变量。

车辆装配了用于感知车辆行驶方向的罗盘传感器和 5 路超声波传感器；其中，中间三个超声波的覆盖范围为 15°，最远测距为 4 m，两侧的辅助超声波的覆盖范围也是 15°，最远测距为 2.5 m。在任一时刻，可以通过 $P=(R_x,R_y,\theta)$来描述全局坐标系下车辆的位姿，其中(R_x，

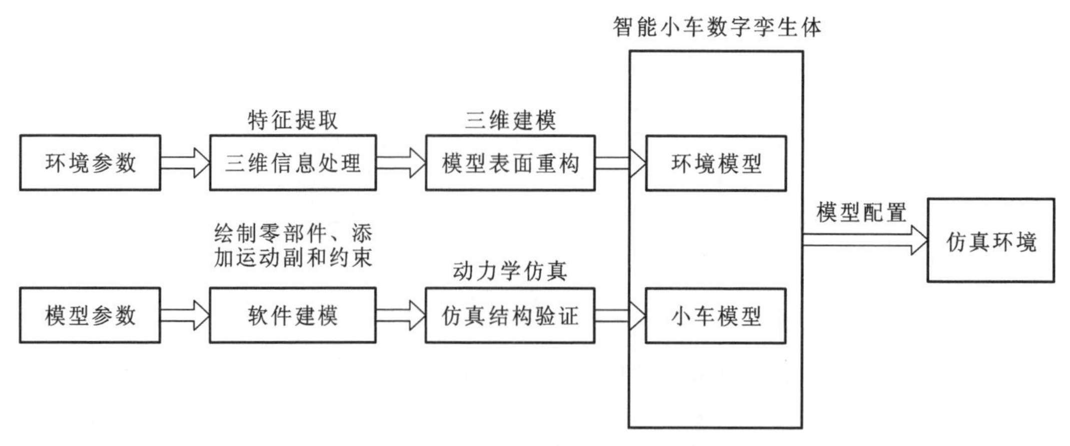

图 8.43 数字环境模型和小车模型的建立

R_y)代表车辆当前位置的坐标。

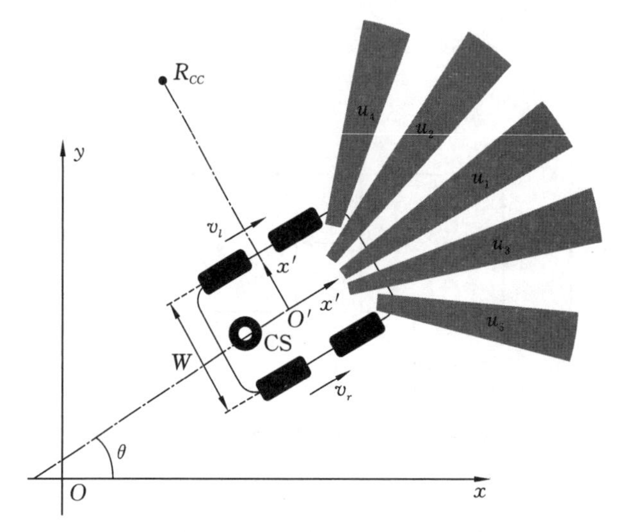

图 8.44 智能小车的运动学模型

在行驶过程中,车辆使用差速驱动方式(differential drive)前进或转向。其左前轮与左后轮有着相同的线速度,右前轮和右后轮的线速度则不同。根据物理关系可得车辆的前进线速度、转向角速度、左右轮的间距的关系为:

$$\left.\begin{aligned} v &= \frac{v_r + v_l}{2} \\ \omega &= \frac{v_r - v_l}{W} \end{aligned}\right\} \tag{8-6}$$

其转向时曲率半径为:

$$R_r = \frac{W(v_r + v_l)}{2(v_r - v_l)} \tag{8-7}$$

在任一时刻,可以通过当前时刻的位姿及曲率中心坐标来预测车辆在下一时刻的位姿:

$$\begin{bmatrix} R'_x \\ R'_y \\ \theta' \end{bmatrix} = \begin{bmatrix} \cos(\omega\,\mathrm{d}t) & -\sin(\omega\,\mathrm{d}t) & 0 \\ \sin(\omega\,\mathrm{d}t) & \cos(\omega\,\mathrm{d}t) & 0 \\ 0 & 0 & 1 \end{bmatrix} \begin{bmatrix} R_x - R_{CCx} \\ R_y - R_{CCy} \\ \theta \end{bmatrix} + \begin{bmatrix} R_{CCx} \\ R_{CCy} \\ \omega\,\mathrm{d}t \end{bmatrix} \tag{8-8}$$

(2) 数字模型

根据智能车辆各部分物理参数，通过 SolidWorks 绘制出各部分的虚拟模型，然后通过 SW2URDF 插件将其转为 URDF 格式并导入 Gazebo 中。根据车辆的运动学模型在车轮、底盘等位置添加必要的运动副，并在车轮转动副处创建转动驱动。图 8.45 中展示了车轮运动副及车轮的转动驱动。最终组装建立的虚拟智能小车三维模型如图 8.46 所示。

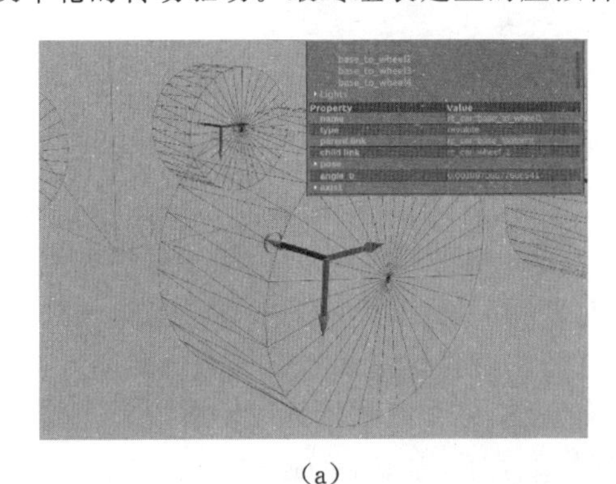

(a)

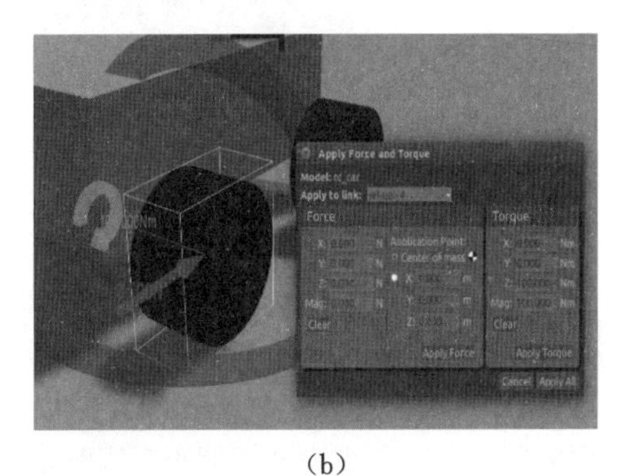

(b)

图 8.45　车轮运动副及转动驱动

(a) 车辆各部分之间添加运动副；(b) 在转动运动副上添加转动驱动

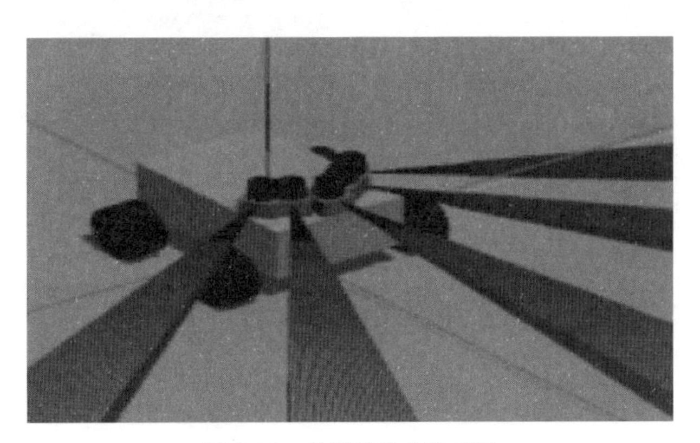

图 8.46　虚拟智能小车模型

(3) 基于感知数据构建智能小车工作环境的数字模型

利用多传感器获取的环境信息，通过各种图形识别技术来分析数据特征与工作环境的对应关系，建立由传感器数据到装备工作环境的识别系统。通过识别系统实现不同工作环境(水面、沙地、水泥地面)的识别，通过双目视觉及激光雷达传感器对智能车辆工作环境的各种路障、斜坡、坑洞等环境信息进行捕获。根据这些环境信息，可以精准创建车辆工作环境的数字模型。如图 8.40 为根据双目视觉捕获的点云数据对路面模型进行三维重构。根据三维重构的路面构建地形的 DEM 文件，导入仿真软件 Gazebo 中，生成智能小车工作环境的仿真模型(图 8.47)。

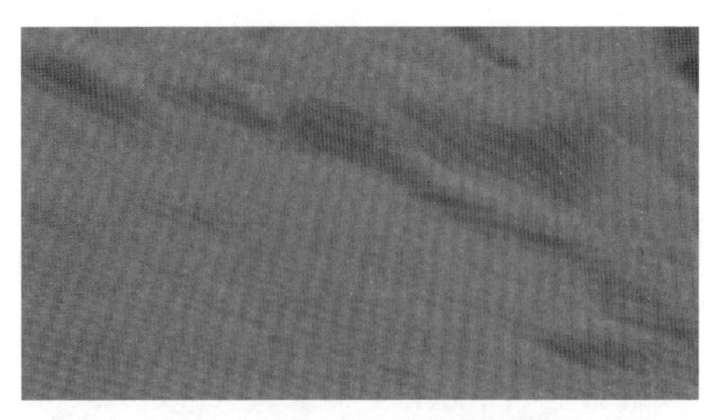

图 8.47 感知数据构建路面模型

(4) 虚实交互

在智能小车与虚拟模型进行信息交互的过程中,通过自动化标记语言(automation ML)来实现双向信息传递,自动化标记语言是一种基于 XML 架构的数据格式,用于支持各种工程工具之间的数据交换。通过这种通用的数据交换格式,可以方便地实现实际小车与虚拟模型之间的数据交换,以及联合仿真环境中各种软件之间的信息传递和工具交互。如图 8.48 所示,通过构建的智能小车数字孪生模型,以及小车的实时感知数据达到以实驱虚、以虚控实。从而实现在运行过程中,在智能小车实时感知数据的驱动下,虚拟空间通过实时的仿真分析及关联、预测得出优化的仿真策略,从而使智能小车能在不同的环境下更高效地工作。

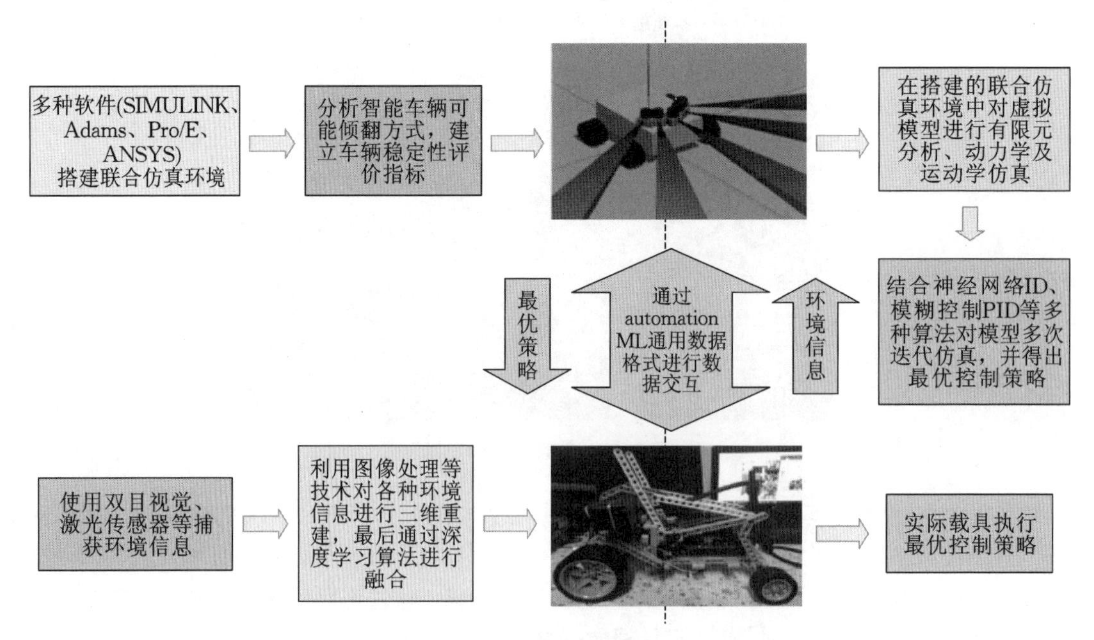

图 8.48 数字孪生小车虚实交互

8.3.3 数字孪生驱动的智能小车路径规划方法

智能车辆作为机器人的一种,在各行各业发挥着重要的作用,它们总能代替人类执行一些高风险且耗时的任务。其中，规避实际环境中的障碍物，并探索路径是智能车辆在执行作业时的一项基本任务。车辆在执行作业时，往往通过对环境的先验知识来生成路径，从而制定移动策略，但是在不确定的环境中，由于存在诸多不稳定因素（未预先检测到的障碍物或暂时无法通行路段等），初始路径规划策略可能不再适用。因此，根据前节描述的数字孪生体构建方法，本节提出了数字孪生驱动的智能车辆路径规划方法，对处于不确定环境中的实际车辆进行指导并使其抵达目标位置。

如图8.49所示，通过起始点与目标点位置为智能车辆规划出一条安全、无碰撞路径，并在虚拟仿真中验证该路径的有效性。通过生成的初始策略指导车辆移动，在此过程中物理小车实时感知周围环境并传递到虚拟空间中。若判断出实际车辆处于较危险状态（将要发生碰撞），则通过多传感器融合技术重新生成与实际环境对应的虚拟仿真环境，根据车辆当前位置及目标点位置重新规划路径，并仿真验证新路径的有效性，然后将验证有效的新策略传递到物

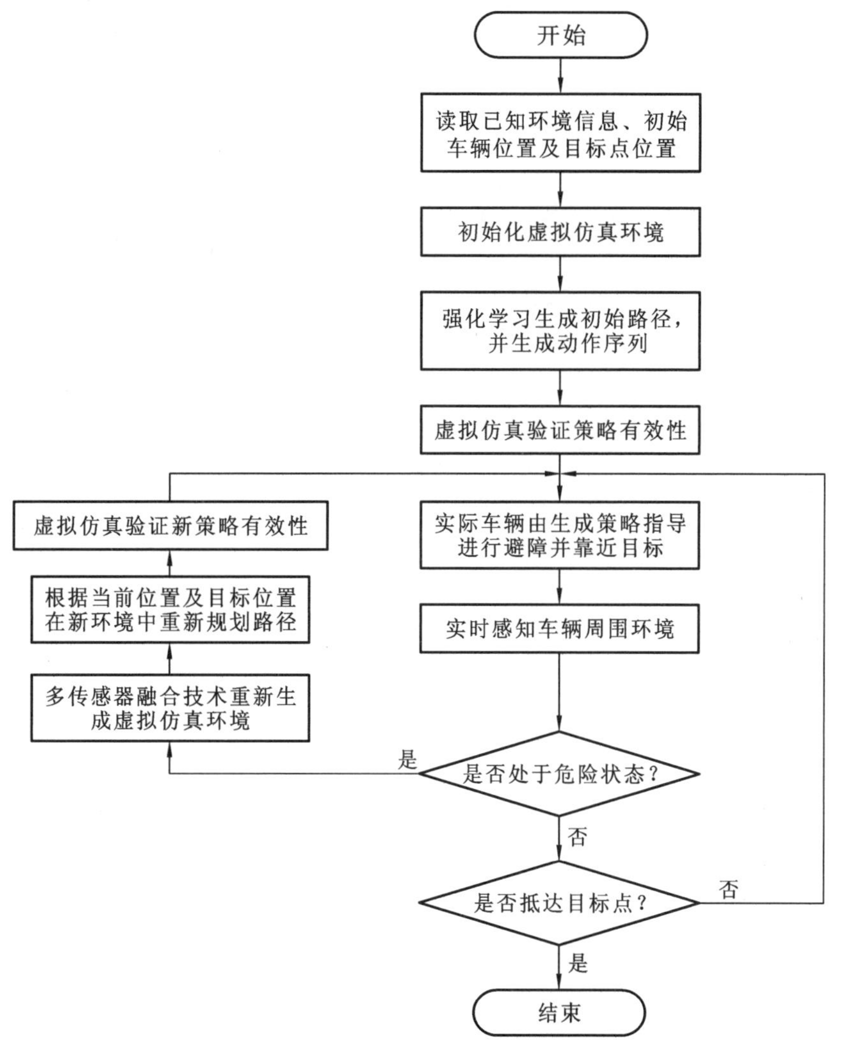

图8.49　数字孪生驱动路径规划算法

理空间中指导实际车辆运行，从而实现“以实驱虚，以虚导实”的闭环，直到车辆安全抵达目标点。

（1）基于深度强化学习的路径规划算法

强化学习的基本思想是学习一个最优策略使智能体从环境中获取最大累积奖励。起初，智能体对环境一无所知，但是随着不断与环境交互，智能体可以进行自学，从而找到最佳策略。在不同环境中通过仅有的传感器信息进行路径规划，智能体需要不断进行自学以找到抵达目标点的路径。在这种情况下，强化学习是解决路径规划问题的一个非常合适的方法，因此，本节设计了一种基于深度强化学习的路径规划算法，通过结合深度学习与强化学习，可以有效解决强化学习中由于状态空间过大而导致的“维度灾难”。路径规划算法流程如图 8.50 所示，系统中所使用的深度强化学习算法为 Deeq Q-Network(DQN)算法。

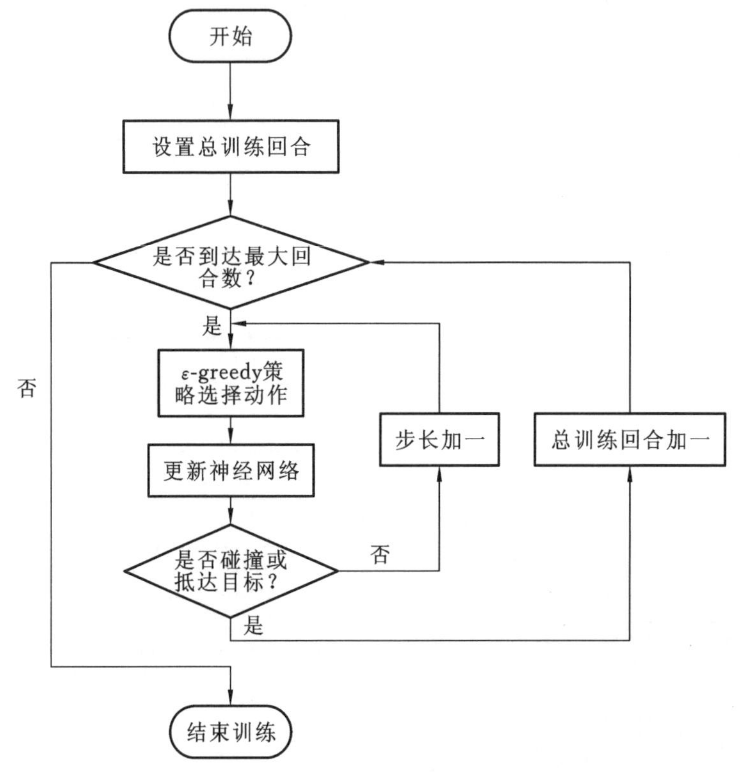

图 8.50 路径规划算法流程图

算法通过 ε-greedy 策略来处理探索与利用之间的平衡，在每次进行动作选取时，有的可能对环境进行探索，随机选取一个动作；有的可能利用已经学习到的知识选取最优动作。算法训练时，使用两组神经网络：Behavior Network 负责与车辆环境进行交互，得到交互样本；Target Network 负责计算目标价值，通过该目标价值与 Behavior Network 的估计值进行比较，并更新 Behavior Network。

强化学习问题一般由状态、动作、奖励等部分构成。针对该智能车辆，智能体的状态由超声波传感器观测的距离信息和目标点相对于智能体局部坐标系的距离和角度信息构成。车辆共有前进、左转和右转三组动作，其对应的前进线速度和转向角速度如表 8.3 所示。

表 8.3　车辆动作空间及其对应速度

动作	前进线速度/(m/s)	转向角速度/(rad/s)
前进	1.5	0
左转	0.75	−1
右转	0.75	1

环境反馈奖励是智能车辆学习的主要来源，奖励值的设置会直接影响智能车辆在路径规划任务中的表现。当车辆碰撞到障碍物时，应给予一个较大的惩罚，而抵达目标点时，应获得一个较大的奖励。在其他情况下，若车辆靠近目标点，则会得到较小的奖励。而远离目标点则会得到一个较小的惩罚，在每次执行动作时，智能体都会得到一个奖励，以鼓励其快速抵达目标，最终奖励值设定如表 8.4 所示。

表 8.4　奖励值设定

状态	奖励值
碰撞障碍	−50
抵达目标	50
靠近目标点	4
远离目标点	−3
时间惩罚	−1

(2) 数字孪生驱动的路径规划算法验证

由于强化学习需要成千上万次与环境进行交互、“试错”，在真实车辆上直接使用强化学习方法训练是很困难的，因此，需要在虚拟空间中对算法进行训练，训练完成后通过虚拟空间中算法来选择动作，并指导实际车辆避开障碍，抵达目标点。如图 8.51 所示为虚拟空间三维仿真环境，蓝色圆形为车辆的起始点，红色三角形为要抵达的目标位置，本节通过算法抵达目标点的成功率及所需步长验证算法的有效性。

图 8.51　虚拟空间三维仿真环境

图 8.52 中记录了车辆的初始规划路径，开始规划了三条可用路径，默认会根据当前规划的最短路径对小车进行控制。图 8.53 中记录了当实际环境发生变化的时候，由小车挂载的传感器感知到这一局部信息，并将这个信息反馈到虚拟空间，虚拟空间根据障碍物的大小和位置做出相应变化，并根据虚拟仿真计算重新规划两条路径并得到相应的路径长度以供小车选择。

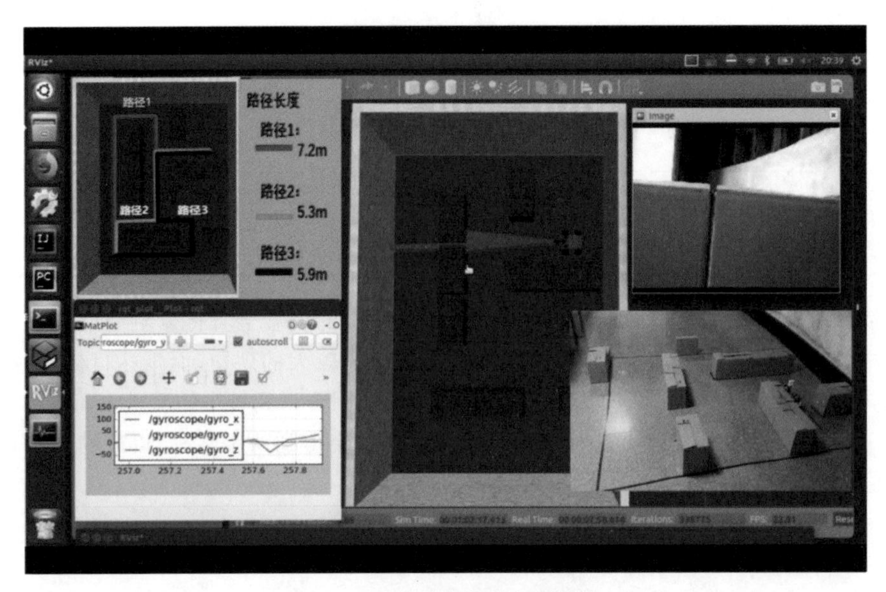

图 8.52　虚拟空间初始规划路径

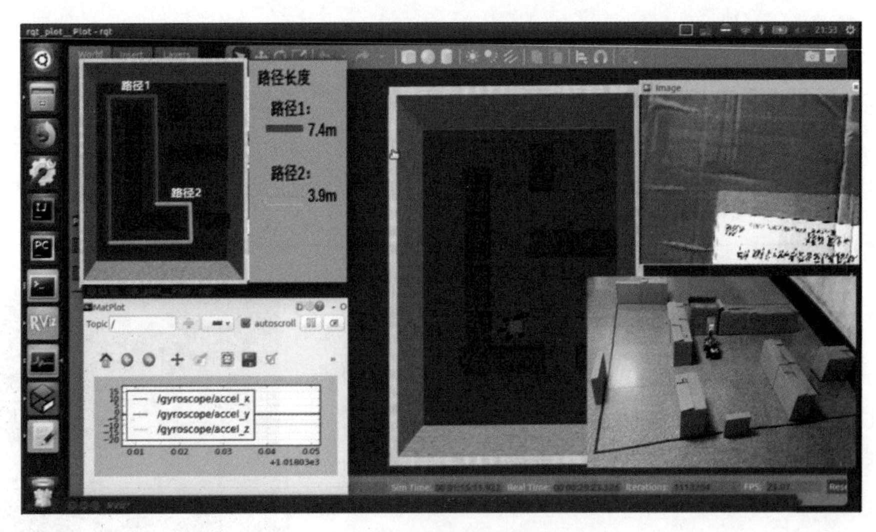

图 8.53　重新规划路径

结合图 8.52、图 8.53 可以看出，在车辆移动过程中，若检测到物理空间中出现新的障碍物，虚拟空间可以更新环境生成对应的障碍物，并基于更新后的虚拟环境规划出新的有效路径。小车传感器将感知的局部信息反映到虚拟空间，结合虚拟空间的全局信息重新规划路径，最终以最短路径到达左下方目标点。这种数字孪生驱动的路径规划方法可以使小车在路径规划的过程中有效应对突发情况以进行实时的决策，通过虚实交互的方式将小车挂载的传感器感知的局部环境信息和虚拟空间的全局信息结合，保证小车能够以最优的路径到达最终目标。

9 数字孪生的发展愿景

短短十余年,数字孪生技术引起了企业、研究机构、科研人员等的广泛关注。由于不受地域分布、个体数量和时间环境的限制,并且在不同专业、不同方向、不同领域均能广泛和细化应用,因此,数字孪生技术在众多行业中具有普适性。

数字孪生也可结合万物互联、大数据处理和人工智能建模分析,实现对过去发生问题的诊断、当前状态的评估以及未来趋势的预测,并给予分析结果,模拟各种可能性,提供全面的决策支持。

2010 年,NASA 已经开始将数字孪生运用到下一代战斗机和 NASA 月球车的设计当中。美国国防部、PTC 公司、西门子公司、达索公司等都在 2014 年接受了"Digital Twin"这个术语,并开始在市场宣传中使用。

美国国防部提出利用"Digital Twin"技术,用于航空航天飞行器的维护与保障。在数字空间建立真实飞机的模型,并通过传感器实现与飞机真实状态完全同步,这样每次飞行后,根据结构现有情况和过往载荷,及时分析评估是否需要维修,能否承受下次的任务载荷等。

工业巨头通用电气(GE)将数字孪生这一概念推向了新的高度,通用电子是将这项军方技术转为民用化的最理想载体。GE 借助"Digital Twin"这一概念,实现物理机械和分析技术的融合。以喷射引擎为例,喷射引擎中昂贵且扮演关键角色的耐高温合金涡轮叶片,是制造推力的主要零件。每个叶片上都安装了传感器,这样就可以根据要求的频率传输实时数据。软件平台会将引擎的所有信息收集起来,使之数据化,并建立数字模型。

德国西门子公司也在积极推进包括数字孪生在内的数字化业务,数字孪生已经被应用在了西门子工业设备 Nanobox PC 的生产流程里。

可以说,数字孪生不仅在制造领域,在自动化领域、经济领域、社会领域和其他领域均体现了巨大的生命力。伴随着数字孪生的发展,很多新的技术也在不断发展。

9.1 数字孪生制造与制造自治系统

制造自治性是指一个制造系统或系统中的每一个制造单元可以独立规划自身活动,制造系统可以对制造过程中的意外事件或快速变化的环境做出迅速反应,并且使整个制造过程和制造行为可控、协同合作的特性。

9.1.1 数字孪生制造与制造自治系统的关系

随着制造系统向更加高端的方向发展,为了能对制造过程中的突发事件做出迅速反应,当没有中央控制单元进行重新规划和决策时,未来制造系统须变得更加自主,这就提出了所谓自主制造系统，或制造自治系统。制造自治系统在执行更高级别的制造任务时，系统将是一台无须编程人员再重新详细编程，也无须操作人员干预的智能制造系统。换言之，制造自治系统不仅知道自身的能力（或“技能”），而且了解它当时所处的状态。该系统能够在一系列交替变化的操作之间做出系统自身的决策，并协调和执行当前的任务。为了在这种情况下系统运行过程不出现异常，制造自治系统须进入与其在现实世界行为一致的高保真的模型中（即虚拟世界模型），并与现实世界环境及其状态进行交互和比较，这就是所谓数字环境中虚实融合互动的“数字孪生”制造。由此可见，数字孪生制造和自主制造系统之间有一种彼此依存的关系。图9.1 所示为数字孪生在产品全生命周期各阶段的关系图。

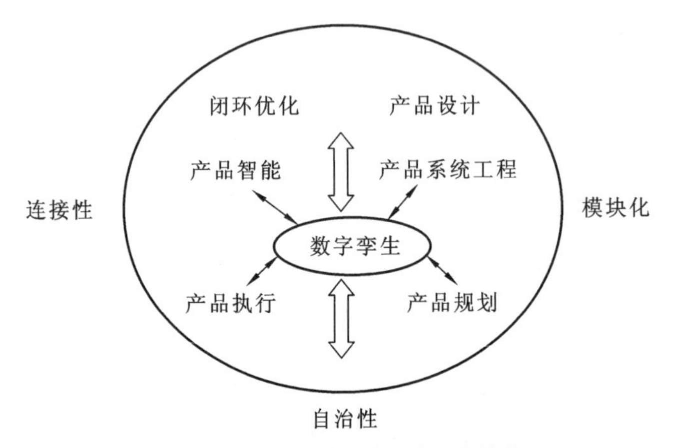

图 9.1　数字孪生在产品全生命周期的关系

自主制造系统为了完成生产任务，必然急剧增加确保自主生产过程的系统复杂程度。因此，一种基于模型的仿真，不仅在设计和规划阶段广泛使用，而且还应用于产品生命周期的其他阶段，如诊断和优化运行等阶段。

我们可以对以下四个重要驱动因素的未来制造做一个说明：制造的模块化、系统的网络连接性、制造过程的自治性以及与自主制造密切相关的数字孪生。

随着制造技术的不断发展，制造的各个阶段越来越离不开数字化，从而为制造系统达到全新的生产技术和水平提供了机会。这首先始于制造模块化的产品设计和生产过程建模，制造系统的模块化可形成更有效的工程设计。自治为生产系统设计提供了更加智能和高效的方式，而无须重新配置监督一级的系统设计以应对突发事件。另外，无处不在的连接，如物联网促进数字化闭环，容许产品设计和生产执行及其产品和生产过程的高性能优化可以在下一个制造周期形成。要实现所有目标，必然会引出数字孪生的概念，即在产品生命周期的每个阶段中，创建的数字化信息无缝地连接并提供给后续生命周期的各个阶段。数字化可以理解为“数字技术融入日常生活方方面面，且将一切行为都以数字化的形式表示”。应用于工业应用环境下全生命周期的数字化产品和系统，将导致各类数字产品的不断创新、应用和储运。包含所有这些信息和数据的产品将形成一个巨大的数字数据存储链。数字孪生不只是所有数字产品的一个大集合，实质上它具有将所有元素都连接在一起的数据结构，这些元素都以元信息和语义的方式存在。

从仿真的视角看，数字孪生是建模、仿真与优化技术的新阶段。在过去几十年里，模拟是从一般限于计算机和数字专家们的标准工具技术逐步发展起来的，用于工程师们每天解答具体的设计和工程问题。模拟是设计决策的基础,也是为系统部件和完整系统验证和测试的基础。至于它进一步发展——“信息模拟”是基于模型的系统工程 (MBSE) 的核心概念,这也是系统工程中的一个崭新趋势,图 9.2 给出了仿真技术的发展路线图。

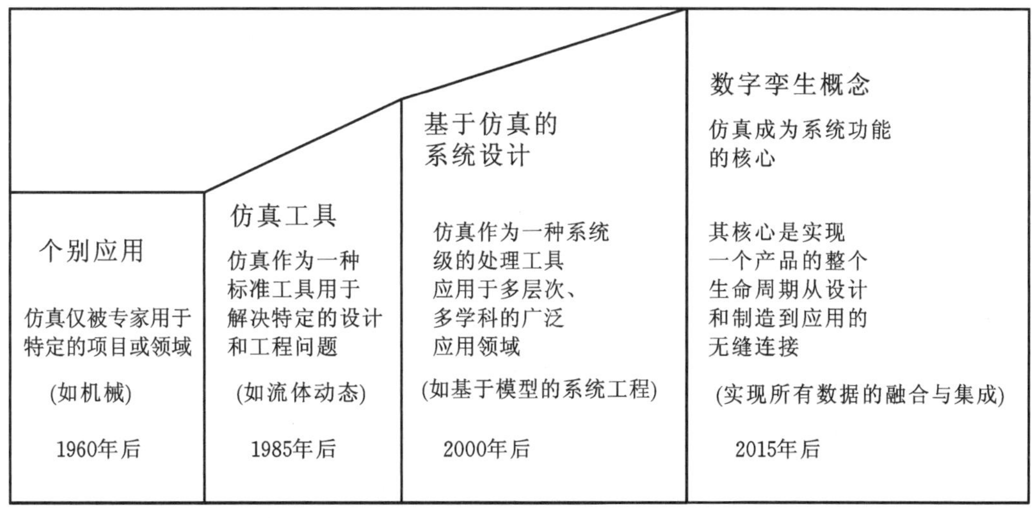

图 9.2　仿真技术的发展路线图

数字孪生是高度动态的概念,应用于产品复杂的生命周期。MBSE 奠定了数字孪生的基础,应用于产品周期甚至在产品开发之前。在实际运行过程中,它是协助系统运行的基础。这种软件解决方案支持由模拟驱动预测的智能数据处理,以及计算控制和服务决策。

9.1.2　制造环境中自治体的基本结构

我们可以通过分析制造系统发展的需求,基于制造的单元技术向智能化发展的趋势,根据自治制造系统的思想,构造一个分布式多自治体制造系统。这些自治体以节点的形式与通信网络连接,所有节点在逻辑上是平等的,在物理上是分散的、独立的,各节点之间是一种松散耦合的关系,同时,节点间通过共同的制造协议规范相互协调、合作,共同完成制造任务,形成多个网络节点分布自治、协同合作的制造系统。为构造这样的系统,在设计上应遵循如下原则:

一是分布性。知识和数据分布到各网络节点,调度和控制也是分散的。

二是独立性。各节点在知识表示、推理机制、功能类型、行为主体等方面可以不一样。

三是自主性。节点在结构上是独立的,在功能上是自主的。自主性的含义具体还包括:①设计自主性,每个节点的变量设计是局部化的;②通信自主性,每个节点有能力决定自身在系统通信中所起的作用;③执行自主性,每个节点有能力在没有外界干预的情况下执行自身的功能;④联合自主性,每个节点有能力决定与外界共享功能和资源的范围;⑤结构自主性,每个节点有对不同问题求解的能力,有能力决定是采用层次的、串行的,还是并行的结构。

在分布式的制造网络环境中,每个自治体的功能可分为两个部分:一部分执行其领域功能;另一部分执行与外界的交互。因此,自治结点可以从逻辑结构上和功能上分为两个部分,分别称之为问题求解器和对外协作器:问题求解器具有运用其领域知识、模型和环境信息,独立进行问题求解的功能;对外协作器首先要知道自己的能力和当前的运行状态,然后通过网络与别的节点联系，获取任务，寻求合作，依据当前的情况合理安排任务的执行。一个自治节点的基本结构可用图 9.3 表示。

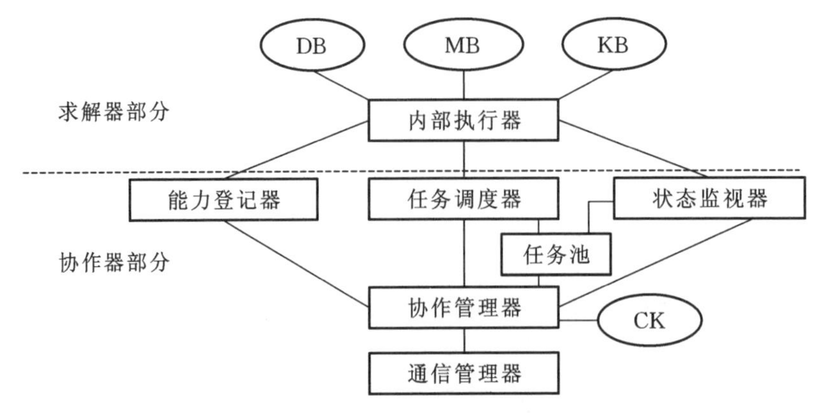

图 9.3　一个自治节点的基本结构

图 9.3 中，内部执行器根据其数据库(DB)、领域知识库(KB)和问题求解模型库(MB)完成该节点特定的内部功能；能力登记器将该节点的特有属性和功能抽象出来，并做完整的描述和记录，作为其他节点了解该节点的依据；状态监视器和能力登记器描述节点的静态属性，状态监视器跟踪节点运行的动态情况，并记录以供别的节点查询；通信管理器负责完成节点在网络上的通信任务；协作管理器是节点内部与外部环境之间的接口，也是节点结构中最重要、最复杂的一部分，根据能力登记器和状态监视器的内容，决定什么时候发送消息，发送什么消息，同时处理接收到的消息，并解释消息的含义；任务池是一个任务容器，协作管理器接收的任务都放在任务池中；任务调度器根据能力登记器、状态监视器和任务池中的数据，对任务进行动态调度，当遇到不能完成的任务时，将信息反馈给协作处理器，协作处理器则根据合作知识库(CKB)中的知识寻求合作伙伴。

9.1.3　自治体间的信息交流

制造系统中各子系统作为自治体在内部具有完整的功能，其行为具有很强的独立性。然而，各自治体必须保持与外界的通信，外界的信息是自治体行为的重要依据。在自治体的网络中，各节点之间是松散耦合的关系，不存在严格的相互依赖，但它们之间可以互相传递消息，通过传递各种消息交流信息，每个节点对其所能发出的消息和所能接收的消息都须预先定义，每个节点内部在消息管理器中有对与它有关的信息进行识别、解释和处理的能力。所有的消息进行统一编码，每条消息拥有唯一的 ID 号，而消息的种类是可以扩展的，允许系统扩展时增加新的消息，采用同一格式的信息包传递不同内容的消息。消息的传递按需要可采用广播方式和点对点方式。节点间交互的信息主要有两类：一类是通知消息；另一类是查询消息。接收消息的节点根据不同的消息类型产生不同的响应。通知消息主动告知接收者某些信息，如最新任务信息，包括任务的类型、复杂程度、交货期要求、质量要求等。查询消息是消息发送者想要得到别的节点的状态信息。

为了达到自治体间的合作与协调，必须制定一组行为规范来约束各自治体的对外交互行为，在此，称这组行为规范为合作协议。该协议的作用有两个：一是对自治体的逻辑结构进行规范化定义；二是提供节点间合作与协调的各种服务，所有的服务按功能分类，完成一项功能的服务可以有多个，应用面向对象的方法组织所有的服务，一种功能作为一个对象类。合作协议提供的服务可分为一般性环境管理功能、网络上自治体结点访问支持、任务管理功能、数据访问管理等。合作协议使多个自治体之间的合作和协调成为可能，自治体的行为由其局部控制器进行规划，自治体通过投标和谈判的方式申请任务，中标者可根据任务的要求再组织一次任务分配，所有的交互信息格式都在协议规范中进行定义。

自治系统的机器（或机器群组）可执行高级别的且没有明确被编程的任务规范。它们通过灵活编排一套任务来实现高级目标。这些功能是基于模型的且独立于特定的任务。这种机器具有柔性自动化的特点，它们自动适应变化的环境条件。为了做到这一点，系统使用传感器来感知其环境和当前的生产运行状态，采用自动推理和规划来确定其控制过程，用执行器执行动作顺序以控制制造过程所确定的总体目标。

另外，自治系统需要获取有关整体运行状态尽可能多的信息，包括产品制造、几何和可供使用的零件和工具的相关信息，以及机器自身的能力和配置信息等。虽然其中一些信息可能来源于系统传感器，但大多数信息所生成的数据（例如需要受力情况，表面性能等）将来自不同的实际信号源。

实际上，一些信息在早期产品设计、生产系统的设计，以及生产规划期间都是可用的。数字孪生概念将收集产品先验知识和生产过程无缝连接的知识，并使其可用于实际执行生产步骤的自治系统。这就是说数字孪生是自治的核心推动者，其关键是在自动化系统中实现更高层次的灵活性。

自治系统的目的是希望在系统运行期间，传感器或执行系统所产生的所有信息都存储在数字孪生体中。这样一来数字孪生体在任何时间都能描述系统所处环境和过程状态。这些信息以及数字孪生模型提供的信息都将用于自治系统运行计划的一部分前置模拟。这些模拟将用于预测自治系统的后续运行。这是非常重要的功能。

自动化系统只是执行固定、精心设计的操作序列，而自治系统理解其基于机械、任务和环境的操作，根据系统获取的各种信息，允许自治系统修改并改变产品的操作过程，且在自动异常和错误出现时处理那些问题。因此，可以这样认为，自治系统是由最新的工业自动化应用要求的最新级别柔性化的关键推动力。

在 Industrie 4.0 和 CPS 中，模块化和自治是核心内容。生产系统和生产单元能自主处理新订单，修改订单优先事项或操作期间存在的干扰。这就说明采用模拟可协助系统支持经营者和规划者，使之在正常维修和服务的过程中可实现基于仿真的预测。数字孪生的概念正是基于这样一种思想，所有模型和所有数据始终保持一致并能很好地结合运行环境应用。

9.2　数字孪生制造与 CPS 系统

从数字孪生的基本结构可知，数字孪生制造是通过建立制造产品全生命周期过程模型实现的，这些模型与实际的数字制造或智能制造系统和数字化检测系统进一步与嵌入式的物理信息系统（CPS）进行无缝集成和同步，从而使我们能够在数字世界和物理世界同时看到实际物理产品在其整个生命周期的运行情况。由此可见，CPS 既是数字世界和物理世界联系的桥梁，更是数字孪生不可或缺的组成部分。正因为有了 CPS 的出现和快速发展，数字孪生的数字世界和物理世界融合共生才成为可能。也可以这样说,CPS 的完善和进步,将使数字孪生得以不断发展和进步。

9.2.1 CPS 的架构及相关技术

依据 CPS 的概念及特性描述,可以认为 CPS 技术结合了计算机系统、嵌入式系统、工业控制系统、无线传感网络、物联网、网络控制系统和混杂系统等技术的特点,但又和这些系统有着本质不同。为了更好地实现 CPS 的抽象与建模、研究系统设计与仿真实现的方法、构建 CPS 的验证体系,须充分认识、利用并改进现有的相关技术。

CPS 可理解为基于嵌入式设备的高效能网络化智能信息系统,它通过一系列计算单元和物理对象在网络环境下的高度集成与交互来提高系统在信息处理、实时通信、远程精准控制及组件自主协调等方面的能力。CPS 在功能上主要考虑性能优化,是集计算、通信与控制技术于一体的智能技术。CPS 的基本功能单元包括智能感知层、通信与信息处理层以及决策控制层,如图 9.4 所示。智能感知层的传感器与执行器是物理和计算世界的接口;决策控制层根据控制规则部署监测任务;传感器将感知信息通过信息网络提供给决策控制层。

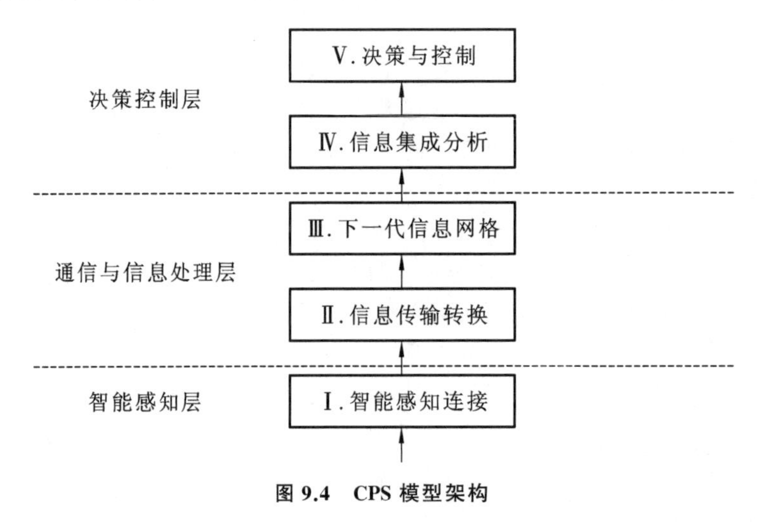

图 9.4 CPS 模型架构

(1) 智能感知层

可感知制造系统的物理层,由系列传感器和感控节点组成。一方面负责感知受关注的制造物理设备/设施的某些物理属性,例如制造装备定位夹具的位姿、工件的尺寸、受力、变形、温度等状态参数,或者制造过程中发生的某一特定事件,例如加工过程中需要更换刀具或者加工过程出现了异常状态;另一方面,根据接收到的监测命令或控制指令执行相应的操作,例如启动某一加工任务或开始测量某一物理属性,采集到的原始信息数据经融合后传输至决策层。

(2) 通信与信息处理层

通信与信息处理层包括根据实际需要建立的各种网络,例如有线宽带、WiFi、ZigBee、3G/4G 等,若干个通信基站和网络节点,以及分布式存在的相关数据库、知识库服务器和信息处理服务器,负责多传感器数据的融合处理、传输和网络存储,以及相关数据的网络传输和交换。

(3) 决策控制层

由终端用户直接与系统打交道,包括仿真控制中心与决策控制单元 2 大功能模块。仿真控制中心在虚拟制造环境的支持下建立各制造元素的几何实体模型、集成信息模型和感控行为模型，基于完整的数字化仿真模型和物理属性的理论数据来实现制造元素之间的感控操作过程仿真，生成初始的控制方案，进而通过物理感知得到的实际数据来验证和完善数字化仿真模型。这种离线与在线仿真相结合的方式得到的控制方案，是经过仿真实验验证了的可行方案。决策控制单元为用户提供了对制造元素感控规则定义和制造过程监测的交互式操作功能，这一活动也可在感控操作过程仿真的基础上完成，从而大幅提高制造系统操作与控制的效率与安全性。

9.2.2 从规划设计到实际生产过程的CPS

(1)“数字孪生”的工厂规划设计系统和在线生产协同建模与仿真系统

以“数字孪生”为设计理念，通过虚拟世界高保真的数字模型构建，以及轻量化显示技术的大规模场景流畅呈现，实现实际生产环境的虚拟的数字化的映射对象；通过CPS的虚实双向的动态链接，以及虚拟生产环境的动态仿真与实际环境的交互共生演化，不断指导规划设计、协同设计，以及生产发展。基于信息物理融合的制造系统通过有线或无线方式实现系统内制造单元的互联互通，形成实时分布式的制造系统网络，将具有环境感知能力的各种类型终端、移动通信、信息获取、智能软件与人机交互等技术进行深度集成，建立充满计算和通信能力的、人机和谐的制造环境。其信息采集和处理的对象不仅包括制造过程中的工艺参数、设备状态、业务流程等结构化数据，同时还将与声、像、图、文等多媒体信息处理实现高度的集成与融合，实现物理制造空间与信息空间在多维度感知信息上的无缝对接，从而更加高效地指导现实世界的生产制造过程，实现产品流程、工艺流程、制造过程信息流的集成。制造系统的信息物理融合感控方法涉及的关键技术包括系统内部传感器网络、物联网络、设备控制网络构建方法、制造系统信息采集与处理方法以及系统的分布式智能化管控方法等。

(2) 零部件“数字孪生”的自治、自反馈、自决策的智慧生产执行闭环管理系统

在实际生产过程中，通过CPS实时数据采集、数据驱动高保真仿真机制以及虚实的双向的动态链接以及相容与共生，使得虚拟工厂和物理工厂同步运行、共生进化，从而实现面向虚拟工厂计划与排产的优化仿真。通过对物理工厂实际运作情况的监测实时检测平衡产线与物流阻塞情况。虚拟工厂通过不断获取实际物理生产过程中产生的数据调整实际的生产线与生产过程以达到预期的生产目标，从而实现生产过程的闭环控制与决策。

在实际生产过程中，面向生产装备“数字孪生”的维修保养的手段与方法离不开生产装备的软硬件的高保真仿真模型，更需要从CPS获取生产装备的实际生产过程中各种状态数据，进一步通过虚实双向交互的共生演化机制实现对生产装备运作参数的优化。通过虚实个体对照分析，提出维修保养计划，减少甚至避免停产维修的时间，提高生产效率。

9.2.3 生产质量控制的CPS

(1)“数字孪生”的在线质量监测、质量控制以及质量追溯的手段与方法

在实际生产质量控制中，通过CPS实时获取各类不同加工设备的生产过程参数，以及设备的互联互通，实时反映和分析整个产线的作业状况，从而实时、灵敏地监控关键生产参数，定位出错位置，并予以报警提示；根据实时生产数据，以及动态高保真的仿真对生产的行为(包括

设备行为与操作员行为)进行动态监测与实时分析判断,并在此基础上辅以质量过程控制方法论手段,进行科学、系统的质量过程分析,从而实现对现场生产过程的判断和及时处理;最后通过云质量管控平台的构建和网络环境以及爬虫技术的使用广泛收集/采集使用过程中的数据,通过对大数据的整理、挖掘与分析发现产品使用过程中的问题(包括潜在问题),为产品的设计质量与生产质量提供支持。

(2) 仿真数据以及智能感知数据的管理与分析

在整个制造过程中产生各种各样的、大量的操作数据和生产加工数据,以及“数字孪生体”在线数据驱动的动态仿真所产生的仿真数据,通过云计算技术构建数据管理与分析平台,研究数据的处理、分析方法与手段,从而实现对数据标准化的统一管理与分析。

在 Industrie 4.0 推动和 CPS 技术思想驱动下,一个新的生产概念产生,即整个产品生命周期和不同的抽象层面须无缝集成的仿真模型,以达到制造竞争力的增强(提升能源和资源效率、缩短上市时间、增强灵活性等),构建基于数字孪生的信息物理生产系统。

(3) 信息物理生产系统是计算过程和物理过程的集成系统

利用嵌入式计算机和网络对物理过程进行监测和控制,并通过反馈实现计算机过程和物理过程的相互影响。基于 CPS 系统的智能工厂是一种网络型嵌入式系统,其打破 PC 机时代建立的传统自动化系统的体系架构,从而全面实现分布式智能。而在此基础上,通过高保真仿真技术构建实体在虚拟世界的数字孪生的生产系统,借助实体状态、相互关系模型和仿真运算结果能够更加精确地指导实体的行动,使实体与虚体的活动相互协同和优化。

德国西门子是比较强调产品生命周期管理的企业,较早提出了数字孪生的概念,给出了对一个物理产品及其数字孪生体“在全产品生命周期进行更新和维护”的认识,特别是 CPS 中的数字孪生体所包含的内容(如图 9.5 所示)。

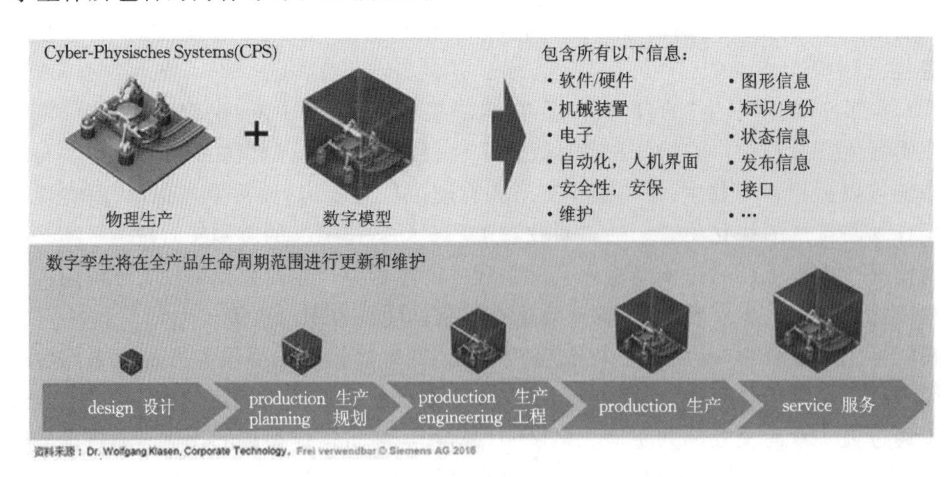

图 9.5 西门子对数字孪生与 CPS 关系的认识

9.3 数字孪生制造的发展愿景

西门子公司认为数字孪生制造的愿景是通过帮助企业搭建数字孪生模型,将产品创新、制造效率和有效性水平提升至一个新的高度。制造领域的专家期望通过数字孪生模型实现如下制造水平和制造技术的五项重大突破。

9.3.1　预见设计质量和制造过程

在传统模式中，完成设计后必须先制造出实体零部件，才能对设计方案的质量和可制造性进行评估，这意味着成本和风险的增加。而通过建立数字孪生模型，任何零部件在被实际制造出来之前，都可以预测其成品质量，识别是否存在设计缺陷，比如零部件之间的干扰、设计是否符合规格等。找到产生设计缺陷的原因，在数字孪生模型中直接修改设计，并重新进行制造仿真，查看问题是否得到解决。

制造系统中，只有当所有流程都准确无误时，才能顺利进行生产，一般的流程验证方法是获得配置好的生产设备之后再进行试用，判断设备是否正常运行，但是到这个时候才发现问题为时已晚，有可能导致生产延误，而且此时解决问题所需要的花费将远远高于流程早期。

当前自动化技术广泛应用，智能制造最具革命性意义的是机器人开始出现在工作人员身旁，引入机器人的企业需要评估机器人是否能在生产环境中准确执行人的工作，机器人的尺寸和伸缩范围会不会对周围的设备造成干扰，以及它有没有可能导致操作员受到伤害。机器人成本高昂，须在早期就完成这些工作的验证。

高效的方法是建立包含所有制造过程细节的数字孪生模型，在虚拟环境中验证制造过程。发现问题后只需要在模型中进行修正即可，比如机器人发生干涉时，改变工作台的高度、输送带的位置，反转装配台等，然后再次执行仿真，确保机器人能正确执行任务。

借助数字孪生模型在产品设计阶段预见其性能并加以改进，在制造流程初期掌握准确信息并预见制造过程，保证所有细节都准确无误，这些无疑是具有重要意义的，因为越早知道如何制造出出色的产品，就能越快向市场推出优质的产品，抢占市场先机。

9.3.2　推进设计和制造高效协同

随着产品制造过程越来越复杂，制造中所发生的一切须进行完善的规划。一般的过程规划是设计人员和制造人员基于不同的系统独立工作。设计人员将产品创意提交给制造部门，由他们去思考如何制造。这样容易导致产品信息流失，使得制造人员很难看到实际状况，增大了出错的概率。一旦设计发生变更，制造过程很难实现同步更新。

在数字孪生模型中，可以对所需要制造的产品、制造的方式、资源以及地点等各个方面进行系统的规划，将各方面关联起来，实现设计人员和制造人员的协同。一旦发生设计变更，可以在数字孪生模型中方便地更新制造过程，包括更新面向制造的物料清单、创建新的工序、为工序分配新的操作人员，在此基础上进一步将完成各项任务所需的时间以及所有不同的工序整合在一起，进行分析和规划，直到得出满意的制造过程方案。

除了过程规划之外，生产布局也是复杂的制造系统中重要的工作。一般的生产布局是用来设计生产设备和生产系统的二维原理图和纸质平面图，设计这些布局图往往需要大量的时间和精力。

竞争日益激烈，企业须不断让产品中具备更多、更好的功能，以更快的速度向市场推出更多的产品，这意味着制造系统须持续扩展和更新。但静态的二维布局图由于缺乏智能关联性，修改又会耗费大量时间，制造人员难以获得有关生产环境的最新信息，来制定明确的决策和及时采取行动。

基于数字孪生模型，设计人员和制造人员实现协同，设计方案和生产布局实现同步，这些都大大提高了制造业务的敏捷度和效率，帮助企业面对更加复杂的产品制造挑战。

9.3.3 确保设计和制造准确执行

为保证制造系统中所有流程都准确无误，须搭建规划和执行的闭合环路，利用数字孪生模型将虚拟生产世界和现实生产世界结合起来，具体而言就是集成 PLM 系统、制造运营管理系统以及生产设备。过程计划发布至制造执行系统之后，利用数字孪生模型生成详细的作业指导书，与生产设计全过程进行关联，这样一来如果发生任何变更，整个过程都会进行相应的更新，甚至还能从生产环境中收集有关生产执行情况的信息。

此外还可以使用大数据技术，直接从生产设备中收集实时的质量数据，将这些信息覆盖在数字孪生模型上，对设计和实际制造结果进行比对，检查二者是否存在差异，找出存在差异的原因和解决方法，确保生产能完全按照规划来执行。

9.3.4 建立更加完善的数字孪生模型体系

西门子强调，数字孪生模型能帮助企业设计和制造出色的产品。此外，意义更深远的是，数字孪生模型能持续积累产品设计和制造相关知识，不断实现重用和改进。但是企业要想引入孪生模型来改进设计和制造，首先要改变的是想法，并有建立全新业务模式的思想准备。

企业现有业务与数字化孪生模型的对接需要一定的工作量，此外要能接受流程上较大的改变，但是回报也是巨大的。如果企业愿意接受流程改变，完全接纳数字孪生模型体系，西门子会建立支持团队，在 12～18 个月内帮助企业提升 30％～35％的生产力。

西门子的 CAD、PDM 等工业软件已经取得了成功。为了建立更加完整的数字孪生模型体系，西门子没有停止前进的步伐，每年投入营业额的近 20％到软件研发中。近几年西门子更是不断加大投资，先后并购整合了质量管理、生产计划排程、制造执行、仿真分析等各领域的厂商和技术。随着产品智能化趋势加快，未来西门子还将不断完善数字化解决方案。

9.3.5 基于模型的企业

MBE 是基于模型的定义，在整个企业以及上下游的供应商之间建立一个集成和协作的环境的方法，各个业务环节均在全三维产品定义的基础上开展工作，有效地缩短了整个产品研制周期，改善了生产现场工作环境，提高了产品质量和生产效率。

(1) 从 MBD 到 MBE

MBD 是产品数字化定义的先进方法，它是指产品定义的各类信息按照模型的方式组织，其核心内容是产品的几何模型，包括所有的几何参数，同时还包括所有相关的产品工艺描述信息、属性信息、管理信息等。

MBE 是一种制造实体，它采用建模和仿真技术对设计、制造、产品支持的所有技术和业务的流程进行彻底的改进、无缝的集成以及战略的管理，并利用产品和过程模型来定义、执行、控制和管理企业的所有过程。

(2) MBE 的组成

MBE 的相关组成主要分为三大部分，即基于模型的工程（Model Based Engineering，MBe）、基于模型的数字化制造（Model Based Manufacturing，MBm）和基于模型的维护（Model Based Sustainment，MBs）。另外，MBD 则是基于模型工程的重要组成部分。

9.4　数字孪生的八大关系

数字孪生是现实世界中物理实体的配对虚拟体(映射)。这个物理实体(或资产)可以是一个设备或产品、生产线、流程、物理系统,也可以是一个组织。数字孪生概念的落地是用三维图形软件构建的“软体”去映射现实中的物体来实现的。这种映射通常是一个多维动态的数字映射,它依赖安装在物体上的传感器或模拟数据来洞察和呈现物体的实时状态,同时也将承载指令的数据回馈到物体导致状态变化。数字孪生是现实世界和数字虚拟世界沟通的桥梁。

一个描述钟摆轨迹的方程式通过编程形成模型后,是一个钟摆的数字孪生吗?不是。因为它只描述了钟摆的理想模型(例如真空无阻力),却没有记录它的真实运动情况。只有把钟摆在空气中的运动状态、风的干扰、齿轮的损耗等情况通过传感器和数据馈送实时输入模型后,这个描述钟摆的模型,才真正成为钟摆的数字孪生。

Gartner 认为,一个数字孪生需要至少四个要素——数字模型、关联数据、身份识别和实时监测功能。

数字孪生体现了软件、硬件和物联网回馈的机制。运行实体的数据是数字孪生的营养液输送线。反过来,很多模拟或指令信息可以从数字孪生输送到实体,以达到诊断或者预防的目的。

这是一个双向进化的过程。因此了解数字孪生的八大关系对于把握数字孪生的发展至关重要。

9.4.1　数字孪生与 CAD 模型

当完成 CAD 的设计,一个 CAD 模型就出现了。然而,数字孪生与物理实体的产生则紧密相连:没有到实体,就没有对应的数字孪生(当然,数字孪生也可以以另外一个数字孪生模板为基础)。

CAD 模型往往是静态的,它的作用是向前推动,在绝大多数场合,它就像中国象棋里面一个往前拱的小卒;而数字孪生,则是一个频频回头的在线风筝,两头都有力量。

3D 模型在文档夹里无人问津的时代已经过去。数字孪生可以回收产品的设计、制造和运行的数据,并注入全新的产品设计模型中,使设计发生巨大的变化。知识复用,变得越来越普及。

数字孪生是基于高保真的三维 CAD 模型,它被赋予了各种属性和功能定义,包括材料、感知系统、机器运动机理等。它一般储存在图形数据库,而不是关系型数据库。最值得期待的是数字孪生可能取代昂贵的原型。因为它在前期就可以识别异常功能,从而在没有生产的时候消除产品缺陷。

IBM 的看法是,数字孪生就是物理实体的一个数字替身,可以演化到万物互联的复杂的生态系统。它不仅仅是 3D 模型,而且是一个动态的、有血有肉的、活生生的 3D 模型。数字孪生是 3D 模型的点睛重生,也是物理原型的超级新替身。

9.4.2 数字孪生与 PLM 软件

考虑到数字孪生可以用 PLM 来管理产品或设备的生命周期，也从 PLM 软件中输出文件，PLM 显然与数字孪生紧密相关。

PLM 以前虽然表示产品全生命周期的管理，但从一个产品的设计、制造到服务的全过程而言，PLM 显然没有完成任务。它的作用，到了制造的后期，往往戛然而止了。大量在制造中发生的工程状态更改，往往无法返回给研发设计师。而当产品出厂之后，更是无法通过 PLM 进行跟踪。

由于数字孪生对物理产品的全程(包括损耗和报废)进行数字化呈现，这使得产品的“全生命周期”实现透明化、自动化管理。这意味着只有在工业互联网时代，PLM 才能真正成为现实。

数字孪生的出现使 PLM 终于可以简单地回归它的软件和数据件(Dataware)概念。全生命周期管理，成为借助于数字孪生、工业互联网等众多技术和商业模式，合力实现的一个新的营利模式。

9.4.3 数字孪生与物理实体

数字孪生必须依赖物理实体的数据馈送来实现。也就是说，它从理论上可以对一个物理实体进行全息复制。但实际应用时，它可能只截取了物理实体的一些小小的、动态的片段——这取决于企业对产品服务的定义深度。一般而言，它往往只解决某个方面的问题，一个机器几百个零部件，也许只需要提取几个，来做数字孪生。

数字孪生与物理实体有三种映射关系，可以一对一(一个机器，一个数字孪生)，也可能是一对多(多个仪表组成一个数字孪生)，也可以是多对一(几个数字孪生，一个机器)。在某些场合，虚拟传感器可能比实际传感器更多。

数字孪生不仅仅是状态更新，它也可以被用来进行编程和编译实现对物理实体的控制，从而实现物理实体的运营优化或状态改变

9.4.4 数字孪生与信息物理融合系统

信息物理融合系统(CPS)把物理、机械与模型、知识整合到一起了，实现系统的自我适应与自动配置，主要用于非结构化流程自动化，缩短循环时间和提升产品与服务质量；而数字孪生主要用于物理实体的状态监控、控制。两者一个以流程为核心，一个以资产为核心。

要描述这二者之间的关系，需要先谈工业 4.0 非常重要的一个支撑概念——管理壳。它使得物理资产有了数据描述，从而可以跟其他物理资产实现在数字空间的交互。

管理壳可以认为是与物理资产相伴生的软件层(包括数据和界面)，是 CPS 的物理层 P 与赛博层 C 进行交互的重要支撑部分。

CPS 要义在于 Cyber 它与物理实体进行交互。从这个意义而言，CPS 中的 P(Physics)必须具有某种可编程性(包括嵌入式或用软件进行控制)。因此，CPS 中的 P，与数字孪生所对应的物理实体有相同的关系，可以靠数字孪生来实现。

根据德国Drath教授的CPS三层架构模型可以看出,数字孪生是CPS建设的一个重要基础环节。未来,数字孪生与资产管理壳(Asset Administration Shell,AAS)可能会融合在一起。但数字孪生则并非一定要用于CPS,有的时候,它不是用来控制,而只是用来显示。

在工业4.0的RAMI4.0中,物理实体是指设备、部件、图纸文件、软件。一个目前尚不太清楚的问题是,如何实现对软件的数字孪生,特别是在使用软件时,如何实现映射。

9.4.5 数字孪生与云端

一般而言,数字孪生是放在云端。西门子似乎倾向于将数字孪生看成纯粹基于云的资产,因为运行一个数字孪生需要的计算规模和弹性都很大。

SAP Leonardo平台为数字孪生引入了一个云解决方案"预防性工程洞察力"。利用购买的一家挪威的3D软件,对那些从传感器来的压力、张力和材料数据,进行评估,从而帮助企业加大对设备的洞察。

GE、ANSYS则倾向于认为数字孪生是一个边缘和云计算都可能存在的混合模型。而来自美国的创新公司SWIM,开发了一套软件包,建立了直接面向边缘的数字孪生。与常规数字孪生的云端概念不同,这个孪生是根据实时进入的数据,经过机器学习逐渐建立机器失效的概念,所有分析都在边缘端完成,不需要上传到网络端。

对于数字孪生而言,无论是云端,还是线下部署,都同等重要。

9.4.6 数字孪生与工业互联网

根据Garnter的2017技术成熟度曲线,数字孪生正处于上升的阶段。同样,IDC在2017年11月给出的预测是,到2020年,全球前2000名企业的30%,都会使用IoT产品中的数字孪生来进行产品创新。数字孪生尽管尚未成为主流,却是每一个企业都不能回避的命题。

工业互联网是数字孪生的孵化床。物理实体的各种数据收集、交换,都要借助于IoT来实现。它将机器、物理基础设施都连接到数字孪生上,将数据的传递、存储分别放到边缘或者云端。可以说,工业互联网激活了数字孪生,使得数字孪生真正成为一个有生命力的模型。

数字孪生的核心是在合适的时间、合适的场景,做基于数据的、实时正确的决定。这意味着可以更好地服务客户。数字孪生是工业互联网的重要场景,也是工业APP的完美搭档。工业APP可以调用数字孪生。一个数字孪生可以支持多个APP。工业APP可以分析大量的KPI数据,包括生产效率、宕机分析、失效率、能源数据等,形成评估结果,并将其反馈、储存到数字孪生,使得产品与生产的模式都得到优化。

9.4.7 数字孪生与智能制造

智能制造的范畴宽泛,包括数字化、网络化和智能化的方方面面,而数字孪生范畴较窄。智能制造包含大量的数字孪生的影子。智能生产、智能产品和智能服务,其中涉及智能的地方,多少都会用到数字孪生。

数字孪生是智能服务的重要载体。这里包含三类数字孪生:第一类是功能型数字孪生,用来指示一个物体的基本状态，例如开关的满或者空；第二类是静态数字孪生，用来收集原始数据，以便用来做后续分析，但尚没有建立分析模型；最重要的一类是第三类，就是高保真数字孪生，它可以对一个实体做深入的分析，检查关键因素，用于预测和指示如何操作。

在过去，产品一旦交付给用户，就到了截止点，产品研发就出现断头路。而现在通过数字孪生，可以从实体获取营养和反馈，然后成为研发人员最为宝贵的优化方略。换言之，数字孪生，成为一个测试沙盒。许多全新的产品创意，可以直接通过数字孪生传递给实体。

数字孪生正在成为一个数字化企业的标配。德国夹具公司雄克(Schunk)有5000个标准产品，都将配置"digital twin"。其中50个零部件已经开始建模。

9.4.8 数字孪生与工业的边界

从一个产品的全生命周期过程而言，数字孪生发源于创意，从CAD设计开始，到物理产品实现，再到消费阶段的服务记录持续更新。然而，一个产品的制造过程，本身也可能是数字孪生。也就是工艺仿真、制造过程，都可能建立一个复杂的数字孪生系统，进行仿真模拟，并记录真实数据。

产品的测试也是如此。在一个汽车自动驾驶的实例中，验证5级自动驾驶系统，即使不是最复杂的数字孪生的检验，那也是非常重要的应用。如果没有数字仿真，要完成这样的测试，需要完成140亿公里的实况测试。

在一个工厂的建造上，数字孪生同样可以发挥巨大作用。通过建筑信息模型BIM(Building Information Modeling)和仿真手段，对于工厂的水电气网以及各种设施，都可以建立数字孪生，实现虚拟工厂装配；并在真实厂房建造之后，继续记录厂房自身的变化。

对于厂房设施与设备，西门子在COMOS平台建立了数字孪生，并且与手机APP呼应。这样，维修工人进入工厂，带着手机就可以随时扫描RFID或者QR码，分析维修状况，分配具体任务(包括备件、文档和设备信息)到人。

显然，数字孪生可以是一个产品、一条产线，甚至是一个厂房。同样，钻井平台、集装箱、航行的货船可以建立一个数字孪生系统。

然而，数字孪生的野心还不限于此。它可以是一个复杂的组织或城市。

数字孪生组织(Digital Twin Organization, DTO)也叫数字孪生企业(Digital Twin Enterprise, DTE)。荷兰软件公司Mavim提供的数字孪生组织软件产品，能够把企业内部每一个物理资产、技术、架构、基础设施、客户互动、业务能力、战略、角色、产品、服务、物流与渠道都连接起来，实现数据互联互通和动态可视。

法国的达索系统正在用它的3D ExperienceCity，为新加坡建立一个完整的"数字孪生新加坡"。这样城市规划师就可以利用数字影像更好地解决城市能耗、交通等问题。商店可以根据实际人流情况，调整开业时间；红绿灯都不再是固定时间；突发事件的人流疏散，都有紧急的实时预算模型；甚至可以把企业之间的采购、分销关系也都加入进去，形成"虚拟社交企业"。

9.5　制造大数据与数字孪生制造的发展愿景

9.5.1　数字制造环境下的制造大数据

数字制造背景下复杂产品的制造生产过程，涉及制造企业、制造车间、制造生产线的"人-机-物-环境"等生产要素的参与。随着CPS感知技术与互联技术的快速发展，已经能获取制造产品生产全生命周期中的大部分数据，这些数据包括制造装备本体的基本数据和运行状态数据、制造环境的物理数据、产品生产过程中从设计到制造到大量数据，以及制造过程物流和制造产品全生命周期质量和运营的各种数据等。制造业整个价值链、制造业产品的整个生命周期，都涉及诸多数据。同时，制造业企业的数据呈现出爆炸性增长趋势。数字制造环境下的数据呈几何式增长的态势。制造数据具有规模海量、多源异构、多时间/空间尺度、多维度等特征，具备典型的大数据特征。制造业企业需要管理的数据种类繁多，涉及大量结构化数据和非结构化数据，如产品数据(设计、建模、工艺、加工、测试、维护数据、产品结构、零部件配置关系、变更记录等)、运营数据(组织结构、业务管理、生产设备、市场营销、质量控制、生产、采购、库存、目标计划、电子商务等)、价值链数据(客户、供应商、合作伙伴等)、外部数据(经济运行数据、行业数据、市场数据、竞争对手数据等)。随着大规模定制和网络协同的发展，制造业企业还需要实时从网上接受众多消费者的个性化定制数据，并通过网络协同配置各方资源，组织生产，管理更多各类有关数据。

制造大数据为数字制造企业或数字制造车间/生产线运行提供了一种新的优化模式，通过大数据建立车间生产过程和运行决策间的关系，能够对车间运行状态提供统计和分析，并从中获得更多具有前瞻性意义的信息。大数据可能带来的巨大价值正在被传统产业认可，它通过技术创新与发展，以及数据的全面感知、收集、分析、共享，为企业管理者和参与者呈现出全新视角。利用这些大数据进行分析，将带来仓储、配送、销售效率的大幅提升和成本的大幅下降，并将极大地减少库存，优化供应链。同时，利用销售数据、产品的传感器数据和供应商数据库的数据等大数据，制造业企业可以准确地预测全球不同市场区域的商品需求。由于可以跟踪库存和销售价格，制造业企业可节约大量的成本。

(1) 制造大数据处理方法

针对制造大数据的处理，主要分为三个部分，即异构制造大数据的建模与统一描述、储存和预测。制造大数据的统一建模为大数据的分布式储存和数据挖掘奠定了基础。针对海量的数字制造大数据，目前多采用分布式储存架构(如 Hadoop＋MapReduce)来实现大数据的分布式存储。由于制造车间内工况复杂，所汇聚的车间制造大数据伴有大量的噪声，需要对其进行预处理，对数据进行清洗、交换和分类，通过大数据预测模型的建立实现其增值。

(2) 制造大数据应用

通过制造大数据自身的预测模型实现数据的增值，在生产过程的管控、生产能耗预测、产品全生命周期管理、设备维护等多方面都有应用。随着消费者对产品个性化需求的增加，基于对车间生产要素感知和生产过程监控所产生的工业大数据，利用分布式储存和大数据挖掘策略、个性化需求，对车间生产要素进行分析、判断、调整和控制，提高生产过程的效率，生产出个性化的产品。知识计算(大数据系统和分析技术综述)作为国内外工业界和学术界的研究热点，以大数据分析为基础，在工业制造领域也有广泛的应用。在产品健康管理预测方面，工业大数据也有着广泛的应用，例如有研究基于这些大数据的预测模型，来预测发动机急需修理的时间，提出了基于统计预测的准确率。然而，这些研究都是基于车间生产过程感知数据的，仅仅实现了在车间信息层面的融合，没有实现物理世界与信息世界之间的集合和资源的共享，即缺乏与实际物理车间的交互过程，缺乏二者的融合，难以实现在“虚实交互”环境下大数据的处理。

9.5.2 数字孪生与制造大数据

如前所述，数字孪生是实体物理模型的虚拟数字化映射对象，包括实体的高保真数字化建模、虚实双向动态链接及虚实孪生体的共生演化。其核心技术一是虚拟的实体化，即通过建模实现虚拟数字化模型并进行仿真与分析；二是实体的虚拟化，即实体在实际运作过程中，把状态映射到虚拟的孪生体中，通过数字化的仿真进行判断、分析、预测和优化。因此，根据数字孪生的概念和理论可以得出其主要特点如下：

① 它对物理对象各类数据进行集成，是一个忠实的映射；

② 它存在于物理对象的全生命周期，并与其共同进化，不断积累相关知识；

③ 它不仅对物理对象进行描述，而且能够基于模型对物理对象进行优化。

基于上述特点，数字孪生已经开始在部分领域应用。如美国空军实验室的结构科学中心基于数字孪生建立了具有高保真度的飞行器模型，基于大数据实现了对飞行器结构寿命的精准预测。哥伦比亚大学利用数字孪生的思想建立了动态仿真模型，基于大数据挖掘与分析实现了对复合材料的疲劳损伤预测。Grieves 等人通过将物理系统和与其等效的虚拟系统相结合，研究了基于数字孪生和大数据的复杂系统故障预测与消除方法，并在 NASA 相关系统中开展应用验证。当下通过数字孪生的相关应用可以得到两个很重要的结论：一是数字孪生在制造领域拥有巨大的应用前景，并已成为当前一些知名公司的重要研究方向。如西门子提出的“数字化双胞 7 胎”模型，该模型包括“产品数字化双胞胎”“生产工艺流程数字化双胞胎”和“设备数字化双胞胎”。达索公司针对复杂产品用户交互需求，建立了基于数字孪生的 3D 体验平台，通过实时同步更新在数字空间进行的预测分析来指导制造生产，并在法国船级社公司进行了初步验证。另外，数字孪生在车间及其产品设计、制造与服务等阶段的应用已得到初步的探讨。二是数字孪生技术与大数据技术在同步发展，即数字孪生的发展离不开大数据技术的发展，数字孪生是大数据的一个特例，尽管目前相关研究主要集中在航空航天领域，但它在制造领域中的产品设计、过程规划、生产布局、制造执行、产量优化和过程验证等方面有着广阔的应用前景。

数字制造环境下的制造大数据，主要是利用制造生产过程中产生的海量数据，通过信息运算或深度学习从中挖掘有用信息，进而可以深刻理解或预测制造企业、制造车间/生产线的运行规律。作为大数据的一种特殊形式，数字孪生不仅可以建立与制造企业、制造车间/生产线现场完全镜像的虚拟模型，同步刻画制造企业、制造车间/生产线物理世界和虚拟世界，还能实现虚实之间的交互操作与共同演化，从而反过来控制并优化物理制造企业、制造车间/生产线运行过程，让真正意义上的制造企业、制造车间/生产线物理信息融合变成可能。因此，在现有数字化制造研究的基础上，引入数字孪生理论，并结合服务理论将其概念进行扩展，通过构建全互联的物理制造企业、制造车间/生产线和全镜像的虚拟制造企业，研究制造企业、制造车间/生产线物理信息数据融合理论及其驱动的服务融合与应用理论，为同步刻画制造企业、制造车间/生产线物理世界与信息空间，同步反映制造企业、制造车间/生产线物理信息数据的集成、交互、迭代、演化等融合规律提供一种新的可行思路与方法，从而指导制造企业、制造车间/生产线运行优化并实现其智能生产与精准管理目标。

从数字孪生和大数据发展的趋势看，工业领域的大数据基本上会从几个方面发展：

一是所有的工业大数据都是从装备层面开始慢慢跟业务深度耦合，扩展到设计、体验。然后从业务端慢慢拓展到产品全生命周期，并慢慢过渡到全产业链的大数据挖掘与分析，以及跨产业的大数据挖掘与分析。

二是工业级的大数据分析依托工业人工智能技术快速发展，工业人工智能技术绝对不是其他行业的人工智能技术在工业行业的翻版，而是要结合行业内专业算法和结构化处理，结合工业的深度融合。

三是信息物理系统与数字孪生技术是指导大数据智能分析的重要方法。人-机-物新一代智能信息系统，特别强调物理空间和信息空间虚实融合的数字孪生技术应用。可以说，数字孪生技术是信息物理系统中的非常重要的基础和灵魂，也是打通物理空间和信息空间的重要通道。

四是多模态融合的工业大数据分析建模工具是价值萃取的明珠。这里面包括描述性分析（发生什么？现在正在发生什么?）、规定性的分析（为什么发生?）、诊断性分析（将来发生什么?）、预测性分析以及指导性分析（避免发生）。

五是数字孪生和工业大数据必须结合工业互联网体系进行传播和应用。工业领域的碎片化的知识挖掘，必须通过不同层次的数字孪生体进行价值萃取，形成知识胶囊和颗粒之后跟 APP 结合，服务于工业领域。

9.5.3　数字孪生将带来制造领域的一场革命

目前数字孪生技术还面临着诸多难题：一是高写实仿真，数字孪生的数字模型具备超写实性，产品虚拟模型的高精度性使孪生结果更准确、更接近真实的工况；二是高实时交互，由于数字孪生技术是基于全要素、全生命周期的海量数据，涉及先进传感器技术、自适应感知、精确控制与执行技术等难题；三是高可靠分析决策，通过实时传输，物理产品的数据动态实时反映在数字孪生体系中，反过来数字孪生基于感知的大数据进行分析决策，进而控制物理产品。

数字孪生技术所涉及的理念、技术、方法具有超前性，亟须各个行业、多种人才广泛参与，结合企业数字化、信息化、智能化发展历程融合推进，尽快建立起普适性的定义及相关标准，打造多头并促的发展生态。

当前，PTC 公司（美国参数技术公司）一直在推动数字孪生，甚至以“数物融合”作为公司的新发展战略，在一个更大的工业互联网场景中描述了数字孪生的作用。其中，企业的物理产品都通过云服务，在 Thingworx 中建立了一个或多个数字孪生体，用于制造、研发、销售、服务、财务等各个业务环节。图 9.6 给出了 PTC 公司对数字孪生的认识。

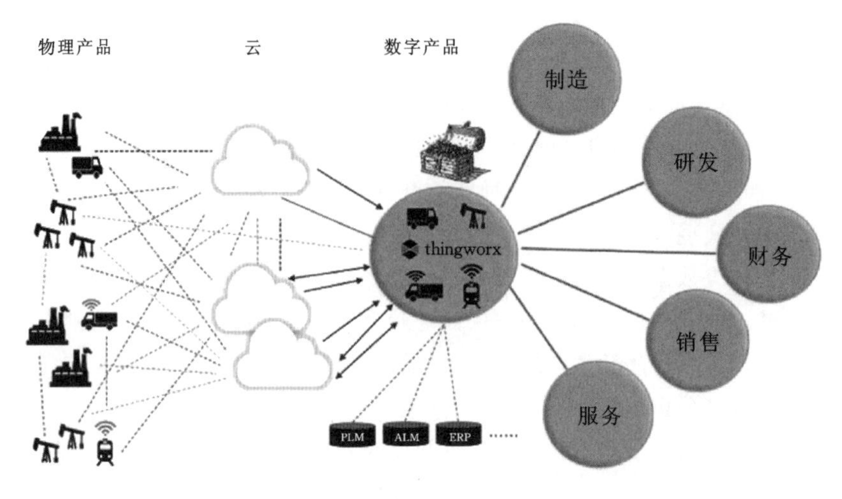

图 9.6　PTC 对数字孪生的认识

PTC 公司对数字孪生的认识，很值得我国制造行业借鉴。可以预料，随着制造行业数字化和智能化的广泛深入，数字孪生必将引发智能制造的深刻变化，为制造领域带来一场深刻的革命。

无论如何，在未来几年，数字孪生技术都将飞速发展，以数字孪生为核心的产业、组织和产品将如雨后春笋般诞生、成长和成熟。每个行业、每个企业不管采用何种策略和路径，数字孪生将在未来几年之内成为标配。没有数字孪生战略的企业，是没有竞争力的。

参 考 文 献

[1] 曹岩，袁清珂. 虚拟制造的实施研究[J]. 制造业自动化，1999，21(6)：4-8.

[2] 陶飞，张萌，程江峰，等. 数字孪生车间——一种未来车间运行新模式[J]. 计算机集成制造系统，2017，23(1)：1-9..

[3] 王生涛. 基于 eM-Plant 的板件柔性制造系统仿真与优化[D].苏州：苏州大学，2010.

[4] 邢帆. 数字孪生技术或助智能制造加速发展[J]. 中国信息化，2018 (4)：6.

[5] 侯安生，平本红，薛萍. 航空装备维修保障发展研究[J]. 航空维修与工程，2018，328(10)：21-25.

[6] 董丽喆. 基于数字主线的数字化研制与开发[N]. 中国航天报，2019-04-11.

[7] 陈骞. 国外数字孪生进展与实践[J]. 上海信息化，2019(1)：80-82.

[8] 任涛，于劲松，唐荻音，等. 基于数字孪生的机载光电探测系统性能退化建模研究[J]. 航空兵器，2019，26(2)：79-84.

[9] 徐荣璋. 数字化工厂中的产品虚拟制造[J]. 模具技术，2003(3)：41-44.

[10] 石焱文，蔡钟瑶. 基于数字孪生技术的水利工程运行管理体系构建[C]// 2019(第七届)中国水利信息化技术论坛，2019.

[11] 杨晓光，高霄华，李峰虎. 数字化制造车间的信息化[J]. 机械管理开发，2009(S1)：134-136.

[12] 杨永强，叶梓恒，王迪，等. 3D 打印设备国内产业化可行性分析[J]. 新材料产业，2013(8)：13-20.

[13] 陈善勇，戴一帆，彭小强，等. 回归工程背景下的《数字化制造技术》研究生课程改革探索[J]. 高等教育研究学报，2009，32(Z1)：37-39.

[14] 庄存波，刘检华，熊辉，等. 产品数字孪生体的内涵、体系结构及其发展趋势[J]. 计算机集成制造系统，2017(4).

[15] 张长信. 数字孪生体在产品生命周期管理中的应用探究[J]. 科技风，2019 (7)：13-14，20.

[16] 薛立功. 基于多智能体的数字制造软件平台关键技术研究与实现[D].武汉：武汉理工大学，2011.

[17] 郑言. 第三次工业革命[J]. 政策瞭望，2012(7)：54-56.

[18] 唐堂，滕琳，吴杰，等. 全面实现数字化是通向智能制造的必由之路——解读《智能制造之路：数字化工厂》[J]. 中国机械工程，2018，29(3)：366-377.

[19] 石秀芬. 基于模型定义技术(MBD 技术)的分析研究[J]. 机械管理开发，2013(3)：45-47.

[20] 朱民，黄乐平. 智能制造大发展催动智能物流崛起[J]. 物流技术与应用，2019，24(2)：17-20.

[21] 孙智超. 汽车生产线物流及电气仿真研究与应用[D]. 南京：南京航空航天大学，2014.

[22] 沈洁，项颢，贾琨. 基于电子工业物联网模型的数字孪生系统及其构建[J]. 电力信息与通信技术，2019 (3)：22-27.

[23] 楚杰. 桌面工厂：3D 打印机[J]. 发明与创新，2012(9)：12-13.

[24] 周伟民，李小丽. 智能制造技术：抓住新产业革命的核心技术[J]. 中国战略新兴产业，2015 (9)：27-29.
[25] 陈松林. 智能制造助力高温材料产业升级[J]. 中国建材，2019，435(3)：102-104.
[26] 常杉. 工业 4.0：智能化工厂与生产[J]. 化工管理，2013(21)：21-25.
[27] 路甬祥. 走向绿色和智能制造——中国制造发展之路[J]. 国内外机电一体化技术，2010 (3)：37-38.
[28] 李家铎，林文堂. 智能制造时代陶瓷原料标准化探讨[C]// 第三届中国建筑卫生陶瓷质量大会暨中国硅酸盐学会建筑卫生陶瓷委员会 2018 学术年会专刊. 2018.
[29] 金江军. 智慧产业发展对策研究[J]. 技术经济与管理研究，2012(11)：42-46.
[30] 王帅. 智能制造在先进复合材料模压成型市场分析及推广策略[J]. 商业故事，2018.
[31] 隋爱娜，吴威，陈小武，等. 基于分布式虚拟环境的装配约束语义模型[J]. 计算机研究与发展，2006，43(3)：542-550.
[32] 段俊勇，赵海霞，张永涛，等. 智能制造体系中关键技术的分析与探讨[J]. 智能制造，2018，278(10)：41-44.
[33] 刘强. 探索智能制造发展之路[J]. 数字印刷，2019，199(1)：24-33，113.
[34] 胡长明 ，操卫忠 ，王长武 ，等. 复杂电子装备结构数字化样机探索与实践[J]. 电子机械工程，2017.
[35] 岳梦云，王伟，张羲格. 人工智能在中国航天的应用与展望[J]. 计算机测量与控制，2019(6)：1-4.
[36] 王忠宏，李杨帆. 数字化制造与新工业革命[J]. 决策，2013(6)：58-60.
[37] 刘璟，王玲，胡东飞，等. 临近空间飞行器多物理场耦合建模的网格映射方法[J]. 航天控制，2012(3)：77-81，91.
[38] 郑佩祥. 配电网 CPS 理论架构和典型场景应用[J]. 中国电力，2019，52(1)：16-22，37.
[39] 薛会民，魏效玲，王宏伟. 数字制造环境下的制造资源集成研究[J]. 机械设计与制造，2006(5)：143-144.
[40] 范仁德. 充分利用高新技术提升橡胶工业加快建设橡胶工业强国（下）[J]. 中国橡胶，2012(21)：8-12.
[41] 王卫东，郎锦义. 基于生命/影像组学和人工智能的精确放射治疗：思考与展望[J]. 中国肿瘤临床，2018，45(12)：11-15.
[42] 刘昆民. 圆柱齿轮减速器的快速设计技术[D].太原：太原理工大学，2006.
[43] 齐尔麦. 机械产品快速设计原理、方法、关键技术和软件工具研究[D]. 天津：天津大学，2003.
[44] 王建正. 基于产品平台的快速设计集成系统研究与开发[D].北京：机械科学研究总院，2008.
[45] 林俊聪. 自行车模块化概念设计系统的研究与开发[D]. 天津：天津大学，2006.
[46] 张兴朝. 基于有限元分析的模块化数控机床结构动态设计研究[D].天津：天津大学，2001.
[47] 宗俊. 线缆应力释放件快速设计平台的研究与应用[D]. 上海：上海交通大学，2012.
[48] 陈亚哲，刘杨，任朝晖. 基于系统化设计过程的产品设计质量控制理论[J]. 中国工程机

械学报，2017.
[49] 路强. 面向功能的可视化创新概念设计方法研究[D].合肥：合肥工业大学，2010.
[50] 刘艺. 基于用户满意体验的数据可视化研究[D]. 上海：华东理工大学，2014.
[51] 张欣，方海，胡飞. 用户观察与数量信息的可视化研究[C]// 设计驱动商业创新：清华国际设计管理大会. 2013.
[52] 石菲. 早已开始的数字孪生[J]. 中国信息化，2018(1)：6.
[53] 贡霖江. 基于 UCD 的产品概念设计流程与方法研究[D]. 上海：上海交通大学，2010.
[54] 杨弘，肖扬，李冰. MBSE 在民用飞机刹车系统需求分析中的应用[J]. 民用飞机设计与研究，2018，131(4)：110-114.
[55] 孙斐婷. 数据可视化系统设计研究[D]. 北京：北京邮电大学，2018.
[56] 徐建强. 系统设计与验证确保 C919 大型客机的质量安全[J]. 上海质量，2016(11).
[57] 夷嫵霖. 设计质量控制系统的研究与开发[D]. 重庆：重庆大学，2005.
[58] 白永红，梁可，周盛，等. 基于 MBD 的飞机设计制造协同关联技术探讨[J]. 航空制造技术，2015，58(18)：40-44.
[59] 于乃江，李山. 航空发动机设计制造协同流程及关键技术研究[J]. 中国制造业信息化：学术版，2009(11)：16-19.
[60] 雷宝，郭敏骁，贺韡. MBD 技术在飞机研制中的应用及其给质量监督工作带来的挑战和思考[J]. 航空制造技术，2013(03)：54-56.
[61] 曾强，徐斌，梁俊俊，等. 项目协同管理模式下的新型武器装备研制质量管理探讨[C]// 使命与责任—以质量方法促转型升级——第五届中国质量学术与创新论坛，2012.
[62] 黄超，梅中义. 基于模型的飞机设计工艺信息流传递方法研究[J]. 机械工程师，2017(8)：1-4.
[63] 司徒渝. 基于创新体系的德阳装备制造业生产性服务型信息化平台研究[D].成都：西南交通大学，2012.
[64] 蒋明炜. 21 世纪制造模式——协同制造[J]. 中国高新技术企业，2012(5)：60-61.
[65] 庞晓如. 某类装备数字化协同研制工作平台技术研究和实现[D].电子科技大学，2014.
[66] 陈冰.面向智能制造的航空发动机协同设计与制造[J].航空制造技术，2016(5)：16-21.
[67] 侯志霞，邹方，吕瑞强，等. 信息物理融合系统及其在航空制造业应用展望[J]. 航空制造技术，2014，465(21)：47-49.
[68] 郭世进. A 公司制造执行系统的规划与实施[D].天津：天津大学，2015.
[69] 边义祥. 中小电子企业 MES 研究与开发[D]. 南京：南京航空航天大学，2005.
[70] 王震. 基于 Windchill 的网络协同设计制造系统的研究与实现[D].大连：大连理工大学，2009.
[71] 杜兆才，姚艳彬，王健. 机器人钻铆系统研究现状及发展趋势[J]. 航空制造技术，2015，473(4)：26-31.
[72] 李婧，吴红超，王佩章，等. MBD 技术在坦克装甲车辆研制过程中的应用探讨[J]. 机电产品开发与创新，2019，32(1)：46-48.
[73] 方孟. X 培训中心管理信息系统规划[D].大连：大连理工大学，2018.
[74] 盖军. 基于需求驱动的供应链优化管理研究[D]. 西安：西安电子科技大学，2008.

[75] 宁博. 飞机总装配生产线数字孪生系统若干关键技术研究[J]. 数字化用户，2019，25(14).
[76] 李仁发，谢勇，李蕊，等. 信息-物理融合系统若干关键问题综述[J]. 计算机研究与发展，2012，49(6).
[77] 李孝斌，尹超. 面向生产过程云服务的制造执行系统[J]. 计算机集成制造系统，2016，22(1).
[78] 李孝斌. 云制造环境下机床装备资源优化配置方法及技术研究[D]. 重庆：重庆大学，2015.
[79] 冯亮. 基于物联网的再制造物流系统协同管理研究[D].西安：西北工业大学，2016.
[80] 许超. 基于物联技术的制造执行实验平台研究与开发[D].南京：南京航空航天大学，2017.
[81] 夏强. 华瑞汽车制造执行信息系统分析与设计[D].成都：电子科技大学，2010.
[82] 钟佳. 面向卷烟工业 MES 的 SPC 系统的设计与实现[D].中山：中山大学，2012.
[83] 杨忠良. XBL 管桩公司生产计划改进研究[D]. 天津：天津大学，2009.
[84] 夏晓鹏，任光胜. 基于敏捷制造的制造执行系统[J]. 机械管理开发，2009(5)：185-187.
[85] 王伟. 基于现场总线的弹药装检生产线管控系统设计[D]. 沈阳：东北大学，2015.
[86] 柴天佑，郑秉霖，胡毅，等. 制造执行系统的研究现状和发展趋势[J]. 控制工程，2005(6)：4-9.
[87] 柴天佑. 节能降耗设计、制造、管理一体化 MES 发展趋势[J]. 机械设计与制造工程，2007(18)：42-42.
[88] 金爱顺. 氧化铝生产过程制造执行系统应用研究[D]. 沈阳：东北大学，2010.
[89] 李箫. 锻造企业车间管理技术研究及系统开发[D]. 南京：南京理工大学，2009.
[90] 荣肖太. 选矿制造执行系统运行平台的设计与核心组件的实现[D]. 沈阳：东北大学，2014.
[91] 王军. VERICUT 数字化工艺设计经验——工艺整合与验证篇[J]. 智能制造，2016(9)：14-18.
[92] 马岩，刘旭东，鲍晨辉. 浅析数控机床设计开发的验证方法[J]. 制造技术与机床，2017(5).
[93] 马岩，王海涛，李初晔，等. 航空专用装备设计开发中的 CAX 应用研究[J].CAD/CAM 与制造业信息化，2012(8)：21-23.
[94] 张雨荷. 缩短复杂结构薄壁异形件生产周期的技术尝试[J]. 航空制造技术，2015，470(1/2)：128-129.
[95] 马国星. 制造执行系统中生产过程跟踪技术的研究[D]. 哈尔滨：哈尔滨理工大学，2011.
[96] 王小彬，王太勇，李宏伟，等. 虚拟制造中数控加工过程三维仿真技术的研究[J]. 机床与液压，2004(6)：13-15.
[97] 雷琦，潘立伟，宋豫川. 面向车间制造过程的知识管理运行模式及支撑技术[J]. 重庆大学学报：自然科学版，2011.
[98] 刘海琼. 开放结构数控系统的开发——三维动态模拟[D]. 成都：电子科技大学，2005.
[99] 姜桂平. 数控车削仿真系统的研究与开发[D]. 天津：天津大学，2006.

[100] 马岩，王增新，孙彩霞，等. 五坐标立式加工中心整体防护优化设计[J]. 制造技术与机床，2015(7)：160-163.

[101] 韩守鹏，邱晓刚，黄柯棣. 动态数据驱动的适应性建模与仿真[J]. 系统仿真学报(z2)：147-151.

[102] 李鹏，王太勇，李宏伟，等.虚拟环境下的数控加工实时3维仿真系统的研究与开发[J]. 制造业自动化，2004(8)：37-41，50.

[103] 李鹏，王太勇，赵巍，等.五轴开放式数控系统用户界面的研究[J].机床与液压，2005(6)：10-12.

[104] 杨小涛. H公司知识管理体系构建研究[D]. 广州：华南理工大学，2011.

[105] 赵海峰，李雀屏，王建荣，等. 面向企业制造过程的信息集成研究与实现[J]. 计算机工程与应用，2008(12)：82-84.

[106] 赵海峰，梁爽，张楠，等.网络化制造环境下MES.net v1.0系统在协同制造中的应用[J]. 组合机床与自动化加工技术，2007(9)：103-106.

[107] 赵海峰. 网络化制造模式下MES系统研究与实现[D].沈阳：东北大学，2008.

[108] 张映锋，赵曦滨，孙树栋，等. 一种基于物联技术的制造执行系统实现方法与关键技术[J]. 计算机集成制造系统，2012，18(12).

[109] 邓汝春，郭孔快.基于精益供应链的制造执行系统MES的研究[J].工业工程与管理，2012，17(4)：114-120.

[110] 王连骁，张兆明，邢正双.制造执行系统在发动机试制中的应用及发展趋势[J].柴油机设计与制造，2018，24(4)：44-48.

[111] 冯卫娇. 面向云制造服务的制造执行系统[D].重庆：重庆大学，2017.

[112] 刘晓冰，刘彩燕，马跃，等. 基于制造执行系统的动态质量控制系统研究[J]. 计算机集成制造系统，2005，11(1)：133-137.

[113] 刘彩燕. 面向过程集成的钢铁企业质量管理研究[D]. 大连：大连理工大学，2006.

[114] 曲帅锋. 基于车间信息集成的工序质量控制系统研究[D]. 武汉：武汉理工大学，2007.

[115] 吴修德. 基于工业以太网的车间数字设备集成控制的关键技术研究[D]. 武汉：武汉理工大学，2007.

[116] 龚仁伟. 车用空调类车间MES中动态质量管理技术研究及应用[D]. 重庆：重庆大学，2008.

[117] 张瑞刚，杨光，岳彦芳，等. 制造执行系统中质量管理系统的研究[J]. CAD/CAM与制造业信息化，2009(3)：26-27.

[118] 戴敏. 多工序制造过程质量分析方法与信息集成技术研究[D].南京：东南大学，2006.

[119] 廖冠平. 液晶模组制造业MES系统的应用研究[D].南京：南京理工大学，2005.

[120] 于勇，卢鹄，范玉青，等. 飞机构型控制技术研究与应用[J]. 航空制造技术，2009(23)：70-74.

[121] 张建武. 工程机械退役产品再制造信息追溯系统的研究与开发[D]. 长沙：湖南大学，2015.

[122] 陈静娟. 制造型企业物料和产品追溯系统[D].天津：天津大学，2015.

[123] 宁林炎. 基于RFID的汽车零部件质量信息追溯系统研究[D].武汉：武汉理工大

学,2011.
[124] 林松. X项目生产准备方案的设计[D].长春:吉林大学,2010.
[125] 张浩,张曙.柔性制造系统的规划设计方法[J].组合机床与自动化加工技术,1995(1):22-32,38.
[126] 陶剑.基于模型的航空制造企业架构[J].制造业自动化,2015(16):11-13.
[127] 具文龙.中小型离散企业生产计划仿真系统设计与实现[D].沈阳:东北大学,2011.
[128] 吕洁.柔性制造系统能力决策问题的风险描述及其影响分析[D].合肥:中国科学技术大学,2006.
[129] 曾佑琴.面向中小配套型企业制造执行系统的调度算法研究[D].重庆:重庆大学,2005.
[130] 王文深.基于EER模型的零件制造信息模型研究[J].机械制造,2007(1):60-62.
[131] 蒋丽雯.基于遗传算法的车间作业调度问题研究[D].长春:长春理工大学,2007.
[132] 周维生.基于混合遗传算法的作业车间调度问题的研究[D].哈尔滨:哈尔滨工业大学,2008.
[133] 万力之.基于仿真的装配生产配送物流规划分析与优化[D].武汉:华中科技大学,2012.
[134] 纪维东.面向数字化工厂的车间任务型离散生产系统仿真研究与应用[D].重庆:重庆大学,2007.
[135] 李敏.基于UML的面向对象仿真及其在中央空调仿真培训系统中的应用研究[D].安徽:合肥工业大学,2005.
[136] 刘小玲.一种基于VA模型的虚拟教学实验系统研究[D].武汉:华中科技大学,2007.
[137] 姚小龙.虚拟器件仿真与建模方法的研究[D].武汉:华中科技大学,2004.
[138] 刘杰.生产物流系统路径成本的仿真分析[D].天津:天津大学,2012.
[139] 胡青海.基于CCPN的面向对象虚拟实验仿真模型研究[D].武汉:华中科技大学,2006.
[140] 薛永吉.仓储物流系统仿真及应用研究[D].南京:东南大学,2006.
[141] 袁锋.基于资源优化的制造过程建模与仿真研究[D].沈阳:东北大学,2006.
[142] 陈振,丁晓,唐健钧,等.基于数字孪生的飞机装配车间生产管控模式探索[J].航空制造技术,2018,61(12):46-50,58.
[143] 汪林生.虚实融合技术在智能制造中的应用研究[D].南京:南京邮电大学,2018.
[144] 朱志民,陶振伟,鲁继楠.轨道交通转向架数字孪生车间研究[J].机械制造,2018,56(11):13-16.
[145] 胡凡成.基于Unity 3D的实时数据驱动数字化车间研究[D].长沙:湖南大学,2018.
[146] 张琦.基于物理数据的数字孪生冲压生产线建模方法研究[D].武汉:武汉理工大学,2018.
[147] 张大勇,徐晓飞,王刚.基于UML的动态联盟企业建模方法[J].计算机集成制造系统-CIMS,2002(7):515-521.
[148] 刘大同,郭凯,王本宽,等.数字孪生技术综述与展望[J].仪器仪表学报,2018,39(11):1-10.
[149] 李凯,钱浩,龚梦瑶,等.基于数字孪生技术的数字化舰船及其应用探索[J].船舶,2018,29(6):101-108.
[150] 徐乃佩.基于精益生产的F公司工厂布局改善研究[D].上海:华东理工大学,2015.

[151] 郭龙. 基于π演算的汽车底盘测功机智能主体VR系统的研究[D].天津:天津大学,2009.
[152] 程华农. 面向智能体的化工过程运行系统分析、模型化和集成策略的研究[D].广州:华南理工大学,2002.
[153] 金福江. 基于过程控制技术的清洁生产及其在制浆生产过程中的应用研究[D].杭州:浙江大学,2002.
[154] 高娜. MRP/JIT生产方式下的制造执行系统建模及实证研究[D].天津:天津大学,2009.
[155] 李荷华. 面向智能体的化工过程运行系统信息集成模型研究[D].广州:华南理工大学,2003.
[156] 陈耀军,姚锡凡,帅旗.现代制造系统控制研究发展[J].中国制造业信息化,2008(05):56-59,63.
[157] 周林,王君,赵永波.基于MAS的防空作战CGF行为建模研究[J].弹箭与制导学报,2007(2):392-395.
[158] 郝成民,刘湘伟,胡波.基于Agent的电子战CGF建模研究[J].系统仿真学报,2005(10):14-16,19.
[159] 张冰,李欣,万欣欣.从数字孪生到数字工程建模仿真迈入新时代[J].系统仿真学报,2019,31(3):369-376.
[160] 刘鹏. 人工智能在军队政治工作领域的应用研究[D].北京:国防科学技术大学,2009.
[161] 李永敢. 空间飞行器半实物仿真系统的研究[D].北京:北京交通大学,2018.
[162] 李候. 某企业数控磨床装配车间的布局规划研究[D].长沙:湖南大学,2017.
[163] 孙建侠. 光伏电站并网的半实物混合仿真[D].北京:北京交通大学,2014.
[164] 冯爽. 考虑物流效率的机加车间设施布局规划与评价研究[D].合肥:合肥工业大学,2016.
[165] 李福华. 机载SAR系统试验控制软件的设计与实现[D].北京:国防科学技术大学,2010.
[166] 何娜. 基于3D技术的目标模拟软件的研究[D].西安:西安电子科技大学,2012.
[167] 丁穗庭,王智伟,王思扬.基于可重构思路的智慧车间优化布局算法[J].现代制造技术与装备,2018(3):44-46,48.
[168] 万登科. 灵长类仿生机器人悬臂运动轨迹规划与控制策略研究[D].沈阳:东北大学,2017.
[169] 徐晓平. 湖北同发机电有限公司生产物流系统分析与优化研究[D].西安:西安电子科技大学,2010.
[170] 奚霁仲. 高渗透率分布式可再生能源发电系统实时仿真研究[D].合肥:合肥工业大学,2018.
[171] 黄建强,鞠建波.半实物仿真技术研究现状及发展趋势[J].舰船电子工程,2011,31(7):5-7,25.
[172] 郑国,杨锁昌,张宽桥.半实物仿真技术的研究现状及发展趋势[J].舰船电子工程,2016,36(11):8-11.

[173] 宋超. 分布式结构在雷达系统仿真中的应用研究[D].成都:电子科技大学,2006.
[174] 唐超. 分布式航空兵作战仿真系统的研究[D].武汉:华中科技大学,2011.
[175] 黄志理,崔颢,李萍.导弹武器系统虚拟样机技术研究[J].导弹与航天运载技术,2012(2):20-24.
[176] 陈建华,李刚强,傅调平.海军兵种战术训练模拟系统建设研究[J].系统仿真学报,2007(11):2625-2631.
[177] 朱枫林. RFID标签 Inlay 生产装备诊断维护系统设计与实现[D].武汉:华中科技大学,2014.
[178] 艾远高. 基于虚拟现实的水电机组状态监测分析方法研究[D].武汉:华中科技大学,2012.
[179] 昝涛,王民,费仁元,等.基于虚拟仪器的机械加工状态网络监测与诊断系统[J].制造技术与机床,2006(8):69-72.
[180] 颜秉勇. 非线性系统故障诊断若干方法及其应用研究[D].上海:上海交通大学,2010.
[181] 杨志浩. 基于 MapReduce 的并行模糊规则分类算法研究及应用[D].大连:大连理工大学,2018.
[182] 郭倩倩. 基于 IOT 技术的 DYJ900 运架一体机监控系统应用层设计及实现[D].郑州:郑州大学,2014.
[183] 彭雷. 基于增强现实的地铁机电设备维护研究[D].武汉:华中科技大学,2015.
[184] 张晓阳. 面向复杂系统生命周期的故障诊断技术研究[D].南京:南京理工大学,2005.
[185] 张天瑞. 面向服务的全断面掘进机生命周期健康管理技术研究[D].沈阳:东北大学,2014.
[186] 王锐华,许峰.综合电子信息系统全寿命需求管理方法[J].火力与指挥控制,2012,37(S1):12-14,17.
[187] 张玉良,张佳朋,王小丹等.面向航天器在轨装配的数字孪生技术[J].导航与控制,2018,17(3):75-82.
[188] 孙萌萌. 飞机总装配生产线数字孪生系统若干关键技术研究[D].杭州:浙江大学,2019.
[189] 冯敦超,王小涛,韩亮亮.基于腱驱动的空间多指灵巧手的位置/腱张力混合控制[J].航天控制,2014,32(6):57-62.
[190] 梁庆文.虚拟现实和增强现实技术在汽车产品工艺规划及性能预评估的应用实践[J].装备制造技术,2019(2):167-173.
[191] 马云. 基于激光雷达 SLAM 的失效航天器近距离捕获技术研究[D].南京:南京航空航天大学,2018.
[192] 黄永军,王闰成,马枫."云上港航"数字孪生系统助航解决方案[J].信息技术与信息化,2018(12):67-70.
[193] 李欣,刘秀,万欣欣.数字孪生应用及安全发展综述[J].系统仿真学报,2019,31(3):385-392.
[194] 梅峰.JIMTOF2018:衔接未来的技术之树[J].金属加工(冷加工),2019(1):19-24.
[195] 戚建尧,白瑀,乔虎,等.MBD 技术支持下刀具制造资源建模研究[J].机电工程技术,2019,48(1):46-48,87.

[196] 谭建荣，张树有，徐敬华，等.创新设计基础科学问题研究及其在数控机床中的应用[J].机械设计，2019，36(3)：1-7.
[197] 严才根.表面粘贴基片式FBG传感器的应变传递机制与温度补偿研究[D].武汉：武汉理工大学，2017.
[198] 张云.一种步履式挖掘机的设计与研制[D].西安：长安大学，2016.
[199] 伍希志.考虑安装误差的角接触球轴承的可控性分析[D].天津：天津大学，2010.
[200] 吴佳尉.开孔取芯一体破拆救援属具的设计[D].北京：北京工业大学，2017.
[201] 王中杰，谢璐璐.信息物理融合系统研究综述[J].自动化学报，2011，37(10)：1157-1166.
[202] 张毅，杜厚东.基于动态质量控制的MES系统在PCB板组装行业的应用[J].CAD/CAM与制造业信息化，2007(9)：24-27.
[203] 林雪萍，赵光.CIO必读：论数字孪生的十大关系[J].软件和集成电路，2018(9)：34-41.
[204] 张伟.数字孪生在智能装备制造中的应用研究[J].现代信息科技，2019，3(8)：197-198.
[205] 缪学勤.Industry 4.0新工业革命与工业自动化转型升级[J].石油化工自动化，2014，50(1)：1-5.
[206] 赵敏.探求数字孪生的根源与深入应用[J].软件和集成电路，2018(9)：50-58.
[207] 魏忠.从情景计算到数字孪生[J].中国信息技术教育，2019(7)：84-86.
[208] 朱渊.染整CPPS中订单解析与流程调度[D].上海：东华大学，2016.
[209] 王喜文.大数据驱动制造业迈向智能化[J].物联网技术，2014，4(12)：7-8.
[210] 王喜文."互联网＋工业"开创制造业新思维[J].物联网技术，2015，5(7)：5-7.
[211] 张宇.全集成自动化技术及应用[J].化工与医药工程，2014，35(4)：48-52.
[212] 张映锋，赵曦滨，孙树栋，等.一种基于物联技术的制造执行系统实现方法与关键技术[J].计算机集成制造系统，2012，18(12)：2634-2642.
[213] 王琪.面向航空发动机修理MES的设计与实施[J].科技创新与应用，2019(1)：81-82.